"十一五"国家重点图书

● 数学天元基金资助项目

俄 罗 斯 数 学
教 材 选 译

复分析导论 （第一卷）

单复变函数 （第4版）

□ Б.В.沙巴特　著

□ 胥鸣伟　李振宇　译

FUFENXI DAOLUN

高等教育出版社·北京

图字: 01-2006-6984 号

Б. В. Шабат

Введение в комплексный анализ (I) 2004

Originally published in Russian under the title

Introduction to Comple Analysis (I) by B. V. Shabat

Copyright © 2004 by B. V. Shabat

All Rights Reserved

图书在版编目(CIP)数据

复分析导论: 第 4 版. 第 1 卷, 单复变函数 / (俄罗斯)
沙巴特著; 胥鸣伟, 李振宇译. 一北京: 高等教育出版社,
2011.1 (2023.12 重印)

ISBN 978-7-04-030578-4

I.①复… Ⅱ.①沙…②胥…③李… Ⅲ.①复分析
②单复变函数 Ⅳ.①O174.5

中国版本图书馆 CIP 数据核字 (2010) 第 178202 号

策划编辑	赵天夫	责任编辑	赵天夫	封面设计	王凌波
责任绘图	尹 莉	责任印制	沈心怡		

出版发行	高等教育出版社	咨询电话	400-810-0598	
社　址	北京市西城区德外大街 4 号	网　址	http://www.hep.edu.cn	
邮政编码	100120		http://www.hep.com.cn	
印　刷	涿州市星河印刷有限公司	网上订购	http://www.landraco.com	
开　本	787×1092　1/16		http://www.landraco.com.cn	
印　张	15.75	版　次	2011 年 1 月第 1 版	
字　数	370 000	印　次	2023 年 12 月第 5 次印刷	
购书热线	010-58581118	定　价	59.00 元	

《俄罗斯数学教材选译》序

　　从上世纪 50 年代初起, 在当时全面学习苏联的大背景下, 国内的高等学校大量采用了翻译过来的苏联数学教材. 这些教材体系严密, 论证严谨, 有效地帮助了青年学子打好扎实的数学基础, 培养了一大批优秀的数学人才. 到了 60 年代, 国内开始编纂出版的大学数学教材逐步代替了原先采用的苏联教材, 但还在很大程度上保留着苏联教材的影响, 同时, 一些苏联教材仍被广大教师和学生作为主要参考书或课外读物继续发挥着作用. 客观地说, 从解放初一直到文化大革命前夕, 苏联数学教材在培养我国高级专门人才中发挥了重要的作用, 起了不可忽略的影响, 是功不可没的.

　　改革开放以来, 通过接触并引进在体系及风格上各有特色的欧美数学教材, 大家眼界为之一新, 并得到了很大的启发和教益. 但在很长一段时间中, 尽管苏联的数学教学也在进行积极的探索与改革, 引进却基本中断, 更没有及时地进行跟踪, 能看懂俄文数学教材原著的人也越来越少, 事实上已造成了很大的隔膜, 不能不说是一个很大的缺憾.

　　事情终于出现了一个转折的契机. 今年初, 在由中国数学会、中国工业与应用数学学会及国家自然科学基金委员会数学天元基金联合组织的迎春茶话会上, 有数学家提出, 莫斯科大学为庆祝成立 250 周年计划推出一批优秀教材, 建议将其中的一些数学教材组织翻译出版. 这一建议在会上得到广泛支持, 并得到高等教育出版社的高度重视. 会后高等教育出版社和数学天元基金一起邀请熟悉俄罗斯数学教材情况的专家座谈讨论, 大家一致认为: 在当前着力引进俄罗斯的数学教材, 有助于扩大视野, 开拓思路, 对提高数学教学质量、促进数学教材改革均十分必要.《俄罗斯数学教材选译》系列正是在这样的情况下, 经数学天元基金资助, 由高等教育出版社组织出版的.

　　经过认真选题并精心翻译校订, 本系列中所列入的教材, 以莫斯科大学的教材为主, 也包括俄罗斯其他一些著名大学的教材. 有大学基础课程的教材, 也有适合大学高年级学生及研究生使用的教学用书. 有些教材虽曾翻译出版, 但经多次修订重版,面目已有较大变化, 至今仍广泛采用、深受欢迎, 反射出俄罗斯在出版经典教材方面所作的不懈努力, 对我们也是一个有益的借鉴. 这一教材系列的出版, 将中俄数学教学之间中断多年的链条重新连接起来, 对推动我国数学课程设置和教学内容的改革, 对提高数学素养、培养更多优秀的数学人才, 可望发挥积极的作用, 并起着深远的影响, 无疑值得庆贺, 特为之序.

李大潜

2005 年 10 月

第一版序言

不进入复数领域而要对函数性质进行详尽的分析是难以想象的. 这里有一个简单的例子: 函数 $f(x) = \frac{1}{1+x^2}$ 在数轴的每一点上都有同样的好性质 (无穷次可微), 但是它的泰勒级数 $\frac{1}{1+x^2} = 1 - x^2 + x^4 - \cdots$ 当 $|x| \geqslant 1$ 不再收敛. 停留在实数领域中并不能了解到个中原因: 事实上, 该级数的收敛与发散集合的分界点 $x = \pm 1$ 完全没有什么特别之处. 然而只要进到复数领域情况立即就清楚了: 在圆 $|x| = 1$ 上有点 $x = \pm\sqrt{-1}$, 在其上函数 f 变为无穷大, 因此级数不再收敛.

在许多问题中必须转向考虑复变量的函数, 这自然等于是从实数域转向了代数闭的复数域. 令人惊讶的是, 按照著名的弗罗贝尼乌斯 (Frobenius) 定理 (1878 年), 复数域是实数域的保持其代数性质的唯一可能的扩张; 从而对于复数域上的函数成功构造出了一个与实变分析一样完全和严谨的分析学.

转向复分析便有了更深入研究初等函数并建立它们之间有趣联系的可能性. 像三角函数, 它们原来只不过是指数函数的简单组合, 譬如 $\cos x = \frac{1}{2}\left(e^{x\sqrt{-1}} + e^{-x\sqrt{-1}}\right)$. 这样一些在实的与 "虚" 的量之间的出乎意料的并且非凡的关系便显示了出来, 譬如说 $(\sqrt{-1})^{\sqrt{-1}} = e^{\frac{\pi}{2}+2k\pi} \ (k = 0, \pm 1, \cdots)$.

在实分析中, 仅仅对于单值函数发展了一套严谨的理论, 而多值情形却常常带来了许多麻烦. 复分析则解释了多值性的本质所在, 从而建立了多值函数的完美理论.

复分析还给出了积分计算的有效方法从而得到了渐近估值, 也给出了研究微分方程解的方法, 等等: 能用复分析为工具来解决的问题还可以罗列出很多. 另外还必须提及复变函数能够描述平面向量场, 更有甚者, 在复分析中特别地可以选取出那些函数, 使它们对应于在应用中最感兴趣的, 同时为位势的和无源的场 (即散度为零的场). 因此复分析在极不相同的领域中都找到了许多的应用.

复分析的独有的且吸引人的特征之一是它真正的复合性. 在其中分析与几何, 绝对经典的与全新的课题结合了起来. 各种数学分支与各种应用学科在复分析中碰在了一起. 它的一些概念成了在若干领域中的许多研究课题的模型、源泉和起点, 这些领域包括了泛函分析、代数、拓扑学、代数几何和微分几何、偏微分方程以及其他的数学分支.

复分析的原始思想出现在 18 世纪后半叶, 首要是与列昂纳多 · 欧拉的名字相联系的. 而大量基础性的理论则主要是由柯西、黎曼和魏尔斯特拉斯在 19 世纪的工作所创建的. 在我们当代, 复分析的比较经典的部分, 即单复变函数的理论, 已经取得了完全现代的形式. 但总又出现一些与新提出的数学课题相关的, 以及与应用相关的没有解决的问题. 而在相对年轻点的部分, 即多复变函数理论, 仍然有着相当多的空白点. 这个领域与现代数学的许多不同领域具有特别丰富的联系, 并越来越引起了人们的注意.

看来研究复分析时不仅应该熟悉单变的, 还要熟悉多变的函数理论. 但是这两个部分除了它们共有的 (比较初等的) 部分之外还具有许多互相之间在原则上相异的性质. 因此至少在当今学科的发展水平上, 我们还需持续不断地研究它们, 但不应只是平行地进行.

这本书是从作者在莫斯科大学讲课的讲义中产生出来的, 其中第一卷涉及的是必修课程, 第二卷则是专业基础课. 本书的意图是将第二卷的许多主要思想从一开始就让它们在第一卷中出现, 并在那里通过更加简单的单变函数的内容加以解释.

写这本书的想法是 A. O. 盖尔丰德向我提出来的, 可惜他没能看到它的成书. A. A. 龚察尔仔细察看了原稿并做了许多明晰的注解. B. C. 弗拉基米洛夫, Б. Я. 勒文, 和 A. И. 马尔库舍维奇给了我一系列有益的建议, 在搜集习题中, 得到了 B. A. 卓里奇的帮助, 我非常感谢我的这些同事们. 我特别感谢本书的编辑 E. M. 奇尔克, 他仔细地审阅了原稿, 消弭了若干不足之处.

Б. В. 沙巴特
1968 年 9 月

目 录

第一章　全纯函数

从描述复数及在它们上面的运算开始. 我们假定读者已经对它们有所了解, 因此我们的描述是简短的, 着重于一些特殊的, 我们以后要用到的内容.

§1. 复平面

1. 复数

考虑有序实数偶对 $z = (x, y)$ 的集合 $\mathbb{C}$, 或者完全等价的, 笛卡儿平面 xOy 的点的集合, 或者平面 (自由) 向量的集合. 两个向量 $z_1 = (x_1, y_1)$ 与 $z_2 = (x_2, y_2)$ 看作相等 $(z_1 = z_2)$ 当且仅当 $x_1 = x_2$, $y_1 = y_2$; 称表示了 x 轴的对称点的向量 $z = (x, y)$ 和 $\bar{z} = (x, -y)$ 为共轭的向量. 将向量 $(x, 0)$ 等同于实数 x; 以 $\mathbb{R}$ 表示所有的实数的集合 (x 轴). 对于实数也只对于实数有 $\bar{z} = z$.

我们在集合 $\mathbb{C}$ 上引进代数运算, 将 $\mathbb{C}$ 转化为一个域. 像向量计算那样引进加法和乘以实数 (标量积) 的运算. 于是我们可以将每一个元素 $z \in \mathbb{C}$ 表示为所谓的 "笛卡儿形式":

$$z = x \cdot \mathbf{1} + y \cdot i = x + iy, \tag{1}$$

其中以 $\mathbf{1} = (1, 0)$, $i = (0, 1)$ 分别表示 x 轴和 y 轴的单位向量 (通常略去第一个单位向量不写).

在向量运算中引进了两种乘法: 对于两个向量 $z_1 = x_1 + iy_1$, $z_2 = x_2 + iy_2$, 我们有由公式

$$(z_1, z_2) = x_1 x_2 + y_1 y_2 \tag{2}$$

给出的标量积 (内积), 以及由公式

$$[z_1, z_2] = x_1 y_2 - x_2 y_1 \tag{3}$$

给出的向量积①. 但是, 众所周知, 这些乘积中没有一个满足域的公理. 因此我们在 $\mathbb{C}$ 中引进另一个乘积. 就是说, 作为定义令 $i \cdot i = i^2 = -1$, 并且如果 $x_1 + iy_1$ 与 $x_2 + iy_2$ 的乘积按通常的代数规则进行且令 $i^2 = -1$, 则称所得到的结果为它们的积 $z_1 z_2$. 换句话说, 按定义我们有

$$z_1 z_2 = x_1 x_2 - y_1 y_2 + i(x_1 y_2 + x_2 y_1) \tag{4}$$

(可将关系式 $i^2 = -1$ 作为由此得到的特殊情形). 显然, 这个乘积可以用公式

$$z_1 z_2 = (\bar{z}_1, z_2) + i[\bar{z}_1, z_2] \tag{5}$$

通过内积和向量积来表达, 其中 $\bar{z}_1 = x_1 - iy_1$ 为 z_1 的共轭向量.

习题. 下面的复数乘积为什么不好?

(a) $z_1 z_2 = x_1 x_2 + iy_1 y_2$;

(b) $z_1 z_2 = x_1 x_2 + y_1 y_2 + i(x_1 y_2 + x_2 y_1)$.

假定我们已知所引进的加法与乘法运算将集合 $\mathbb{C}$ 转化成了一个域, 并称其为复数域; 称它的元素即向量 $z = x + iy$ 为复数. 因此, 复数 $z = (x, y)$ 是一个有序的, 完全由实数 x 和 y 组成的偶对, 它们分别地 (按照历史的习惯) 称做复数 z 的实部和虚部, 并以记号

$$x = \operatorname{Re} z, \quad y = \operatorname{Im} z \tag{6}$$

表示. 实部等于零的数 $z = (0, y)$ 称为虚数 (按习惯).

前面引进的表示复数的笛卡儿形式 (1) 对于加法运算 (以及对于它的逆运算减法) 是方便的. 但是, 从 (4) 看出, 要在这个形式下进行乘法 (和除法) 相当不便. 对于后面的这些运算 (同样对于提升为幂和开根的运算) 来说更为方便的则是复数的极 (坐标) 形式:

$$z = r(\cos\varphi + i\sin\varphi), \tag{7}$$

它是由将 (2) 转换到极坐标得到的 (任意复数 $z \neq 0$ 均可表示为这种形式). 复数 $z = x + iy$ 的极半径 $r = \sqrt{x^2 + y^2}$, 极角 φ 即 x 轴的正方向与向量 z 之间的夹角, 分别被称做它的模和幅角并以符号

$$r = |z|, \quad \varphi = \operatorname{Arg} z; \tag{8}$$

模被唯一定义, 而幅角则只准确到一个加法因子, 它是 2π 的整数倍. 为书写简单, 我们引进一个简缩表示

$$\cos\varphi + i\sin\varphi = e^{i\varphi} \tag{9}$$

(我们在这里应用了还没有定义的提升一个数为虚幂的运算, 从而仅仅将其理解为一

---

①在一般情形, 两个向量的向量积仍是一个向量, 它垂直于做乘积向量的所在平面. 但只是在这里我们所考虑的平面向量场的情形, 所有向量积是共线的, 因此完全由标量 (3) 描述.

个符号[①]), 于是形式 (7) 具有了一个简洁的形式:

$$z = re^{i\varphi}. \tag{10}$$

利用初等的三角公式和乘积公式 (4), 我们得到关系式

$$r_1 e^{i\varphi_1} r_2 e^{i\varphi_2} = r_1 r_2 e^{i(\varphi_1 + \varphi_2)}, \tag{11}$$

它表明了采用简缩表示 (9) 的自然性. 关系式 (11) 断言, 在复数的乘积下, 它们的模相乘而幅角相加. 在极形式下复数的除法同样可简单地表达为

$$\frac{r_1 e^{i\varphi_1}}{r_2 e^{i\varphi_2}} = \frac{r_1}{r_2} e^{i(\varphi_1 - \varphi_2)} \tag{12}$$

(当然设 $r_2 \neq 0$).

在一些问题中引进复数集合 $\mathbb{C}$ 的 **紧化** 是方便的. 它由对复数集合 $\mathbb{C}$ 添加一个理想元素来完成, 称这个理想元为无穷远点 $z = \infty$. 与有限点 $(z \neq \infty)$ 不同, 无穷点不参与代数运算. 我们称复数的紧化平面 (即补充了无穷远点的平面 $\mathbb{C}$) 为闭平面, 并记为 $\overline{\mathbb{C}}$. 当需要强调其间的区别时, 我们就称 $\mathbb{C}$ 为开平面.

如果我们将复平面的点表示换作它们的 **球面** 表示, 那么对于复数的描述会更加形象. 为此, 我们在三维欧氏空间中选取笛卡儿直角坐标系 ξ, η, ζ, 其中 ξ 和 η 轴分别同于 x 和 y 轴; 考虑在此空间中的单位球面

$$S : \xi^2 + \eta^2 + \zeta^2 = 1 \tag{13}$$

(图 1). 对于每个点 $z = (x, y) \in \mathbb{C}$ 我们给定 S 上一个相应的点 $Z(\xi, \eta, \zeta)$, 它是点 z 与球面 "北极点" $N(0, 0, 1)$ 的连接射线与该球面的交点.

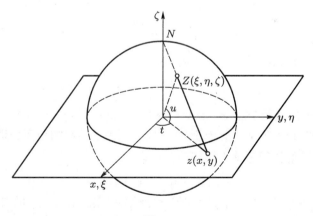

图 1

称这样的对应 $z \mapsto Z$ 为球极投影. 在 (13) 中代入射线 Nz 的方程 $\xi = tx$, $\eta = ty$, $\zeta = 1 - t$, 我们求出在射线与球面的交点上有 $t(1 + |z|^2) = 2$, 于是得到了球极投

[①] 在 §13 中我们将引进这个运算, 并将证明右端数为 e (自然对数的底) 的虚幂的公式 (9) 实际上是成立的.

影的方程

$$\xi = \frac{2x}{1+|z|^2}, \quad \eta = \frac{2y}{1+|z|^2}, \quad \zeta = \frac{|z|^2-1}{1+|z|^2}. \tag{14}$$

由后面一个方程有 $\frac{2}{1+|z|^2} = 1-\zeta$, 于是由前两个方程得到逆映射的公式

$$x = \frac{\xi}{1-\zeta}, \quad y = \frac{\eta}{1-\zeta}. \tag{15}$$

从 (14) 和 (15) 看出, 球极投影 $z \mapsto Z$ 建立了在 $\mathbb{C}$ 的点与 $S \setminus N$ 的点之间的相互一一的对应 (显然, 点 N 不对应任何一个点 z). 我们约定 N 对应于无穷远点 $z = \infty$, 因而建立了 $\overline{\mathbb{C}}$ 与 S 之间的相互一一对应; 通常我们将 $\overline{\mathbb{C}}$ 与球面 S 等同, 称其为复球面或者黎曼球面. 开平面 $\mathbb{C}$ 可以等同于 $S \setminus N$, 即去掉点 N (北极点) 的球面.

习题. 设 t 为点 $Z \in S$ 的经度, u 为其纬度 (图 1). 证明在球极投影下对应于 Z 的点为 $z = se^{it}$, 其中 $s = \tan(\pi/4 + u/2)$. #

对应于复数几何表示的两种描述方式, 我们在 $\mathbb{C}$ 上引进两个度量. 其中一个是通常的欧几里得度量, 在此度量下, $\mathbb{C}$ 中两个点 $z_1 = x_1 + iy_1$ 和 $z_2 = x_2 + iy_2$ 之间的距离被取为

$$|z_2 - z_1| = \sqrt{(x_2 - x_1)^2 + (y_2 - y_1)^2}. \tag{16}$$

第二个是球面度量, 在其下两个点 z_1 与 z_2 之间的距离取为它们的球面像之间的欧氏距离 (在 ξ, η, ζ 空间中). 应用公式 (14), 经过不复杂的计算, 我们求得两个点 $z_1, z_2 \in \mathbb{C}$ 之间的球面距离:

$$\rho(z_1, z_2) = \frac{2|z_2 - z_1|}{\sqrt{1+|z_1|^2}\sqrt{1+|z_2|^2}}. \tag{17}$$

可以将这个公式推广到集合 $\overline{\mathbb{C}}$ 上, 这只要令[1]

$$\rho(z, \infty) = \frac{2}{\sqrt{1+|z|^2}} \tag{18}$$

即可. 显然, 对于任意两个点 $z_1, z_2 \in \overline{\mathbb{C}}$, 我们有 $\rho(z_1, z_2) \leqslant 2$. 容易验证这两个度量中每一个都将集合 $\mathbb{C}$ 变为一个度量空间, 即它们满足通常的距离公理[2]. 特别地, 对于度量 (16) 的三角公理等价于熟知的不等式

$$|z_1 + z_2| \leqslant |z_1| + |z_2|. \tag{19}$$

最后, 我们注意到, 在一个属于固定圆盘 $\{|z| \leqslant R : R < \infty\}$ 的有界集合 $M \subset \mathbb{C}$ 上, 欧氏的和球面的度量是等价的, 这是因为从 (17) 看出, 对于任意点 $z_1, z_2 \in M$ 成立两个不等式

$$\frac{2|z_2 - z_1|}{1+R^2} \leqslant \rho(z_1, z_2) \leqslant 2|z_2 - z_1| \tag{20}$$

---

[1]如果在 (17) 中令 $z_1 = z$, 并对分子分母除以 z_2, 然后令 z_2 趋向 ∞, 便得到了公式 (18).

[2]参看 B. A. 卓里奇的《数学分析》第一卷 (M.: Hayka, 1981, p.413, 有中译本), 蒋铎等译. 北京: 高等教育出版社, 2006.12.

(对此更详细的情形, 可参看下一节). 因此球面度量通常都应用在考虑无界集合时. 通常, 我们将在集合 $\mathbb{C}$ 上考虑欧氏度量, 而在 $\overline{\mathbb{C}}$ 上则考虑球面度量.

历史注记

作为结尾的是一点历史资料. 第一个提到复数是作为负数的平方根出现在卡尔达诺 (G. Cardano) 的著作《大衍术 (Ars Magna)》(1545 年) 中的; 他认为原则上这样的数可引入到数学之中, 但他的意见是这没有什么意义. 这种判断并没有充足的根据, 它很快就显现出来了. 1572 年, 邦贝利 (R. Bombelli) 发表了著作《代数学》, 在其中他叙述了这种数的运算规则, 并指出如何利用它们去解三次方程[①]. 长时期里复数仍旧被蒙上了一层神秘的面纱. 1702 年莱布尼茨则认为它们是 "人类的那种近乎存在与不存在的两可精神的极佳而神奇的避难所"; 但他也认为 $x^4 + 1$ 不能分解为两个二次因子的乘积 (然而这可用复数初等地做成).

将复数积极地用于数学中是从欧拉的工作开始的 (参看 §2); 公式 $e^{i\varphi} = \cos\varphi + i\sin\varphi$ (1748 年) 也归功于他. 将复数的几何表示作为描述平面向量的方法首先出现在丹麦的大地测量员韦塞尔 (C. Wessel) 的著作中 (1799 年), 而后则在阿尔冈 (R. Argand) 的著作中 (1806 年). 然而这些工作没有得到广泛的反响, 甚至于做出了许多复分析基本结果的柯西 (Cauchy) (参看第二章 §5), 他在其早期工作中也只将复数认作为是一个便于计算的符号而已, 并将复的等式看作为描述两个实的量之间的等式的约定写法.

第一次系统地叙述复数, 以及它们上面的运算和它们的几何解释是由高斯在他 1831 年的论文 "二次剩余论" 中给出的; "复数" 这个词也是他给出的.

2. 复平面的拓扑

我们已在集合 $\mathbb{C}$ 和 $\overline{\mathbb{C}}$ 中引进了度量, 从而将这些集合变成了度量空间. 现在我们要在所考虑的集合上引进对应于这些度量的拓扑. 为此我们将确定出开集系.

设 $\varepsilon > 0$ 为任意数; 点 $z_0 \in \mathbb{C}$ 的 ε-邻域 $U_{z_0} = U(z_0, \varepsilon)$ (在欧氏度量下) 意味着一个以该点为圆心, 以 ε 为半径的圆盘, 即那些满足不等式

$$|z - z_0| < \varepsilon \tag{1}$$

的点 z 的集合. 对于 $z_0 \in \overline{\mathbb{C}}$ 的 ε-邻域, 我们则理解为这样一些点 $z \in \overline{\mathbb{C}}$ 的集合: 使得

$$\rho(z, z_0) < \varepsilon. \tag{2}$$

[①] 在邦贝利的书中有关系式

$$\sqrt[3]{2 + \sqrt{-121}} + \sqrt[3]{2 - \sqrt{-121}} = 4.$$

第 1 小节的公式 (18) 表明 $\rho(z, \infty) < \varepsilon$ 等价于不等式 $|z| > \sqrt{\frac{4}{\varepsilon^2} - 1}$; 因此, 无穷远点的 ε-邻域在平面上对应于圆心在坐标原点的圆的外部 (补充一点 $z = \infty$).

我们称 $\mathbb{C}$ (或 $\overline{\mathbb{C}}$) 中的集合 Ω 为开集; 是说, 如果对于它的任一点 z_0 存在属于这个集合的邻域 U_{z_0}.

容易验证这样引进的开集概念将 $\mathbb{C}$ 和 $\overline{\mathbb{C}}$ 变成了拓扑空间, 即这时满足了通常的公理.

在一些问题中利用所谓的有孔邻域较为方便, 在 $\mathbb{C}$ 和 $\overline{\mathbb{C}}$ 上它分别意味着满足不等式

$$0 < |z - z_0| < \varepsilon, \quad 0 < \rho(z, z_0) < \varepsilon. \tag{3}$$

的点 z 的集合.

在本节我们将考虑那些要在以后不断使用的基本的拓扑概念.

定义 1. 称点 $z_0 \in \mathbb{C}$ (相应地, $\overline{\mathbb{C}}$) 为集合 $M \subset \mathbb{C}$ (相应地, $\overline{\mathbb{C}}$) 的极限点是说, 如果在 $\mathbb{C}$ (相应地, $\overline{\mathbb{C}}$) 的拓扑意义下, 点 z_0 的任何一个有孔邻域中都至少存在有 M 中的一个点. 称集合 M 为闭集合是说, 如果它包含了所有它自己的极限点. 称 M 加上它的所有极限点的集合为 M 的闭包, 并以记号 $\overline{M}$ 表示.

例. 所有整数 $\{0, \pm 1, \pm 2, \cdots\}$ 的集合 M 在 $\mathbb{C}$ 中没有极限点 (从而为闭). 在 $\overline{\mathbb{C}}$ 中它有一个不属于 M 的极限点 $z = \infty$ (从而在 $\overline{\mathbb{C}}$ 中不闭). #

在 $\overline{\mathbb{C}}$ 中任意无限集合至少有一个极限点 (**紧性原理**).

表现了复球面完备性的这个原理可以由实数的完备性推导出来; 我们不在此证明它. 在 $\mathbb{C}$ 中紧性原理不再成立 (可由上述例子看到). 但是它对于无限的**有界集**, 即属于任意圆 $\{|z| < R\}$, $R < \infty$ 的无限集合成立. 我们称这样的集合为紧[①].

由第 1 小节的不等式 (20) 显然推出, 点 $z_0 \neq \infty$ 为 $\mathbb{C}$ 拓扑下集合 M 的极限点当且仅当它为在 $\overline{\mathbb{C}}$ 拓扑下 M 的极限点. 换句话说, **在有限极限点的范围内应用欧氏度量和应用球面度量有同等的功效**. 这里的意义应该理解为第 1 小节末尾所陈述的那种度量等价性.

定义 2. 序列 $\{a_n\}$ 是指非负整数集到 $\mathbb{C}$ (或 $\overline{\mathbb{C}}$) 中的一个映射, 换句话说, 是非负整数变量的一个取复数值的函数. 称 $a \in \mathbb{C}$ (或 $\overline{\mathbb{C}}$) 为序列 $\{a_n\}$ 的极限点是指, 如果 a 在 $\mathbb{C}$ (或 $\overline{\mathbb{C}}$) 拓扑下的任意邻域中均含有这个序列的无限多个元素. 称在 $\overline{\mathbb{C}}$ 中有唯一一个极限点 a 的序列 $\{a_n\}$ 为收敛于 a; 可写其为

$$\lim_{n \to \infty} a_n = a. \tag{4}$$

注. 序列 $\{a_n\}$ 的极限点与值的集合 $\{a_n\}$ 的极限点之间是不相同的. 例如, 序列 $a_n = 1 (n = 0, 1, 2, \cdots)$ 有极限点 $a = 1$, 而点集 $\{a_n\}$ 仅由一个点组成, 没有极

[①]这与一般紧性的定义不同, 应称为闭包紧. —— 译注

限点.

习题. 证明下面的命题:

(1) 序列 $\{a_n\}$ 收敛于点 a 当且仅当对于任意 $\varepsilon > 0$ 存在自然数 N 使得对于所有 $n \geqslant N$ 满足不等式 $|a_n - a| < \varepsilon$ (如果 $a \neq \infty$) 或者 $\rho(a_n, a) < \varepsilon$ (如果 $a = \infty$);

(2) 点 a 为序列 $\{a_n\}$ 的极限点当且仅当存在收敛于 a 的子序列 $\{a_{n_k}\}$. #

一般说来, 复数的等式 (4) 等价于两个实数的等式. 设 $a \neq \infty$, 于是, 不失一般性, 可以假定 $a_n \neq \infty$, 从而令 $a_n = \alpha_n + i\beta_n$, $a = \alpha + i\beta$ (对于无穷远点实部和虚部的概念没有意义); 容易证明, (4) 等价于等式

$$\lim_{n \to \infty} \alpha_n = \alpha, \quad \lim_{n \to \infty} \beta_n = \beta. ^{①} \tag{5}$$

在 $a \neq 0$, $\neq \infty$ 的情形, 可以假定 $a_n \neq 0$, $\neq \infty$, 从而可令 $a_n = r_n e^{i\varphi_n}$, $a = r e^{i\varphi}$; 于是如果

$$\lim_{n \to \infty} r_n = r, \quad \lim_{n \to \infty} \varphi_n = \varphi, \tag{6}$$

则 (4) 成立, 反之, 如果 (4) 成立, 则 (6) 成立, 其中在第二个等式中适当地选取了 φ_n ②. 如果 $a = 0$ 或 ∞, 则 (4) 与一个关系式 $\lim_{n \to \infty} r_n = 0$ 或 $\lim_{n \to \infty} r_n = \infty$ 等同 (这时 φ_n 不起作用).

习题. 证明以下命题:

(1) 序列 $\{e^{in}\}$ 发散;

(2) 如果级数 $\sum_{n=1}^{\infty} a_n$ 收敛, 且 $|\arg a_n| \leqslant \alpha$, 其中 $\alpha < \pi/2$, 则此级数绝对收敛 ($\arg a_n$ 表示由 $\operatorname{Arg} a_n$ 得到的值, 使得它满足条件 $-\pi < \arg a_n \leqslant \pi$). #

我们有时会用到两个集合 M 与 N 之间的距离这个概念, 它被理解为任意两个点之间距离的下确界, 其中一个点属于 M, 而另一点属于 N:

$$\rho(M, N) = \inf_{z' \in M, z'' \in N} \rho(z', z''); \tag{7}$$

在这里当然可考虑用欧氏度量替代球面度量.

定理 1. 如果闭集 $M, N \subset \overline{\mathbb{C}}$ 不相交 ($M \cap N = \varnothing$), 则它们之间的距离为正数.

证明. 设若相反, $\rho(M, N) = 0$. 由下确界的定义, 存在点序 $z_n' \in M$ 和 $z_n'' \in N$ 使得 $\lim_{n \to \infty} \rho(z_n', z_n'') = 0$. 按照紧性原理, 序列 z_n' 和 z_n'' 分别有极限点 z' 和 z'', 并由集合的闭性知 $z' \in M$, $z'' \in N$. 若必要可转而考虑子序列, 故可假定 $z_n' \to$

---

① 为证此, 只需利用关系式

$$\max(|\alpha_n - \alpha|, |\beta_n - \beta|) \leqslant |a_n - a| = \sqrt{(\alpha_n - \alpha)^2 + (\beta_n - \beta)^2} \leqslant |\alpha_n - \alpha| + |\beta_n - \beta|.$$

② 如果随意选取 φ_n, 则 $\{\varphi_n\}$ 当 a_n 收敛时可能不收敛.

z', $z''_n \to z''$. 根据球面度量的三角不等式我们有

$$\rho(z', z'') \leqslant \rho(z', z'_n) + \rho(z'_n, z''_n) + \rho(z''_n, z'').$$

而右端当 $n \to \infty$ 时趋向于 0; 因此, 取极限便得到了 $\rho(z', z'') = 0$. 由度量的正性公理得出 $z' = z''$, 而由于 $z' \in M, z'' \in N$, 从而这与定理的假设条件 $M \cap N = \varnothing$ 相矛盾. □

3. 道路与曲线

定义 1. 我们称从实轴上的区间 $[\alpha, \beta]$ 到 $\mathbb{C}$ (或 $\overline{\mathbb{C}}$) 的一个连续映射为一条道路 γ. 换而言之, 道路是一个实变量 t 的复值函数 $z = \gamma(t)$, 它在每点 $t_0 \in [\alpha, \beta]$ 按如下意义连续: 对于任意 $\varepsilon > 0$ 存在邻域 $\{t \in [\alpha, \beta] : |t - t_0| < \delta\}$ 使得对所有这样的 t 有 $|\gamma(t) - \gamma(t_0)| < \varepsilon$ (或者, 如果 $\gamma(t_0) = \infty$ 有 $\rho(\gamma(t), \gamma(t_0)) < \varepsilon$). 称点 $a = \gamma(\alpha)$, $b = \gamma(\beta)$ 为该道路的端点 (如果 $\alpha < \beta$, 则称 a 为起点, b 为终点); 如果 $\gamma(\alpha) = \gamma(\beta)$ 则称其为闭道路. 如果对于所有 $t \in [\alpha, \beta]$ 有 $\gamma(t) \in M$, 则说道路 $\gamma : [\alpha, \beta] \to \overline{\mathbb{C}}$ 位于集合 M 中.

在有些问题中区分道路和曲线的概念是有好处的. 为了引进后面这个概念, 我们约定, 称两条道路

$$\gamma_1 : [\alpha_1, \beta_1] \to \overline{\mathbb{C}}, \quad \gamma_2 : [\alpha_2, \beta_2] \to \overline{\mathbb{C}}$$

为等价 ($\gamma_1 \sim \gamma_2$) 是说, 如果存在连续的递增函数

$$\tau : [\alpha_1, \beta_1] \overset{\text{满}}{\to} [\alpha_2, \beta_2] \tag{1}$$

使得对所有 $t \in [\alpha_1, \beta_1]$ 有 $\gamma_1(t) = \gamma_2[\tau(t)]$. 不难验证, 这个关系满足通常的等价公理: **自反性** ($\gamma \sim \gamma$), **对称性** (如果 $\gamma_1 \sim \gamma_2$, 则 $\gamma_2 \sim \gamma_1$), 以及**传递性** (如果 $\gamma_1 \sim \gamma_2$ 以及 $\gamma_2 \sim \gamma_3$, 则 $\gamma_1 \sim \gamma_3$). 我们这时称 γ_2 由 γ_1 通过参数变换 (1) 得到.

例. 考虑道路 $\gamma_1(t) = t, t \in [0, 1]$; $\gamma_2(t) = \sin t, t \in [0, \pi/2]$; $\gamma_3(t) = \cos t, t \in [0, \pi/2]$; $\gamma_4(t) = \sin t, t \in [0, \pi]$. 所有这些情形中的 γ_j 的取值集合都是一样的, 即区间 $[0, 1]$. 但是只有 $\gamma_1 \sim \gamma_2$; 道路 γ_3 和 γ_4 与前两个不等价且 γ_3 与 γ_4 相互也不等价: 它们的走向与前两个的走向不同 (图 2). 可以说, γ_1 与 γ_2 等价于道路 γ_3^-, 即那个由 γ_3 通过变换方向得到的道路 (对此可参看以下的第 15 小节). #

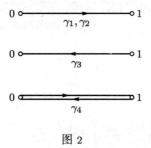

图 2

习题. 以下哪些道路相互等价?

(a) $e^{2\pi it}, [0,1]$;

(b) $e^{4\pi it}, [0,1]$;

(c) $e^{-2\pi it}, [0,1]$;

(d) $e^{2\pi i \sin t}, [0, \pi/6]$. #

定义 2. 称在所引进的等价意义下的一条道路的等价类为一条曲线. 有时, 如果不会引起歧义, 我们也理解曲线为点集 $\gamma \subset \overline{\mathbb{C}}$, 它由区间 $[\alpha, \beta]$ 在某个连续映射 $z = \gamma(t)$ 下的像点组成.

我们将引进以后要考虑的满足某些条件的道路和曲线. 称 $\gamma : [\alpha, \beta] \to \overline{\mathbb{C}}$ 为若尔当道路 (Jordan path) 是说, 如果映射 γ 为连续且**相互一一**. 请读者自己给出若尔当闭道路的定义.

称 $\gamma : [\alpha, \beta] \to \mathbb{C}$ 为连续可微的是指, 如果在每一点 $t \in [\alpha, \beta]$ 存在连续的导数 $\gamma'(t)$ ($\gamma(t) = x(t) + iy(t)$ 在点 $t_0 \in (\alpha, \beta)$ 的导函数理解为这样的组合 $x'(t_0) + iy'(t_0)$, 而在区间的端点则是相应单边导数). 称一条连续可微道路为光滑的是说, 如果对所有 $t \in [\alpha, \beta]$, $\gamma'(t) \neq 0$; 之所以引进此概念是为了避开奇点. 称一条道路是逐段光滑的是说, 如果 $\gamma(t)$ 在 $[\alpha, \beta]$ 连续, 且 $[\alpha, \beta]$ 可分成为有限个 (闭) 区间, 使得 $\gamma(t)$ 在其中每一个上的限制定义了光滑道路. 称一条道路是可求长的[1]是指, 如果在 $[\alpha, \beta]$ 上几乎处处存在 $\gamma'(t)$, 使其为勒贝格绝对可积 (即存在道路的长度:

$$\int_\alpha^\beta |\gamma'(t)| dt = \int_\alpha^\beta \sqrt{|x'(t)|^2 + |y'(t)|^2} dt. \tag{2}$$

任意一条逐段光滑道路都是可求长的.

今后我们将使用对描述函数 (特别地, 对道路) 光滑性的约定俗成的术语: 称连续函数为 C^0 函数类, 连续可微为 C^1 函数类, 一般地在所考虑区域内的 n 次连续可微的函数被称为 C^n 类函数.

例. 前一个例子中的 γ_1, γ_2, γ_3 为若尔当道路, γ_4 则不是. 圆 $z = e^{it}$, $t \in [0, 2\pi]$ 为闭若尔当道路 (光滑); 四瓣玫瑰 $z = e^{it} \cos 2t$, $t \in [0, 2\pi]$ (图 3(a)) 为闭的非若尔当道路 (光滑); 半三次抛物线 $z = t^2(t + i)$, $t \in [-1, 1]$ (图 3(b)) 为若尔当 (连续可微, 逐段光滑). 道路 z 当 $t = 0$ 为 0, 当 $t \neq 0$ 时 $z = t\left(t + i \sin \frac{1}{t}\right)$, $t \in [-\frac{1}{\pi}, \frac{1}{\pi}] \setminus \{0\}$ (图 3(c)), 为若尔当, 非可求长的 (从而不是逐段光滑的).

同样的限定词也可加到曲线上. 若尔当曲线指的是某条若尔当道路的等价类 (因为参数变换 (1) 是相互一一的, 故从一条若尔当道路得出所有与它等价的道路的若尔当性质).

---

[1]今后, 谈及可求长的道路时我们总假定读者了解实变函数论中相应概念. 不知道这些概念的读者完全可以以逐段光滑道路类来对待就可以了.

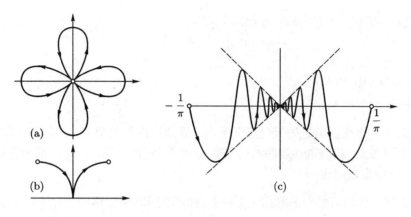

图 3

光滑曲线的定义需要更加细致修正: 当表示这条曲线的道路代之以另一条与其等价的道路时, 我们引进的这个概念不会遭到破坏. 因为连续且递增的参数变换 (1) 可能将光滑的道路转换成非光滑的, 故而光滑性的概念相对于这样的变换不是不变的. 所以我们应该在变换 (1) 上加上补充条件.

准确地说, 我们称从一条光滑道路通过所有可能的参数变换 (1) 得到的道路类为光滑曲线, 其中 τ 为连续可微并具有正导数的函数. 我们可类似的处理逐段光滑的和可求长的曲线的定义. 在前一种情形, 我们要求容许的参数变换是连续的, 并除去有限个点外具有连续的正的导数 (而例外的那些点具有单边导数). 在第二种情形我们要求参数变换由递增的绝对连续的函数来定义[①].

有时我们会利用曲线概念的另一个几何解释, 于是对于若尔当的, 光滑的, 逐段光滑或可求长的曲线理解为点集 $\gamma \subset \mathbb{C}$, 使得它可表示为 $[\alpha, \beta]$ 在映射 $z = \gamma(t)$ 下的像, 其中的 $z = \gamma(t)$ 分别定义了若尔当的, 光滑的, 等等道路.

4. 区域

定义 1. 称具有以下两个性质的点集 $D \in \mathbb{C}$ (或 $\overline{\mathbb{C}}$) 为区域:

(a) 对于任意点 $a \in D$ 存在该点的邻域 $\subsetneq D$ (开性);

(b) 对于任意两个点 $a, b \in D$ 存在位于 D 中的道路, 其端点为 a 和 b (连通性).

称 $\overline{\mathbb{C}}$ 中不属于 D 但是是它的极限点的点 (即该点的任意邻域中存在属于 D 中的点, 并至少有一个不属于 D 的点) 为 D 的边界点. 称 D 的所有边界点的集合为该区域的边界, 并以记号 ∂D 表示. 区域 D 与它的边界的并与闭包 $\overline{D}$ 重合. 称 $\overline{\mathbb{C}}$ 的既不属于 D 也不是它的边界点的点 (即集合 $\overline{\mathbb{C}} \setminus \overline{D}$ ($\overline{D}$ 的补集) 的点) 为 D 的外点;

[①]我们假定已知, 道路可求长的充分必要条件是, 函数 $\gamma(t) = x(t) + iy(t)$ 具有有界变差 (即 $x(t)$ 与 $y(t)$ 具有有界变差), 同时复合函数 $\gamma(t(\tau))$ 也是具有有界变差的函数, 其中 $\gamma(t)$ 具有有界变差, 而 $t(\tau)$ 为绝对连续.

它们中每一个点都有一个邻域不含 D 中点.

定理 1. 任一区域 D 的边界 ∂D 为闭集.

证明. 设 ζ_0 为集合 ∂D 的极限点; 需要证明 $\zeta_0 \in \partial D$. 取点 ζ_0 的有孔邻域 U. 于是在 U 中存在点 $\zeta \in \partial D$, 从而有点 ζ 的邻域 $V \subset U$. 在 V 也就是在 U 中既存在 D 的点, 也存在不属于 D 的点. 这表明 ζ_0 为 D 的边界点. □

以后我们有时会在所考虑区域的边界上加上一些补充条件. 为了阐述它们, 我们来推广前面所引进的连通概念.

定义 2. 称集合 M 连通是说, 如果不能将它分成两个非空子集 M_1 和 M_2 的并, 使得交 $\overline{M_1} \cap M_2$ 和 $M_1 \cap \overline{M_2}$ 都为空集. 特别地, 称一个闭集为连通是说, 如果不能将它分成两个不相交的非空闭子集的并. 称闭连通集为连续统.

定义 1 的 (b) 所表达的性质 (集合的任意两个点用这个集合中的道路连接起来的可能性) 被称做道路连通. 可以证明, 任意道路连通的集合为连通, 但反过来一般并不成立. 然而对于开集情形这两个概念是重合的[①].

设集合 M 不连通. 称 M 的极大连通子集 (即不被其他的 M 的连通子集所真包含) 为 M 的一个连通分支. 可以证明, 任意集合是其连通分支的并 (有限或无限多个)[②].

称区域 $D \subset \overline{\mathbb{C}}$ 为单连通的是说, 如果它的边界是个连通集合; 反之则称 D 为多连通的区域. 如果 ∂D 的连通分支为有限个, 则称这个个数为区域 D 的连通阶; 如果这样的分支个数无限, 则称 D 为无限连通区域.

例. 图 4(a) 的集合, 即双纽线的内部不是区域也不是连通的 (但它的闭包连通). 在两个相切圆之间 (图 4(b)) 是个单连通区域 (它的边界为连通集). 在图 4(c) 表示了一个 4-连通区域 (它的边界由四个连通分支组成: 圆, 带一线段的圆, 以及两个点). 在图 4(d) 上的区域, 即去掉线段 $\{x = 1/2^n, 1/3 \leqslant y \leqslant 2/3\}$, $n = 1, 2, \cdots$ 的正方形 $\{0 < x < 1, 0 < y < 1\}$ 是无限连通的. #

有时我们也引进不同类型的条件. 我们称区域 D 为若尔当的是说, 如果它的边界 ∂D 由闭的若尔当曲线 (在这个概念的几何解释下) 组成. 称区域 D 为紧的是说, 如果存在包含 D 的圆 $\{|z| < R < \infty\}$ (这仍然不同于我们通常的定义, 按下面说法, 是紧闭于 $\overline{\mathbb{C}}$——译注). 我们说集合 M 紧闭于 (或闭包紧于) (compactly belongs to) 区域 D 是说, 如果它的闭包 $\overline{M}$ (在 $\overline{\mathbb{C}}$ 拓扑下, 即不仅考虑 M 的有限的而且还有它的无穷远的极限点 (如果有的话)) 属于 D.

[①]证明可参看 C. 斯托伊洛夫的书《复变函数论》第一卷 (M.: МИР, 1962, p.31).

[②]参看豪斯多夫的书《Теория множеств》(有中译本: 集论. 张义良, 颜家驹译. 北京: 科学出版社, 1966) (M.-Л.: ОНТИ, 1937, p.120).

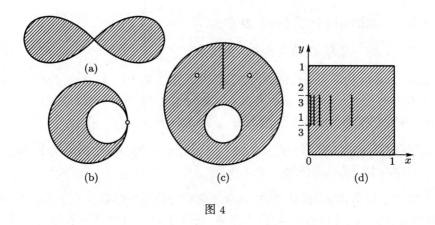

图 4

例. 矩形 $G_1 = \{|x| < 1, |y| < 1/2\}$ 紧闭属于带状区域 $D = \{|y| < 1\}$, 而较其二倍窄的带 $G_2 = \{|y| < 1/2\}$ 属于 D, 然而非紧. #

我们以记号 $\Subset$ 表示紧闭属于这个性质 (如果 $\overline{M} \subset D$, 则 $M \Subset D$). 而区域的紧性意味着 $D \Subset \mathbb{C}$.

以后将要反复应用下面的定理.

定理 2. 设 $M \subset \overline{\mathbb{C}}$ 为连通集, N 为其非空子集. 如果 N 在 M 的相对拓扑①下既开又闭, 则 $M = N$.

证明. 设若相反, 集合 $N' = M \setminus N$ 非空. 集合 N 在 $\overline{\mathbb{C}}$ 的拓扑下的闭包 $\overline{N}$ 显然由在 M 的拓扑下的闭包 $(\overline{N})_M$ 的点以及某个不属于 M 的集合 (可能为空) 的点构成. 因此 $\overline{N} \cap N' = (\overline{N})_M \cap N'$, 但因为 N 在 M 的拓扑下为闭, 故 $(\overline{N})_M = N$, 从而 $\overline{N} \cap N' = N \cap N'$ 为空集.

然而因为 N 在 M 的拓扑下为开, 故它的补集 N' 在这同一拓扑下为闭 (由于 N 的开性, N' 的极限点不可能属于 N, 从而必属于 N'). 将对 $\overline{N} \cap N'$ 的讨论同样用于交 $\overline{N'} \cap N$, 于是得到 $\overline{N'} \cap N$ 为空集. 这与 M 连通的定义矛盾. □

§2. 单复变函数

5. 函数的概念

定义 1. 在集合 $M \subset \overline{\mathbb{C}}$ 上一个给定的函数 f 是指所给出的是一个规则, 按此规则每个点 $z \in M$ 对应了一个复数 w (有限或无穷): 记为

$$f: M \to \overline{\mathbb{C}}, \text{ 或者 } w = f(z). \tag{1}$$

---

①集合 $M \subset \overline{\mathbb{C}}$ 的相对拓扑是指 M 中点的邻域为该点在 $\overline{\mathbb{C}}$ 的拓扑下的邻域与 M 的交.

按照这个定义, 任意函数是单值的 (我们将在第三章中引进多值函数的概念). 有时我们也会加上相互一一的条件. 称函数 $f: M \to \overline{\mathbb{C}}$ 是相互一一或单叶的是说, 如果它将不同点 $z_1, z_2 \in M$ 映到不同点, 换句话说, 如果能够从等式 $f(z_1) = f(z_2)$ 得到等式 $z_1 = z_2$ (对于 $z_1, z_2 \in M$).

给出函数 $f: M \to \mathbb{C}$ 等于给了两个实函数

$$u = u(z), \quad v = v(z), \tag{2}$$

其中 $u: M \to \mathbb{R}$, $v: M \to \mathbb{R}$ (我们假设 $z = x + iy$ 及 $f(z) = u + iv$). 如果再有 $f \neq 0, \neq \infty$[①], 令 $f(z) = \rho e^{i\psi}$ 我们则可将此函数写成两个关系式的形式

$$\rho = \rho(z), \quad \psi = \psi(z) + 2k\pi \quad (k = 0, \pm 1, \cdots) \tag{3}$$

(在使 $f = 0$, $f = \infty$ 的点上, 函数 $\rho = 0$ 或 $\rho = \infty$, 而 ψ 则没有定义).

我们常常利用函数概念的几何解释. (2) 提示我们可将 f 解释为在三维空间中的两个曲面 $u = u(x, y)$ 和 $v = v(x, y)$; 但是这种方式并不合适, 这是因为它并不能将 (u, v) 解释为复数. 因此我们只能局限于将函数 $f: M \to \overline{\mathbb{C}}$ 表示为集合 M 到球面 $\overline{\mathbb{C}}$ 的一个**映射**.

为了使这个表示更加直观, 我们将刻画在所考虑的映射下的相互对应的集合. 更经常的是描述坐标线 (笛卡儿或极坐标系的) 及其它们在 z 和 w 平面中的像. 在给这些集合标以数字标号后, 在简单的情形中我们便能得到函数的足够好的几何表示.

例. 可以在极坐标中方便地表示出在上半平面 $\{\mathrm{Im}\, z > 0\}$ 中的函数

$$w = z^2. \tag{4}$$

令 $z = re^{i\varphi}$ $(0 < \varphi < \pi)$ 及 $w = \rho e^{i\psi}$, 我们可以改写 (4) 为下面的两个形式:

$$\rho = r^2, \quad \psi = 2\varphi \tag{5}$$

(参看第一节关于在极坐标中复数的乘法规则). #

由 (5) 看出, 半圆 $\{r = r_0, \ 0 < \varphi < \pi\}$ 在所讨论的这个映射下变换成了去掉一点的圆 $\{\rho = r_0^2, \ 0 < \psi < 2\pi\}$, 而射线 $\{0 < r < \infty, \ \varphi = \varphi_0\}$ 变为了射线 $\{0 < \rho < \infty, \ \psi = 2\varphi_0\}$ (图 5). 上半平面 $\{\mathrm{Im}\, z > 0\}$ 变换为剔除正半轴的 w 平面. 方便的办法是将该半平面表示成张在两个半轴 (正和负的) 薄弹性片, 而这两个半轴在坐标原点的联接是可自由活动的, 故而薄片可依这两个半轴自由滑动. 因此变换 (4) 可解释为该薄片的形变, 它是由半轴的相互叠加产生的.

映射 (4) 也可用笛卡儿坐标以两个方程的形式表示:

$$u = x^2 - y^2, \quad v = 2xy \tag{6}$$

(令 $z = x + iy$, $w = u + iv$ 并在关系式 $w = z^2$ 中分离出实部和虚部). 在 (6) 中令 $y = y_0$, 我们得到曲线 $u = x^2 - y_0^2$, $v = 2xy_0$ $(x \in \mathbb{R})$, 它对应于直线 $y = y_0$, 这是一

[①] 这种写法表示对所有 $z \in M$ 有 $f(z) \neq 0, \neq \infty$.

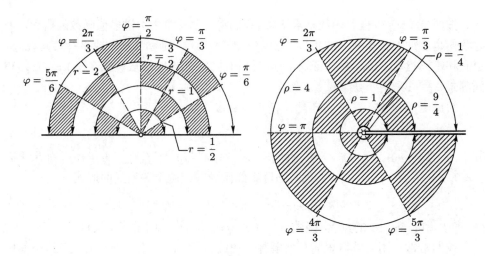

图 5

条抛物线 $u = \frac{v^2}{4y_0^2} - y_0^2$. 对应于射线 $\{x = x_0,\, 0 < y < \infty\}$ 的是抛物线的弧段

$$u = x_0^2 - y^2,\ v = 2x_0 y\ (y \in \mathbb{R}_+)^{①}$$

(图 6).

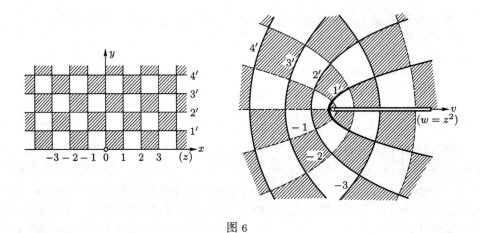

图 6

注. 我们在上半平面考虑映射 (4) (虽然它在整个 $\mathbb{C}$ 上有定义) 是因为它在此区域中是单叶的. 在整个平面, 或在任意的只要至少包含一对点 z_0 和 $-z_0$ $(z_0 \neq 0)$ 使得它们能变化为一个点 $w_0 = z_0^2$ 的区域中, 映射 (4) 便不是单叶的了并且所描述的几何表示便不再直观了.

---

①$\mathbb{R}_+$ 表示正数的集合.

有时也用到函数另外的几何表示方法: 在空间 (x, y, ρ) 中讨论曲面 $\rho = |f(z)|$, 称它为函数 f 的模曲面或地貌图. 在这个曲面上有时也表示出水平集 $\mathrm{Arg}\, f = \mathrm{const}.$ 在简单的情形这个集合是具有充分稠密网格曲线, 可以建立在极坐标下函数 f 的值的分布表示. 在图 7 上描绘了函数 $w = \frac{1}{z^2+1}$ 的模曲面.

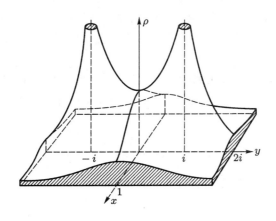

图 7

现在转向作为分析基础的函数极限的概念.

定义 2. 设函数 f 在点 $a \in \overline{\mathbb{C}}$ 的一个有孔邻域中定义; 称数 $A \in \overline{\mathbb{C}}$ 为它当 z 趋向于 a 时的极限,

$$\lim_{z \to a} f(z) = A, \tag{7}$$

是说, 如果对于点 A 的任意邻域 U_A 存在这样的有孔邻域 U'_a, 使得对于所有的 $z \in U'_a$, 值 $f(z)$ 属于 U_A. 也就是说, 对于任意 $\varepsilon > 0$, 可以找到 $\delta > 0$ 使得由不等式

$$0 < \rho(z, a) < \delta \tag{8}$$

得出不等式

$$\rho(f(z), A) < \varepsilon. \tag{9}$$

如果 $a,\, A \neq \infty$, 则 (8) 和 (9) 可以换作不等式 $0 < |z - a| < \delta$ 和 $|f(z) - A| < \varepsilon$. 如果 $a = \infty,\, A \neq \infty$, 则它们可重写为 $\delta < |z| < \infty,\; |f(z) - A| < \varepsilon$; 读者不难写出对于剩下情形 $a \neq \infty,\, A = \infty$ 和 $a = A = \infty$ 的不等式.

对于 $A \neq \infty$ 我们令 $f = u + iv,\; A = A_1 + iA_2$, 并容易证明, 等式 (7) 等价于两个实的等式

$$\lim_{z \to a} u(z) = A_1, \quad \lim_{z \to a} v(z) = A_2 \tag{10}$$

如果还假设 $A \neq 0$, 并以适当的方式选取 $\arg f$ 的值①, 则 (7) 可以在极坐标下重写为

$$\lim_{z \to a} |f(z)| = |A|, \quad \lim_{z \to a} \arg f(z) = \arg A. \tag{10'}$$

因为所采用的函数极限的定义表现出与在实分析中的定义完全一样, 并且在复函数上的代数运算按照实情形同样的规则进行, 故那些关于在一点上函数极限的初等定理 (诸如和的极限之类的) 自动地转移到复分析中, 所以我们不再继续去陈述和证明它们了.

在一些情形我们会谈及函数沿集合的极限. 设给定了集合 M, 并以 a 为它的一个极限点, 而函数 f 的定义集合包含了 M. 我们称 f 当 z 沿集合 M 趋向于 a 时趋向 A, 并记为

$$\lim_{\substack{z \to a \\ z \in M}} f(z) = A, \tag{11}$$

是指, 如果对任意的 $\varepsilon > 0$ 存在 $\delta > 0$, 使得对所有满足 $0 < \rho(z,a) < \delta$ 的 $z \in M$, 成立不等式 $\rho(f(z), A) < \varepsilon$.

定义 3. 设函数 f 在点 $a \in \overline{\mathbb{C}}$ 的某个邻域中有定义; 称它在点 a 连续是说, 如果存在

$$\lim_{z \to a} f(z) = f(a); \tag{12}$$

如果 $f(a) \neq \infty$, 我们则谈到的是在 $\mathbb{C}$ 意义下的连续性; 如果 $f(a) = \infty$ 则所谈到的是在 $\overline{\mathbb{C}}$ 意义下的连续性 (或者说是**广义的**连续性).

按照刚才所谈及的那些理由, 关于在一点连续的函数的初等定理 (诸如和的连续性等等) 均可自动地转移到复分析中, 在这里的连续性必须理解为在 $\mathbb{C}$ 的意义下的.

同样也可以谈及沿集合 M 在点 a 的连续性, 就是说如果 a 是 M 的一个极限点并且 (12) 左端的极限理解为沿集合的极限. 称在集合 M 中每点连续 (沿 M 连续) 的函数为在 M 上连续. 特别, 如果 f 在区域 D 每点均连续, 则说它在该区域中连续 (这时在 D 中每点连续是在定义 3 的意义下的, 这是因为每个点是连同它的一个邻域一起包含在 D 中的).

我们要特别注意在 ($\overline{\mathbb{C}}$ 意义下) 闭集合 $K \subset \overline{\mathbb{C}}$ 上 (在 $\mathbb{C}$ 意义下的) 连续函数的性质.

1. 任意在集合 K 上连续的函数 f 有界 (即存在常数 A, 使得对所有的 $z \in K$ 有 $|f(z)| \leqslant A$).

2. 任意在集合 K 上连续的函数 f 达到它在 K 中的上界和下界 (即存在点 $z_1, z_2 \in K$ 使得对所有的 $z \in K$ 有 $|f(z)| \leqslant |f(z_1)|$, $|f(z)| \geqslant |f(z_2)|$).

①从此以后, 符号 $\arg w$ 代表 w 的复数值 $\mathrm{Arg}\, w$ 集合中的一个; 这同一个符号也被用来表示函数 $\arg f(z)$, $z \in M$.

3. 任意在集合 K 上连续的函数 f 为一致连续 (即对任意 $\varepsilon > 0$ 存在 $\delta > 0$ 使得只要 $z_1, z_2 \in K$ 及 $\rho(z_1, z_2) < \delta$ 就有 $|f(z_1) - f(z_2)| < \varepsilon$).

这些性质的证明与实分析中的证明完全一样, 因此我们不再停留在这个证明上了.

6. 可微性

分析中的这个重要的概念与线性性质相关, 从而我们从单变的复线性函数着手.

定义 1. 分别称函数 $l : \mathbb{C} \to \mathbb{C}$ 为 $\mathbb{R}$-线性或 $\mathbb{C}$-线性是说, 如果

(a) 对所有的 $z_1, z_2 \in \mathbb{C}$ 有 $l(z_1 + z_2) = l(z_1) + l(z_2)$,

以及对所有的 $z \in \mathbb{C}$:

(b) 和对所有 $\lambda \in \mathbb{R}$, $l(\lambda z) = \lambda l(z)$, 或者, 分别地,

(b') 和对所有的 $\lambda \in \mathbb{C}$, $l(\lambda z) = \lambda l(z)$.

因此, $\mathbb{R}$-线性函数是在实数域上的线性, 而 $\mathbb{C}$-线性函数则是在复数域上的; 因为 (b') 强于 (b), 故 $\mathbb{C}$-线性函数构成了 $\mathbb{R}$-线性函数的子集.

我们来展示 $\mathbb{R}$-线性函数的一般形式. 令 $z = x + iy$ 并利用性质 (a) 和 (b), 对于任意 $\mathbb{R}$-线性函数 l 有 $l(z) = xl(1) + yl(i)$. 记 $l(1) = \alpha$, $l(i) = \beta$ 并做代换 $x = \frac{1}{2}(z + \bar{z})$, $y = \frac{1}{2i}(z - \bar{z})$; 在简单地变换之后我们得到如下结果:

定理 1. 任意 $\mathbb{R}$-线性函数具有形式

$$l(z) = az + b\bar{z}, \tag{1}$$

其中 $a = \frac{1}{2}(\alpha - i\beta)$ 以及 $b = \frac{1}{2}(\alpha + i\beta)$ 为复常数.

类似地, 由等式 $z = 1 \cdot z$ 及根据基本性质 (b') 得到

定理 2. 任意 $\mathbb{C}$-线性函数具有形式

$$l(z) = az, \tag{2}$$

其中 $a = l(1)$ 为复常数.

定理 3. $\mathbb{R}$-线性函数是 $\mathbb{C}$-线性的充分必要条件是该函数满足

$$l(iz) = il(z). \tag{3}$$

证明. 必要条件显然. 由定理 1 知 $l(z) = az + b\bar{z}$, 因此, $l(iz) = i(az - b\bar{z})$, 而 $il(z) = i(az + b\bar{z})$; 如果 (3) 被满足, 则 $2b\bar{z} = 0$, 由此 $b = 0$, 即 l 为 $\mathbb{C}$-线性函数. $\square$

令 $a = a_1 + ia_2$, $b = b_1 + ib_2$, 又 $z = x + iy$, $w = u + iv$ 并分离实部和虚部, 我们可以改写 $\mathbb{R}$-线性函数 $w = az + b\bar{z}$ 为两个实等式

$$u = (a_1 + b_1)x - (a_2 - b_2)y, \quad v = (a_2 + b_2)x + (a_1 - b_1)y.$$

因此, $\mathbb{R}$-线性函数的几何等同于平面的仿射变换, 其雅可比为

$$J = a_1^2 - b_1^2 + a_2^2 - b_2^2 = |a|^2 - |b|^2. \tag{4}$$

当 $|a| \neq |b|$ 时, 这个变换非退化; 它将直线变换为直线, 平行的直线变换为平行的, 而正方形变为平行四边形 (图 8).

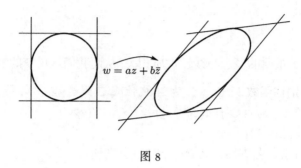

$$w = az + b\bar{z}$$

图 8

当 $|a| > |b|$ 时, 它保持定向, 而当 $|a| < |b|$ 时则变向[1].

但 $\mathbb{C}$-线性映射 $w = az$ 不会改变定向, 这是因为这种映射的雅可比 $J = |a|^2 \geqslant 0$; 它们当 $a \neq 0$ 时非退化. 令 $a = |a|e^{i\alpha}$ 并记住复数乘法的几何意义, 我们便看出非退化 $\mathbb{C}$-线性映射

$$w = |a|e^{i\alpha}z \tag{5}$$

从几何上看将平面拉大了 $|a|$ 倍, 并旋转了角 $\alpha = \arg a$ (图 9). 这样的映射保持角不变, 从而将正方形变为正方形.

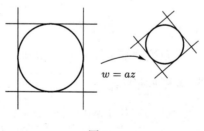

$$w = az$$

图 9

我们注意到, 保持角不变给出了 $\mathbb{C}$-线性映射的特征描述. 进一步, 成立

定理 4. 如果 $\mathbb{R}$-线性映射 $w = az + b\bar{z}$ 保持定向及三个不共线向量 $e^{i\alpha_0}$, $e^{i\alpha_1}$, $e^{i\alpha_2}$ 之间的夹角不变, 则它是个 $\mathbb{C}$-线性映射.

证明. 不失一般性可设向量 $e^{i\alpha_0}$ 及其像均指向正半轴 (如若不然, 只要改变 z 为 $ze^{-i\alpha_0}$ 就可以了, 对于 w 可类似进行). 于是 $z = 1$ 应该对应正数, 从而表明 $a + b > 0$. 保持 $z = 1$ 与 $e^{i\alpha_1}$ 之间夹角的条件可写成 $ae^{i\alpha_1} + be^{-i\alpha_1} = h_1 e^{i\alpha_1}$, 其中

---

[1]称非退化仿射变换保持定向是说, 如果它保持绕三角形顶点的走向不变.

$h_1 > 0$, 从而 $a + be^{-2i\alpha_1} > 0$; 类似地, 有 $a + be^{-2i\alpha_2} > 0$. 如果 $b \neq 0$, 那么由向量加法的三角形定律, 我们得到了三个具有等长 $|b|$ 的不同向量 $(b, be^{-2i\alpha_1}, be^{-2i\alpha_2})$, 它们都从向量 a 的终点引向实轴. 这是不可能的, 从而 $b = 0$. □

习题.

(a) 举出 $\mathbb{R}$-线性但不是 $\mathbb{C}$-线性映射的例子, 并且它保持两个方向间的角不变.

(b) 证明, 如果一个 $\mathbb{R}$-线性映射保持定向并将某个正方形变为正方形, 则它为 $\mathbb{C}$-线性. #

转而讨论可微性的概念. 函数的可微性意味着从它的增量中分离出线性主部, 即微分的可能性. 对应于两种线性性从而存在两种可微性的概念.

定义 2. 取定一个点 $z \in \mathbb{C}$ 及它的一个邻域 U; 称函数 $f : U \to \mathbb{C}$ 在点 z 是 $\mathbb{R}$-可微的 (对应地, $\mathbb{C}$-可微的) 是说, 如果对于足够小的 $|\Delta z|$ 它在这一点的增量具有如下形式:

$$\Delta f = f(z + \Delta z) - f(z) = l(\Delta z) + o(\Delta z), \tag{6}$$

其中 l 对于固定的 z 是一个 $\mathbb{R}$-线性 (对应地, $\mathbb{C}$-线性) 函数, 而 $o(\Delta z)$ 是相对于 Δz 的高阶小的量, 即当 $\Delta z \to 0$ 时 $o(\Delta z)/\Delta z \to 0$. 称函数 l 为 f 在点 z 的微分, 并以记号 df 表示.

$\mathbb{R}$-可微函数的增量因而具有形式

$$\Delta f = a\Delta z + b\overline{\Delta z} + o(\Delta z). \tag{7}$$

在这里令 $\Delta z = \Delta x$ (从而 $\overline{\Delta z} = \Delta x$), 对它除以 Δx 并取极限 $\Delta x \to 0$; 我们于是得到

$$\lim_{\Delta x \to 0} \frac{\Delta f}{\Delta x} = \frac{\partial f}{\partial x} = a + b.$$

类似地, 令 $\Delta z = i\Delta y$ (对应地, $\overline{\Delta z} = -i\Delta y$) 并取当 $\Delta y \to 0$ 时的极限, 我们得到

$$\lim_{\Delta y \to 0} \frac{\Delta f}{i\Delta y} = -i\frac{\partial f}{\partial y} = a - b.$$

并由这两个关系式得到

$$a = \frac{1}{2}\left(\frac{\partial f}{\partial x} - i\frac{\partial f}{\partial y}\right), \quad b = \frac{1}{2}\left(\frac{\partial f}{\partial x} + i\frac{\partial f}{\partial y}\right).$$

对于所得到的系数采用专门的记号:

$$\frac{\partial f}{\partial z} = \frac{1}{2}\left(\frac{\partial f}{\partial x} - i\frac{\partial f}{\partial y}\right), \quad \frac{\partial f}{\partial \bar{z}} = \frac{1}{2}\left(\frac{\partial f}{\partial x} + i\frac{\partial f}{\partial y}\right), \tag{8}$$

有时称它们为函数 f 在点 z 的形式导数. 它们首先是由黎曼在 1851 年写出来的 (参看下面的第 40 小节的历史注记).

习题. 证明, (a) $\frac{\partial z}{\partial \bar{z}} = 0$, $\frac{\partial \bar{z}}{\partial z} = 1$; (b) $\frac{\partial}{\partial \bar{z}}(f + g) = \frac{\partial f}{\partial \bar{z}} + \frac{\partial g}{\partial \bar{z}}$, $\frac{\partial}{\partial \bar{z}}(f \cdot g) = \frac{\partial f}{\partial \bar{z}}g + f\frac{\partial g}{\partial \bar{z}}$, 以及对于 $\frac{\partial}{\partial z}$ 的类似结果. #

如果再利用显然的关系 $dz = \Delta z$ 和 $d\bar{z} = \Delta\bar{z}$, 我们便给出了对于 $\mathbb{R}$-可微函数的微分公式:

$$df = \frac{\partial f}{\partial z}dz + \frac{\partial f}{\partial \bar{z}}d\bar{z}. \tag{9}$$

因此, 所有函数 $f = u + iv$ 在点 z 为 $\mathbb{R}$-可微性原来就是说其中的 u 和 v 作为两个实变量 x 和 y 的函数具有在该点的通常的微分, 而从本质上说这并没有引进在分析中的任何新概念. $\mathbb{C}$-可微性的概念才是新的, 特别, 复分析正是由此而发端的.

$\mathbb{C}$-可微函数的增量具有形式

$$\Delta f = a\Delta z + o(\Delta z), \tag{10}$$

而它的微分是 Δz 的 $\mathbb{C}$-线性函数 (在固定的 z 下). 由公式 (9) 看出, $\mathbb{C}$-可微函数是在 $\mathbb{R}$-可微函数中附加了条件

$$\frac{\partial f}{\partial \bar{z}} = 0 \tag{11}$$

分离出来的.

如果 $f = u + iv$, 则由公式 (8) 有 $\frac{\partial f}{\partial \bar{z}} = \frac{1}{2}\left(\frac{\partial u}{\partial x} - \frac{\partial v}{\partial y}\right) + \frac{i}{2}\left(\frac{\partial u}{\partial y} + \frac{\partial v}{\partial x}\right)$, 因此复的等式 (11) 可以重写为两个实等式的形式:

$$\frac{\partial u}{\partial x} = \frac{\partial v}{\partial y}, \quad \frac{\partial u}{\partial y} = \frac{-\partial v}{\partial x}. \tag{12}$$

显然复可微性条件有很大的限制: 尽管建立连续而在实的意义下处处不可微的例子颇具困难 (魏尔斯特拉斯 (Weierstrass) 或佩亚诺 (Peano) 的例子), 但一些极简单的函数竟然在复意义下也处处不可微. 例如, 函数 $f(z) = x + 2iy$ 在复意义下就处处不可微: 对于它有 $\frac{\partial u}{\partial x} = 1$, $\frac{\partial v}{\partial y} = 2$, 从而不满足条件 (12).

习题.

(1) 证明, 形如 $u(x) + iv(y)$ 的 $\mathbb{C}$-可微函数确实为 $\mathbb{C}$-线性的.

(2) 设函数 $f = u + iv$ 在整个平面为 $\mathbb{C}$-可微的, 且处处有 $u = v^2$; 证明这时 $f \equiv$ 常数. #

现在我们考虑导数概念, 从方向导数开始. 再次固定点 $z \in \mathbb{C}$, 它的一个邻域为 U 以及函数 $f : U \to \mathbb{C}$. 如果令 $\Delta z = |\Delta z|e^{i\theta}$, 于是由公式 (7) 和 (9) 得到

$$\Delta f = \frac{\partial f}{\partial z}|\Delta z|e^{i\theta} + \frac{\partial f}{\partial \bar{z}}|\Delta z|e^{-i\theta} + o(\Delta z),$$

其中 $o(\Delta z)$ 相对于 Δz 为高阶小的量. 两端除以 Δz 并取 $\Delta z \to 0$ 以及 $\arg\Delta z = \theta =$ 常数时的极限, 我们得到 f 在点 z 沿方向 θ 的导数:

$$\frac{\partial f}{\partial z_\theta} = \lim_{\substack{\Delta z \to 0 \\ \arg\Delta z = \theta}} \frac{\Delta f}{\Delta z} = \frac{\partial f}{\partial z} + \frac{\partial f}{\partial \bar{z}}e^{-2i\theta}. \tag{13}$$

由此公式看出, 当 f 和 z 固定并且当 θ 从 0 变到 2π 时, 点 $\frac{\partial f}{\partial z_\theta}$ 两次[①]走过以 $\frac{\partial f}{\partial z}$ 为圆心, 以 $|\frac{\partial f}{\partial \bar{z}}|$ 为半径的圆, 这是方向导数的速端曲线 (hodograph) (图 10).

[①]显然, 沿方向 θ 和沿方向 $\theta + \pi$ 的导数重合.

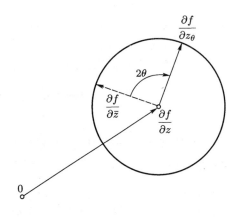

图 10

因此, 如果 $\frac{\partial f}{\partial \bar{z}} \neq 0$, 则方向导数 $\frac{\partial f}{\partial z_\theta}$ 依赖于方向 θ 且仅在 $\frac{\partial f}{\partial \bar{z}} = 0$ 时, 即函数 f 在点 z 为 $\mathbb{C}$-可微的情形, 沿所有方向的方向导数才相等.

显见, 在也只在这种情形下才存在函数 f 在点 z 的导数, 按定义它等于

$$f'(z) = \lim_{\Delta z \to 0} \frac{\Delta f}{\Delta z}, \tag{14}$$

其中的取极限是在 $\mathbb{C}$ 拓扑意义下的 (即在极限定义中的邻域理解为通常的圆邻域: 这个极限不依赖于 Δz 趋向于 0 的方式). 同样清楚的是, 如果 $f'(z)$ 存在, 则它等于 $\frac{\partial f}{\partial z}$. 由于这个论断的重要性, 我们把它挑出来给予直接的证明.

定理 5. 函数 f 在点 z 的复可微性等价于在该点导数 $f'(z)$ 的存在性.

证明. 如果 f 在点 z 为 $\mathbb{C}$-可微, 则由公式 (10), 其中 $a = \frac{\partial f}{\partial z}$, 我们有

$$\Delta f = \frac{\partial f}{\partial z} \Delta z + o(\Delta z);$$

因为当 $\Delta z \to 0$ 时 $o(\Delta z)/\Delta z \to 0$, 故存在 $\lim_{\Delta z \to 0} \frac{\Delta f}{\Delta z} = f'(z) = \frac{\partial f}{\partial z}$. 反过来, 如果 $f'(z)$ 存在, 则由极限的定义, 我们有

$$\frac{\Delta f}{\Delta z} = f'(z) + \alpha(\Delta z),$$

其中当 $\Delta z \to 0$ 时 $\alpha(\Delta z) \to 0$. 于是, 增量 $\Delta f = f'(z)\Delta z + \alpha(\Delta z)\Delta z$ 被分成了两部分, 其中的第一部分关于 Δz 是 $\mathbb{C}$-线性的, 而第二部分是个高阶小的量: 这意味了 f 在点 z 的 $\mathbb{C}$-可微性. $\square$

单复变函数导数的定义与实分析的的完全一样, 算术运算的规则和关于极限的定理也被推广到了复领域. 因此无需任何改动便可将微分的初等规则转移到在复分析中 (函数和、积、商、复合及逆的导数); 我们不再对其叙述和证明了.

我们还要给出一个对于计算有用的附注. 因为函数 $f = u + iv$ 的导数如果存在的话, 它不依赖于方向的选取, 故而可取 x-方向进行计算; 我们得到

$$f'(z) = \frac{\partial f}{\partial x} = \frac{\partial u}{\partial x} + i\frac{\partial v}{\partial x}. \tag{15}$$

上面的讨论使我们确信 $\mathbb{C}$-可微性概念的自然性. 然而我们以后会看到, 只是在一个点的 $\mathbb{C}$-可微性还不足以建立一个令人满意的理论. 于是我们将要求的不仅是在一点的而是在所有邻近点的 $\mathbb{C}$-可微性, 从而我们有以下的概念.

定义 3. 称函数 f 在点 $z \in \mathbb{C}$ 为全纯[①] (或解析) 是说, 如果在该点的一个邻域中的每个点它均为 $\mathbb{C}$-可微.

例. 函数 $f(z) = |z|^2 = z\bar{z}$, 显然在所有 $\mathbb{C}$ 中点为 $\mathbb{R}$-可微. 但 $\frac{\partial f}{\partial \bar{z}} = z$ 只在 $z = 0$ 时为 0, 故我们的函数只在点 $z = 0$ 为 $\mathbb{C}$-可微, 从而它在该点不是全纯的. #

在点 z 全纯的函数的集合 (它们中每一个在各自的邻域中 $\mathbb{C}$-可微) 被赋以记号 $\mathcal{O}_z$. $\mathcal{O}_z$ 中的函数的和与积仍然属于 $\mathcal{O}_z$, 因此可将这个集合看为是一个环. 我们注意到, $\mathcal{O}_z$ 中两个函数的商 f/g, 如果 $g(z) = 0$, 则不一定属于 $\mathcal{O}_z$.

在开集 $D \subset \mathbb{C}$ 的所有点上 $\mathbb{C}$-可微的函数显然在 D 中所有点都为全纯. 我们称这些函数为在 D 中全纯, 并记以符号 $\mathcal{O}(D)$; 集合 $\mathcal{O}(D)$ 也是个环. 我们对于在任意集合 $M \subset \mathbb{C}$ 上全纯的函数理解为那些可以延拓到一个开集 $D \supset M$ 并在此开集上为全纯的函数.

最后, 我们说函数 f 在无穷远点全纯是指, 如果函数 $g(z) = f(1/z)$ 在点 $z = 0$ 全纯. 这个定义让我们可以考虑在闭平面集合 $\bar{\mathbb{C}}$ 上全纯的函数. 我们注意到, 在无穷远点的导数定义是没有意义的.

历史注记

复微分是复分析的基础概念之一. 在那些奠基人之中 L. **欧拉**起了特别的作用, 按照拉普拉斯的说法, "他是 18 世纪后半叶所有数学家的老师". 我们在这里要简短地叙述他的生活与工作.

欧拉在 1707 年生于瑞士的一个并不富裕的牧师家庭, 在巴塞尔大学取得了硕士学位 (1724 年), 开始学习神学, 后来则全身心地投入到数学及其应用中. 1727 年, 19 岁的欧拉来到了彼得堡, 在不久才建立的科学院[②] 得到一个空缺的生理学专业的职位. 然而他却在数学领域中工作, 并且, 在他第一次逗留在彼得堡的 14 年中, 他发表了超过 50 篇的著作, 并同时积极从事了教学和各种实际的任务.

1741 年欧拉转到了柏林, 在那里一直工作到 1766 年, 但并没有切断与彼得堡科学院的联系, 在彼得堡科学院的的出版物中至少有他在这段时间里发表的 100 篇文章以及书. 以后他又回到了彼得堡, 在那里逗留到他生命的最后一天. 尽管他遭遇到几乎完全失明的厄运, 在第二次逗留彼得堡的 17 年期间, 欧拉准备好了差不多 400 份著作.

[①]来自希腊文 $\gamma o \lambda o \sigma$ (整的) 和 $\mu o \varrho \varphi \eta$ (形式): 相似于整数.

[②]在 1726 年 12 月 17 日科学院办公室的记事中说: "按照女皇陛下的命令, 召欧拉进入科学院. 并经丹尼尔·伯努利教授转交与他应得的旅费一百三十卢布".

在他著名的专著《无穷小分析引论》(两卷本, 1748 年),《微分学》(1755 年) 和《积分计算》(三卷本, 1768—1770 年) 中欧拉实质上是第一个将数学分析发展为一个科学分支的人. 他也是变分法、偏微分方程理论和微分几何的一个创始人, 他还得到了数论中许多杰出的结果.

与进行理论研究的同时欧拉还从事了许多的应用活动, 例如, 参与绘制俄罗斯的地形图以及参与由库里宾 (И. П. Кулибин) 提出的通过涅瓦河的单拱大桥计划的专家咨询. 他研究过抛射体在空气中的运动, 求过柱体的临界压力, 开创了陀螺仪理论. 他的著作中有《力学或运动的科学》(两卷, 1736 年)、《月球轨道计算的新理论》(1772 年)、甚至于《海船建造与驾驶的完全思辨, 海洋学学生的益著》(1778 年).

欧拉死于 1783 年, 葬在彼得堡的斯莫棱斯克墓地, 而在 1957 年在纪念他的 250 诞辰时将他的遗体移至具有很高荣誉的亚历山大–涅夫斯基墓地, 靠近 M. B. 罗蒙罗索夫纪念碑的地方. 欧拉的后人仍留在俄罗斯; 他的两个儿子是彼得堡科学院院士, 第三个儿子则是俄国军队的将军, 是在谢斯特罗列茨克的军械厂的厂长.

列昂纳多·欧拉 (1707—1783)

在上面提到的那些分析方面的著作中, 欧拉引进了基本的初等复变函数, 并发现了他们之间的关联 (特别是我们前面提到的欧拉公式: $e^{i\varphi} = \cos\varphi + i\sin\varphi$), 而且在积分计算中系统地应用了复变换. 在著作《流体运动的一般原理》(1755 年) 中, 欧拉将流体速度的分量 u 与 v 与两个表达式 $udy - vdx$ 与 $udx + vdy$ 联系起来. 随三年前出版了自己著作的达朗贝尔之后, 也出于流体力学方面的考虑, 欧拉写出了这两个表达式为恰当微分的条件:

$$\frac{\partial u}{\partial x} = -\frac{\partial v}{\partial y}, \qquad \frac{\partial u}{\partial y} = \frac{\partial v}{\partial x}, \tag{16}$$

并发现了这个方程组的解的一般形式:
$$u - iv = \frac{1}{2}\varphi(x + iy) - \frac{i}{2}\psi(x + iy),$$
$$u + iv = \frac{1}{2}\varphi(x - iy) + \frac{i}{2}\psi(x - iy),$$

其中 φ 与 ψ 为 (按欧拉所说) 任意的函数. 关系式 (16) 实际上是函数 $f = u - iv$ 的复可微性的条件, 并具有简单的物理意义 (参看下一小节).

欧拉写出了通常的 $\mathbb{C}$-可微条件 (12), 它与 (16) 差一个符号. 1776 年, 在欧拉 69 岁的高龄, 欧拉完成了他的著作《论通过虚计算得到的值得注目的积分》, 在其中他指出这些条件可作为表达式 $(u + iv)(dx + idy)$ 为恰当微分的条件, 到了 1777 年, 他又发表了它们在制作地理地图问题中的应用 (参看下一小节).

因此, 确切地说, 第一次系统地研究复变函数及其在分析、流体力学以及地图学的应用的功绩应当归于欧拉.

但是欧拉对复可微性作用还没有足够清晰的了解. 在这个方向上的实质性进展在 70 年后柯西的著作中才得以初步成型, 而只有再过了 30 年后, 在黎曼的著作中才对它们的作用有了完全的理解 (详细情形请参看后面的 19 小节 40 小节的历史注记). 复微分的条件
$$\frac{\partial f}{\partial \bar{z}} = 0 \Leftrightarrow \frac{\partial u}{\partial x} = \frac{\partial v}{\partial y}, \quad \frac{\partial u}{\partial y} = -\frac{\partial v}{\partial x}$$

习惯上被称做柯西–黎曼条件, 然而从历史的正确观点看应称他们为达朗贝尔–欧拉条件吧.

7. 几何的以及流体力学的解释

在点 $z \in \mathbb{C}$ 为 $\mathbb{R}$-可微, 或相应地, $\mathbb{C}$-可微的函数 f 的微分具有形式
$$df = \frac{\partial f}{\partial z}dz + \frac{\partial f}{\partial \bar{z}}d\bar{z}, \quad \text{或相应地} \quad df = f'(z)dz \tag{1}$$
(参看前一小节). 因为映射的雅可比由它的微分 (即仿射变换) 的定义, 故由前一小节的公式 (4), $\mathbb{R}$-可微的, 或相应地, $\mathbb{C}$-可微的映射 f 在点 z 的雅可比等于
$$J_f(z) = \left|\frac{\partial f}{\partial z}\right|^2 - \left|\frac{\partial f}{\partial \bar{z}}\right|^2, \quad \text{或} \quad J_f(z) = |f'(z)|^2. \tag{2}$$
对于那些了解微分形式[①]的人, 可直接推导出公式 (2): 如果 $dz = dx + idy$, 则 $d\bar{z} = dx - idy$, 而外积 $dz \wedge d\bar{z} = -idx \wedge dy + idy \wedge dx = -2idx \wedge dy$; 类似地, 如果 $df = du + idv$, 则 $df \wedge \overline{df} = -2idu \wedge dv$. 然而由于公式 (1), 我们有
$$df \wedge \overline{df} = \left(\frac{\partial f}{\partial z}dz + \frac{\partial f}{\partial \bar{z}}d\bar{z}\right) \bigwedge \left(\frac{\partial \bar{f}}{\partial z}d\bar{z} + \frac{\partial \bar{f}}{\partial \bar{z}}dz\right)$$
$$= \left(\left|\frac{\partial f}{\partial z}\right|^2 - \left|\frac{\partial f}{\partial \bar{z}}\right|^2\right) dz \wedge d\bar{z},$$

[①]在本书第二卷将会详细讨论它们.

但因为 $du \wedge dv = J_f dx \wedge dy$, 由此得到 (2).

假设函数 f 在点 z 的一个邻域中为 $\mathbb{R}$-可微并且 z 不是 f 的临界点, 即 $J_f(z) \neq 0$. 根据实分析中的隐函数定理于是得出了映射 f 的局部同胚性, 即存在邻域 $U \ni z$, 使得 f 为互为单值与互为连续地变换到点 $f(z)$ 的邻域上. 从公式 (2) 清楚看出, 在 $\mathbb{R}$-可微性的一般情形中, 雅可比 J_f 可具有任意的符号, 就是说 f 即可以保持也可以改变定向. 但对于 $\mathbb{C}$-可微情形的映射, 临界点与那些在其上导数化为零的点重合, 而在非临界点这样的映射总保持定向: $J_f = |f'(z)|^2 > 0$.

另外, 称在一点 $z \in \mathbb{C}$ 为 $\mathbb{R}$-可微的映射 f 在该点是共形的是说, 如果在点 z 的微分 df 是 dz 的非退化的具旋转的伸缩变换. 因为根据前一小节, 这个性质的变换给出了 $\mathbb{C}$-线性映射的特征描述, 故而我们得到下述 $\mathbb{C}$-可微性的几何解释:

在点 z 复可微的映射 f 若 $f'(z) \neq 0$ 则等价于 f 在该点的共形性质.

映射 $f: D \to \mathbb{C}$ 在 D 中每点 z 均为共形, 则称其为该区域的共形映射; 它由在 D 全纯的无临界点 (即在 D 处处 $f'(z) \neq 0$) 的函数定义. 在区域的每点上这个映射的切线, 即它的微分, 给出了具伸缩的旋转, 就是说, 它将图形变成它们的相似性, 特别地, 保持角不变. 这些映射首先在 1777 年出现在欧拉制作俄国地形图的工作中, 这是他所从事的彼得堡科学院的一项任务. 欧拉称这样的映射为 "小处相似", 而 "共形" 这个词则是彼得堡科学院的舒伯特 (Ф. Н. Шуберт) 在 1789 年引进的, 共形映射的意思是保持角不变.

注. 如果 $\mathbb{R}$-可微映射 f 的微分在某个非临界点 z 将图形变成相似形但改变了定向, 则 f 称该映射在该点为第二类共形映射或者反共形映射, 满足反共形条件的函数 f 在该点具有形式 $\frac{\partial f}{\partial z} = 0$. 称函数 f 在点 z 为反全纯是指, 在 z 的某个邻域中为 $\mathbb{R}$-可微且在该邻域的所有点上有 $\frac{\partial f}{\partial z} = 0$. 显然, 函数 $f = u + iv$ 在点 z 为反全纯当且仅当 $\bar{f} = u - iv$ 在该点为全纯.

到此为止我们考虑过了映射的微分. 现在我们要研究共形性质是如何影响映射的性质的. 假设 f 在点 z 的一个邻域 U 上为共形, 并且导数 f' 在 U 上连续[①]. 考虑从点 z 为起点的光滑道路 $\gamma: I = [0,1] \to U$ (即对所有的 $t \in I$ 有 $\gamma'(t) \neq 0$ 并连续, 且 $\gamma(0) = z$). 它的像 $\gamma_* = f \circ \gamma: I \to f(U)$ 也是一条光滑的道路, 这是因为由复合函数的微分法则

$$\gamma'_*(t) = f'[\gamma(t)] \cdot \gamma'(t), \quad t \in I, \tag{3}$$

并且, 按条件, f' 在 U 上处处连续且不为 0.

几何上, $\gamma'(t) = \dot{x}(t) + i\dot{y}(t)$ 表示了 γ 在点 $\gamma(t)$ 的切向量, 同时 $|\gamma'(t)|dt = \sqrt{\dot{x}^2 + \dot{y}^2}dt = ds$ 为 γ 在这一点的长度微分; 类似地, $|\gamma'_*(t)|dt = ds_*$ 为 γ_* 在点 $\gamma_*(t)$

[①]在第二章中我们将看到, 第二个条件自动成立: 由 f' 在 U 中所有的点上的存在性可推出连续性. 不但如此, 由此还可推出 f 所有阶的偏导数在 U 上的存在性和连续性!

的长度微分. 因此由当 $t = 0$ 的关系式 (3), 我们推出

$$|f'(z)| = \frac{|\gamma'_*(0)|}{|\gamma'(0)|} = \frac{ds_*}{ds}, \tag{4}$$

即①导数 $f'(z)$ 的模从几何上意味着在映射 f 下, 弧长在点 z 的伸缩系数.

这里的左端, 如果 $\gamma(0) = z$, 则不依赖于 γ 的选取; 因此, 在我们的条件下, 在点 z 的所有弧伸缩相同. 故共形映射 f 具有所谓的**圆性质**: 它将以圆心在点 z 的小圆变成一条曲线, 使得它与圆心在 $f(z)$ 的圆相差一个高阶的小量 (图 11).

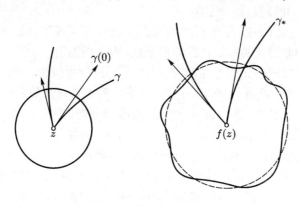

图 11

另外, 由此在 $t = 0$ 的同一关系式 (3) 还得到

$$\arg f'(z) = \arg \gamma'_*(0) - \arg \gamma'(0), \tag{5}$$

即导数 $f'(z)$ 的幅角在几何上意味着该弧在点 z 的切向量在映射 f 下的旋转角.

这里的左端, 如果 $\gamma(0) = z$, 则也不依赖于 γ 的选取, 就是说, 所有这样的弧以同样的角旋转. 因此共形映射 f 具有**保角性质**: 在点 z 任意两条弧之间的夹角②等于它们的像在点 $f(z)$ 之间的夹角 (参看图 11).

　　注. 如果映射 f 在点 z 全纯, 但该点是个临界点, 即 $f'(z) = 0$, 则圆性质仍然成立, 不过是一种退化的形式: 在点 z 的所有伸缩系数等于 0. 保角的性质则完全破坏了: 例如, 在映射 $z \to z^2$ 下, 射线 $\arg z = \alpha_1$ 与射线 $\arg z = \alpha_2$ 在点 $z = 0$ 之间的角变为了 2 倍角! 除此之外, 在临界点也可能破坏弧的光滑性: 例如, 光滑曲线 $\gamma(t) = t + it^2$, $t \in [-1, 1]$ 在同一映射 $z \to z^2$ 下变成了曲线 $\gamma_*(t) = t^2(1 - t^2) + 2it^3$, 它在点 $\gamma_*(0) = 0$ 是个尖点 (我们利用了第 5 小节的公式 (6)).

　　习题. 设 u 和 v 为 x 与 y 的实函数, 它们在 $\mathbb{R}$ 的意义下可微, 而 $\nabla u = \frac{\partial u}{\partial x} + i\frac{\partial u}{\partial y}$ 与 $\nabla v = \frac{\partial v}{\partial x} + i\frac{\partial v}{\partial y}$ 为它们的梯度. 请解释以下条件的几何意义:

$$(\nabla u, \nabla v) = 0, \quad |\nabla u| = |\nabla v|$$

---

①已知, 对于光滑的弧有 $\frac{ds_*}{ds} = \lim_{\Delta s \to 0} \frac{\Delta s_*}{\Delta s}$, 其中 Δs 为 γ 的弧长, Δs_* 为 γ_* 的对应弧长.
②相交于点 z 的两段弧的夹角的意思是他们在该点的切线间的夹角.

(括号表示内积), 并找出它们与函数 $f = u + iv$ 的 $\mathbb{C}$-可微性条件之间, 以及将 f 作为映射时的共形性质之间的联系. #

我们现在解释复可微性及复导数的在流体力学上的意义. 考虑流体的平稳平行平面流. 它的意思是, 这个流的速度向量 v 不依赖于时间, 并且在对某个平面的垂线上的每个点上他们都相同, 而这个平面我们取为复变量 $z = x + iy$ 的平面 (图 12). 于是我们的场完全由平面向量场

$$v = v_1(x, y) + iv_2(x, y) \tag{6}$$

描述.

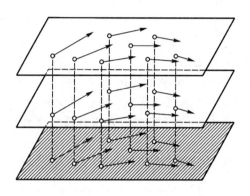

图 12

我们假定在某点 z_0 的邻域 U 中, 函数 v_1 和 v_2 具有连续的偏导数. 此外, 还假定在此邻域中场 (6) 为位势场, 即

$$\operatorname{rot} v = \frac{\partial v_2}{\partial x} - \frac{\partial v_1}{\partial y} = 0^{①}, \tag{7}$$

和无源场, 即

$$\operatorname{div} v = \frac{\partial v_1}{\partial x} + \frac{\partial v_2}{\partial y} = 0 \tag{8}$$

(等式 (7) 和 (8) 对 U 的所有点均成立).

由位势条件 (7) 得出, 在邻域 U, 微分形式 $v_1 dx + v_2 dy$ 为某个函数 φ 的恰当微分, 称它为这个场的位势函数. 于是在 U 中我们有

$$v_1 = \frac{\partial \varphi}{\partial x}, \quad v_2 = \frac{\partial \varphi}{\partial y} \tag{9}$$

或者, 用向量的写法为 $v = \operatorname{grad} \varphi$.

由无源场的条件 (8) 得到, 形式 $-v_2 dx + v_1 dy$ 为某个函数 ψ 的恰当微分, 使得在 U 中有

$$-v_2 = \frac{\partial \psi}{\partial x}, \quad v_1 = \frac{\partial \psi}{\partial y}. \tag{10}$$

_____

①对于平面向量场, $\operatorname{rot} v$ 可以看作标量; 参看第一小节的脚注.

在函数 ψ 的水平线上我们有 $d\psi = -v_2 dx + v_1 dy = 0$, 即 $\frac{dy}{dx} = \frac{v_2}{v_1}$, 由此看出, 这些曲线是场 v 的向量曲线 (即 v 的积分曲线), 也就是流线 (流体质点的轨线). 所以称 ψ 为流函数.

我们想现在构造一个复函数

$$f = \varphi + i\psi, \tag{11}$$

并称它为这个场的复位势. 比较关系式 (9) 和 (10), 我们看到, 在 U 中满足条件

$$\frac{\partial \varphi}{\partial x} = \frac{\partial \psi}{\partial y}, \quad \frac{\partial \varphi}{\partial y} = -\frac{\partial \psi}{\partial x}. \tag{12}$$

由第 6 小节知, 它们与 (12) 的复可微性条件相同, 因而证明了复位势 f 是在点 z_0 全纯的函数.

反之, 设函数 $f = \varphi + i\psi$ 在点 z 的邻域 U 中全纯, 而函数 φ 和 ψ 在 U 中有连续的二阶导数[①]. 在 U 上构造向量场 $v = \mathrm{grad}\,\varphi = \frac{\partial \varphi}{\partial x} + i\frac{\partial \varphi}{\partial y}$. 它在 U 上是位势的, 这是因为 $\mathrm{rot}\,v = \frac{\partial^2 \varphi}{\partial x \partial y} - \frac{\partial^2 \varphi}{\partial y \partial x} = 0$, 从而, $\mathrm{div}\,v = \frac{\partial^2 \varphi}{\partial x^2} + \frac{\partial^2 \varphi}{\partial y^2} = \frac{\partial^2 \psi}{\partial x \partial y} - \frac{\partial^2 \psi}{\partial y \partial x} = 0$ (我们利用了方程 (12)). 显然给出的函数 f 是这个场的复位势.

于是, 全纯函数 f 意味着, 这个函数可以看作为位势的及无源的流体平稳平行平面流的复位势.

不难解释导数的流体力学的意义: 由 (9) 和 (10) 我们有

$$f' = \frac{\partial \varphi}{\partial x} + i\frac{\partial \psi}{\partial x} = v_1 - iv_2, \tag{13}$$

即复位势的导数表示了复共轭于流的速度向量的向量. f 的临界点是流速度等于 0 的点.

例. 我们来求在平坦底部上的无限深流体的复位势, 在其中有一个垂直于底, 高为 h 的绕流障碍. 这个平行平面流可由在上半平面中的绕长为 h 的线段的流来描述, 不失一般性可设这个线段位于虚轴上.

于是, 这个流可看成是在区域 D 上的, 而该区域的边界 ∂D 由实轴和虚轴上的线段 $[0, ih]$ 组成 (图 13). 这条线段边界必定是流线; 假定该线为 $\psi = 0$, 并假定在 D 上函数 $\psi > 0$. 因此, 为了找出复位势 $\varphi + i\psi$ 只要找到 D 到上半平面 $\{\psi > 0\}$ 的共形映射就够了.

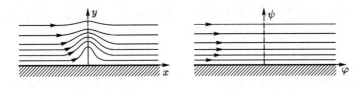

图 13

实现这种映射的函数之一可以按以下方式得到. 映射 $z_1 = z^2$ 将 D 转变为切去

[①]第二个条件由第一个自动得出; 参看本小节前面的脚注.

了射线 $\operatorname{Re} z_1 \geqslant -h^2$, $\operatorname{Im} z_1 = 0$ 的平面 (参看第 5 小节的例子). 映射 $z_2 = z_1 + h^2$ 将该射线移动到正半轴 $\operatorname{Re} z_2 \geqslant 0$, $\operatorname{Im} z_2 = 0$. 如果我们现在取开平方的映射:

$$w = \sqrt{z_2} = \sqrt{|z_2|} e^{i(\arg z_2)/2},$$

它在条件 $0 < \arg z_2 < 2\pi$ 下被单值地定义, 于是作为切除了正半轴的平面 z_2 的像, 我们得到了上半平面. 最后取所考虑过的那些映射的复合, 便得到了我们所要的映射

$$w = \sqrt{z^2 + h^2}. \tag{14}$$

分离关系式 $(\varphi + i\psi)^2 = (x + iy)^2 + h^2$ 的实部和虚部, 我们得到了这个流的流线方程; 对于线 $\psi = \psi_0$, 我们有

$$y = \psi_0 \sqrt{1 + \frac{h^2}{x^2 + \psi_0^2}} \tag{15}$$

(对应的流线显示在图 13 中). 所考虑的流的速度值 $|v| = \left| \frac{dw}{dz} \right| = \frac{|z|}{\sqrt{|z^2 + h^2|}}$, 在无穷远处它等于 1; 点 $z = 0$ 是这个流的临界点. 可以证明, 所考虑的这个问题的通解为

$$f(z) = v_\infty \sqrt{z^2 + h^2}, \tag{16}$$

其中 $v_\infty > 0$ 是在无穷远点的流的速度. 有关在流体力学中共形映射应用的详细情形可参看, 例如拉夫连季耶夫和作者的书[①].

§3. 分式线性函数的性质

我们转向一些简单的全纯复变函数类的研究.

8. 分式线性函数

分式线性函数由关系式

$$w = \frac{az + b}{cz + d}, \quad ad - bc \neq 0 \tag{1}$$

定义, 其中 a b, c, d 为固定的复数, 而 z 为复变量; 加上条件 $ad - bc \neq 0$ 是为了排除退化为常数的情形 (当 $ad - bc = 0$ 时, (1) 的分子与分母成比例). 当 $c = 0$ 时, 必有 $d \neq 0$, 从而函数 (1) 具有形式

$$w = \frac{a}{d} z + \frac{b}{d} = Az + B, \tag{2}$$

变成了所谓的整线性函数. 当 $A = 0$, 这样的函数退化为常数, 而当 $A \neq 0$, 如我们从公式 $w = A(z + B/A)$ 所看出的那样, 它化为平面的平移 $z \to z + A/B$ 和具伸缩的旋转 $z \to Az$, 即第 6 小节意义下的复线性映射.

[①]M. A. 拉夫连季耶夫, Б. В. 沙巴特, (1)《复变函数论的方法》, M.: Hayka, 1973; (2)《流体力学的问题及它们的数学模型》, M.: Hayka, 1977.

函数 (1) 对于所有 $z \neq -d/c$, ∞ 有定义 (如果 $c \neq 0$; 当 $c = 0$ 时它对所有有限的 z 有定义). 在这些例外点上我们定义它为: 当 $z = -d/c$ 时令 $w = \infty$, 当 $z = \infty$ 时则令 $w = a/c$ (在 $c = 0$ 的情形只要在 $z = \infty$ 时令 $w = \infty$ 就可以了). 我们有

定理 1. 分式线性函数 (1) 建立了 $\overline{\mathbb{C}}$ 到 $\overline{\mathbb{C}}$ 上的同胚映射 (即相互一一且连续的映射).

证明. 假定 $c \neq 0$, 因为当 $c = 0$ 的简单情形这是显然的. 函数 (1) 在 $\overline{\mathbb{C}}$ 上处处有定义 (单值地); 由方程 (1) 解出 z 有

$$z = \frac{dw - b}{a - cw}. \tag{3}$$

我们看出, 每个 $w \neq a/c$, ∞ 对应于确定的点 z, 而由于上面采用的约定, 点 $w = a/c$ 对应了 $z = \infty$, 而 $w = \infty$ 对应了点 $z = -d/c$. 因此, (1) 相互一一地将 $\overline{\mathbb{C}}$ 映到 $\overline{\mathbb{C}}$ 上. 还需证明连续性. 然而当 $z \neq -d/c$, ∞ 时函数 (1) 的连续性是显然的; 而在这些例外点的连续性由下面得到:

$$\lim_{z \to \frac{-d}{c}} \frac{az + b}{cz + d} = \infty, \quad \lim_{z \to \infty} \frac{az + b}{cz + d} = \frac{a}{c}.$$

对于函数 (3) 可同样进行. □

我们现在想要证明映射 (1) 在 $\overline{\mathbb{C}}$ 的所有点都保角. 对于 $z \neq -d/c$, ∞ 这由在这些点上存在导数得到:

$$\frac{dw}{dz} = \frac{ad - bc}{(cz + d)^2} \neq 0$$

(参看第 7 小节). 为了对于这些例外点 (它们两个都与无穷远性值有关联: 一个自己就是无穷远点, 而另一个的像为无穷远点) 建立同样的性质, 需要引进在无穷远点的角的概念.

定义. 两条道路 γ_1 与 γ_2 (通过 ∞ 使得它们的球面像在北极具有切线) 在点 $z = \infty$ 的夹角是指这两个道路在映射

$$z \mapsto 1/z = Z \tag{4}$$

下的像 Γ_1 与 Γ_2 在点 $Z = 0$ 的夹角.

习题. 对于那些不满意于这种形式定义 (顺便说一下, 以复流形的观点看这是自然的, 参看第二卷) 的读者, 建议他们做下面的练习:

(a) 证明, 球极投影 $\mathbb{C} \to S$ (参看第 1 小节) 保角, 即将在 $\mathbb{C}$ 上一对相交的直线变到 S 上的一对圆, 它们交出相等的角.

(b) 证明, 平面 $\overline{\mathbb{C}}$ 的变换 $z \mapsto 1/z$ 在球极投影下对应于球面 S 绕通过点 $z = \pm 1$ 的直径旋转. [**提示**: 应用第 1 小节的公式 (17).] #

定理 2. 分式线性映射 (1) 在 $\overline{\mathbb{C}}$ 的所有点上均为共形[①].

[①]在无穷远点上为共形的意思是它有保角性.

证明. 对于那些非例外的点定理已经证过. 设 γ_1 与 γ_2 经过点 $z = -d/c$ 的两条道路, 并在该点以角 α 相交 (假定了这两条道路在该点有切线). 在映射 (1) 下它们的像 γ_1^* 与 γ_2^* 在对应于 $z = -d/c$ 的点 $w = \infty$ 的夹角, 按定义等于 γ_1^* 与 γ_2^* 在映射 $W = 1/w$ 下的像 Γ_1^* 与 Γ_2^* 在点 $W = 0$ 的夹角. 然而

$$W = \frac{cz + d}{az + b},$$

从而 Γ_1^* 与 Γ_2^* 可以看成在这个映射下 γ_1 与 γ_2 的像. 因为导数

$$\frac{dW}{dz} = \frac{bc - ad}{(az + b)^2}$$

在点 $z = -d/c$ 存在且不等于 0, 故而 Γ_1^* 与 Γ_2^* 在点 $W = 0$ 的夹角等于 α. 对于点 $z = -d/c$ 时的定理得证. 为了对点 $z = \infty$ 证明它, 只要将同样的讨论用于 (1) 的反函数 (3) 即可. □

记所有分式线性映射的集合为 Λ. 我们现在想要证明 Λ 可以看作为一个群. 设给出了两个分式线性变换:

$$L_1 : z \mapsto \frac{a_1 z + b_1}{c_1 z + d_1}, \qquad a_1 d_1 - b_1 c_1 \neq 0,$$

$$L_2 : z \mapsto \frac{a_2 z + b_2}{c_2 z + d_2}, \qquad a_2 d_2 - b_2 c_2 \neq 0;$$

我们称映射 L_1 与 L_2 的复合为它们的乘积, 即映射

$$L : z \mapsto L_1 \circ L_2(z).$$

映射 L 显然是分式线性的,

$$L : w = \frac{az + b}{cz + d}$$

(因为在表达式 L_1 中将 z 替换成分式线性函数后仍旧导出了一个分式线性函数), 且还有 $ad - bc \neq 0$[①] (因为 L 将 $\overline{\mathbb{C}}$ 变换到 $\overline{\mathbb{C}}$, 而没有退化为常值).

我们来验证它满足群的公理.

(a) **结合律**: 对于任意三个映射 $L_1, L_2, L_3 \in \Lambda$ 我们有

$$L_1 \circ (L_2 \circ L_3) = (L_1 \circ L_2) \circ L_2. \tag{5}$$

事实上, (5) 的两端都表示了分式线性映射 $L_1\{L_2[L_3(z)]\}$.

[①] 如果令 $z = z_1/z_2$ 和 $w = w_1/w_2$, 以引进齐次坐标, 则变换 (1) 可重写为形式 $w_1 = az_1 + bz_2$, $w_2 = cz_1 + dz_2$, 或者以矩阵表示

$$\begin{pmatrix} w_1 \\ w_2 \end{pmatrix} = \begin{pmatrix} a & b \\ c & d \end{pmatrix} \begin{pmatrix} z_1 \\ z_2 \end{pmatrix}.$$

所以对于 $L = L_1 \circ L_2$ 我们有

$$ad - bc = (a_1 d_1 - b_1 c_1)(a_2 d_2 - b_2 c_2),$$

这便给出了断言的分析证明.

我们看出, 分式线性变换是复射影直线 $\mathbb{CP}^1$ 的射影变换, 而复射影直线可等同于拓展了的平面 $\overline{\mathbb{C}}$.

(b) **存在单位元**. 显然, 恒同映射可以作为单位元:

$$E : z \mapsto z. \tag{6}$$

(c) **存在逆元**. 对于任意 $L \in \Lambda$ 存在映射 $L^{-1} \in \Lambda$ 使得

$$L^{-1} \circ L = L \circ L^{-1} = E. \tag{7}$$

事实上, 对于映射 (1), 可取映射 (3) 为其逆元.

这便证明了

定理 3. 所有分式线性映射的集合 Λ, 如果以映射的复合作为群的运算, 构成一个群.

注. 群 Λ 不是交换的: 例如, 设 $L_1 : z \mapsto z + 1$, $L_2 : z \mapsto \frac{1}{z}$; 于是 $L_1 \circ L_2 : z \mapsto \frac{1}{z+1}$, 而 $L_2 \circ L_1 : z \mapsto \frac{1}{z} + 1$.

$A \neq 0$ 的整线性函数 (2) 构成子群 $\Lambda_0 \subset \Lambda$, 这是 Λ 中使无穷远点保持不变的那些映射.

9. 几何性质

我们介绍分式线性映射的两个初等几何性质. 为了阐述第一个性质我们约定, 当我们说到 $\overline{\mathbb{C}}$ 上的圆时指的是在复平面上任一圆或直线 (在球极映射下它们全是黎曼球面上的圆); 对于严格意义下的圆我们将称其为 $\mathbb{C}$ 上的圆. 成立

定理 1. 任意分式线性映射将任一 $\overline{\mathbb{C}}$ 上的圆变换为 $\overline{\mathbb{C}}$ 上的圆 (分式线性映射的圆性质).

证明. 对于线性映射的情形 $(c = 0)$ 断言显然, 这是因为这样的映射给出了具伸缩的旋转以及平移. 如果 $c \neq 0$, 则该映射可重写为形如

$$L : z \mapsto \frac{a}{c} - \frac{ad - bc}{c(cz + d)} = A + \frac{B}{z + C}, \tag{1}$$

从而, 可表示为三个映射的复合:

$$L_1 : z \mapsto A + Bz, \quad L_2 : z \mapsto \frac{1}{z}, \quad L_3 : z \mapsto z + C$$

$(L = L_1 \circ L_2 \circ L_3)$. 映射 L_1 (具伸缩的旋转) 与 L_3 (平移) 显然保持了 $\overline{\mathbb{C}}$ 上的圆. 剩下要证明的是对于映射

$$L_2 : z \mapsto \frac{1}{z} \tag{2}$$

的这个性质.

为了证此[①], 我们注意到, $\overline{\mathbb{C}}$ 上的任一圆可以用方程

$$E(x^2 + y^2) + F_1 x + F_2 y + G = 0 \tag{3}$$

描述, 其中 E 可以 $= 0$, 反过来, 任一这样的方程均表示了 $\overline{\mathbb{C}}$ 上的一个圆, 但它可

[①] 可以几何地证明. 只要应用事实: 变换 $z \mapsto 1/z$ 给出了黎曼球面的旋转.

以退化为一个点或者空集①. 转向复变换 $z = x + iy$, $\bar{z} = x - iy$, 即在 (3) 中令 $x = \frac{1}{2}(z + \bar{z})$, $y = \frac{1}{2i}(z - \bar{z})$, 我们便将此方程变为形如

$$Ez\bar{z} + Fz + \overline{F}\bar{z} + G = 0, \tag{4}$$

其中 $F = \frac{1}{2}(F_1 - iF_2)$, $\overline{F} = \frac{1}{2}(F_1 + iF_2)$.

为了得到在映射 (2) 下圆 (4) 的像的方程, 只要在 (4) 中令 $z = \frac{1}{w}$ 就足够了; 于是我们得到

$$E + F\bar{w} + \overline{F}w + Gw\bar{w} = 0, \tag{5}$$

即与 (4) 一样形式的方程. 退化为一个点或空集的情形被分式线性映射的 一一单值性所排除; 因此, 所考虑的这个像是 $\overline{\mathbb{C}}$ 上的圆. □

我们在前面已看到, 在非临界点 z_0 任意全纯函数 f 在准确到高阶小量之下将一个圆心在 z_0 无穷小的圆变换成了圆心在 $f(z_0)$ 的圆. 定理 1 则断言, 分式线性函数确实将 $\overline{\mathbb{C}}$ 上任意的圆变换成了圆. 但容易从非常简单的例子看出, 圆心一般说来并不变到圆心.

为了阐述分式线性映射的第二个几何性质, 我们引进

定义. 称点 z 和 z^* 相对于圆 $\Gamma = \{|z - z_0| = R\}$ 对称是说, 如果

(a) 它们均位于以 z_0 为顶点的射线上, 使得它们到 z_0 的距离的乘积等于 R^2 (即 $\arg(z^* - z) = \arg(z - z_0)$ 和 $|z - z_0||z^* - z_0| = R^2$).

或者, 等价地

(b) $\overline{\mathbb{C}}$ 上通过这两点的任一圆 γ 均垂直于 Γ.

这两个定义的等价性从图 14 可清楚看出: 如果 z 与 z^* 相对于 Γ 在 (a) 的意义下对称, 而 γ 为任意通过它们的圆, 则由熟知的初等几何的定理得到, 由点 z_0 引向 γ 的切线段长的平方等于截断长 $|z_0 - z^*|$ 与它在外面的截断长 $|z_0 - z|$ 的乘积 (图 14), 即等于 R^2; 因此从 z_0 引向 γ 的切线段长就是 Γ 的半径, 从而这两个圆正交 (如果 γ 为直线, 则它通过 z_0, 从而与 Γ 正交). 反之, 如果 $\overline{\mathbb{C}}$ 上的任意通过 z 和 z^* 的圆 γ 均正交于 Γ (特别, 其中包括直线 zz^*), 则首先, 点 z 与 z^* 位于顶点在 z_0 的射线上, 其次, 它们到 z_0 的距离的乘积 (仍旧有同样的初等几何的定理) 等于 R^2; 故而 z 与 z^* 相对于 Γ 对称.

几何定义 (b) 的优点在于它可推广到 $\overline{\mathbb{C}}$ 上的圆 Γ: 如果 Γ 是直线, 则它化为普通的对称. 定义 (a) 导出了联系对称的简单公式: 条件

$$\arg(z^* - z_0) = \arg(z - z_0) \quad \text{和} \quad |z - z_0||z^* - z_0| = R^2$$

可改写为形式

$$z^* - z_0 = \frac{R^2}{\overline{z - z_0}}. \tag{6}$$

---

①我们除去了 $E = F_1 = F_2 = G = 0$ 的情形.

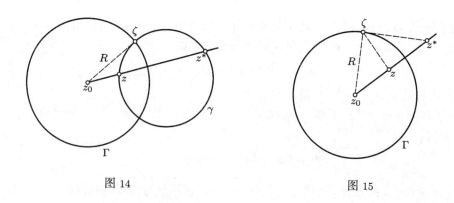

图 14　　　　　　　　　　　　　　图 15

由图 15 显示了构造对称点的方法: 如果 z 在圆 Γ 的内部, 则只要由 z 引射线 z_0z 的垂线直到交 Γ 于 ζ, 然后由 ζ 作 Γ 的切线直到交此射线于 z^* 即可; 如果 z 在 Γ 的外部, 则按相反的次序进行 (由直角三角形 $z_0z\zeta$ 与 $z_0\zeta z^*$ 为相似三角形得到证明).

称将每个点 $z \in \overline{\mathbb{C}}$ 的点变成它关于 Γ 的对称点 z^* 的映射 $z \mapsto z^*$ 为关于该圆的对称映射 或者反演映射.

关于 $\overline{\mathbb{C}}$ 上的圆的反演映射从 (6) 看出, 可由共轭与分式线性函数的函数来实现. 根据前一小节的定理 2 得到, 反演映射在 $\overline{\mathbb{C}}$ 处处是个反共形映射.

(对关于直线的反演映射这个断言是显然的: 以平移和旋转将此直线移动到实轴, 于是反演化为映射 $z \mapsto \bar{z}$.)

我们现在直接得到了我们想要的分式线性映射的性质:

定理 2. 设任意分式线性映射 L 将任意两个关于 $\overline{\mathbb{C}}$ 上圆 Γ 的对称点 z 和 z^* 映成点 w 和 w^*, 则它们是关于这个圆的像 $L(\Gamma)$ 的对称点 (**保持对称点的性质**).

证明. 考虑所有 $\overline{\mathbb{C}}$ 上通过点 z 和 z^* 的圆的族 $\{\gamma\}$ 这些圆均正交于 Γ. 根据定理 1, 圆 γ 也变换为 $\overline{\mathbb{C}}$ 上的圆 $L(\gamma)$, 同时由于 L 的共形性, 所有圆 $L(\gamma)$ 均正交于 $L(\Gamma)$. 由此得出, 所有 $L(\gamma)$ 都通过的点 w 和 w^* 是关于 $L(\Gamma)$ 的对称点[①].　　□

10. 分式线性同构与自同构

在分式线性映射的公式

$$L : w = \frac{az + b}{cz + d} \tag{1}$$

中出现有四个复系数 a, b, c 和 d. 然而实际上该映射只依赖于三个复参数, 这是因为它的分子和分母可以除以其中一个非零的系数. 因此我们自然期待借助于分式线性映射以唯一的方式将给定的三个点变成另外三个给定的点. 我们有

[①]我们注意到, 任意通过 w 与 w^* 且与 $L(\Gamma)$ 正交的圆都是族 $\{\gamma\}$ 中某个圆的像.

定理 1. *假设有三个不同的点 z_1, z_2, $z_3 \in \mathbb{C}$ 以及另外三个不同的点 w_1, w_2, $w_3 \in \mathbb{C}$, 存在且只存在一个分式线性映射 L, 使得 $L(z_k) = w_k$, $k = 1, 2, 3$.*

证明. 容易证明映射 L 的存在性: 我们构造分别将 z_1, z_2, z_3 和 w_1, w_2, w_3 映到 ζ 平面上的点 0, ∞, 1 的分式线性变换 L_1 和 L_2:

$$L_1 : \zeta = \frac{z - z_1}{z - z_2} \cdot \frac{z_3 - z_2}{z_3 - z_1}, \quad L_2 : \zeta = \frac{w - w_1}{w - w_2} \cdot \frac{w_3 - w_2}{w_3 - w_1}; \tag{2}$$

映射

$$L = L_2^{-1} \circ L_1, \tag{3}$$

由关系式

$$\frac{z - z_1}{z - z_2} \cdot \frac{z_3 - z_2}{z_3 - z_1} = \frac{w - w_1}{w - w_2} \cdot \frac{w_3 - w_2}{w_3 - w_1} \tag{4}$$

给出的函数 $w = w(z)$ 定义, 它便是我们所需要的. 事实上, 它显然是分式线性的, 并将点 z_k 变换为 w_k ($k = 1, 2, 3$).

现证明这个映射的唯一性. 设 λ 为任一分式线性映射使得 $\lambda(z_k) = w_k$, ($k = 1, 2, 3$). 我们考虑映射 $\mu = L_2 \circ \lambda \circ L_1^{-1}$, 其中的 L_1 和 L_2 由公式 (2) 定义; 显然, μ 是个分式线性映射, 它保持了点 $0, \infty, 1$ 不变. 由条件 $\mu(\infty) = \infty$ 得到 μ 为整线性函数: $\mu(\zeta) = \alpha\zeta + \beta$; 然而由条件 $\mu(0) = 0$ 得到 $\beta = 0$, 而由条件 $\mu(1) = 1$ 得到 $\alpha = 1$. 故而 $\mu(\zeta) = \zeta$, 即 $L_2 \circ \lambda \circ L_1^{-1} = E$, 由此根据群的法则得到 $\lambda = L_2^{-1} \circ L_1$ 或者, 由 (3), $\lambda \equiv L$. □

注. 每个点 z_k 和 w_k 均出现在关系式 (4) 中两次: 一次在分子, 另一次则在分母. 读者由此可以确信当这些点 z_k 或 w_k 中有一个是无穷大时, 这个关系式仍然有效: 只需在这个点出现之处, 将分式的分子和分母换成 1 即可. 例如, 在 $z_1 = w_3 = \infty$ 的情形该公式具有形式

$$\frac{1}{z - z_2} \cdot \frac{z_3 - z_2}{1} = \frac{w - w_1}{w - w_2} \cdot \frac{1}{1}.$$

因此对于闭平面的点定理 1 仍然有效.

根据所证明的这个定理以及圆性质 (第 9 小节) 可以断言, 在 $\overline{\mathbb{C}}$ 上的任意圆 Γ 可以通过分式线性映射变换成任何一个其他的圆 Γ^* (只要将 Γ 上三个点变到 Γ^* 上三个点, 并应用圆性质即可). 由拓扑的考虑显见, 以 Γ 为边界的圆盘 B 在此映射下变换为以 Γ^* 为边界的两个圆盘中的一个 (为了知道是哪一个只要弄清某个点 $z_0 \in B$ 变到了哪里就可以了). 由此容易得出结论说, 任意圆盘 $B \subset \overline{\mathbb{C}}$ 可以由分式线性变换映射到任意其他的圆盘 $B^* \subset \overline{\mathbb{C}}$ 上.

称区域 D 到 D^* 上的分式线性映射为分式线性同构, 而存在这样一个同构的区域 D 和 D^* 则被称为分式线性式同构. 刚才所表达的断言可以这样阐述:

定理 2. *在闭平面上任意两个圆盘为分式线性式同构.*

作为例子, 我们来找出从上半平面 $\{\operatorname{Im} z > 0\}$ 到单位圆盘 $\{|w| < 1\}$ 的所有这

样的同构. 利用定理 1 导出的公式不美观, 故而我们将另行处理. 设定点 a, $\operatorname{Im} a > 0$ 为被这个同构变换到圆心 $w = 0$ 的点. a 的对称于实轴的点 $\bar{a}$, 根据前一小节的定理 2, 变换到 $w = 0$ 关于圆 $\{|w| = 1\}$ 的对称点 $w = \infty$. 然而变换为 0 和 ∞ 的两个点在只差一个常数因子下确定了一个分式线性函数; 因此所要的映射应该具有形式: $w = k\frac{z-a}{z-\bar{a}}$.

对于 $z = x$ 为实数我们有 $|z - a| = |z - \bar{a}|$; 故而为了让实轴变换到单位圆必须取 $|k| = 1$, 即 $k = e^{i\theta}$. 于是, 所有将上半平面 $\{\operatorname{Im} z > 0\}$ 变换到单位圆盘 $\{|w| < 1\}$ 的分式线性同构由公式

$$w = e^{i\theta}\frac{z-a}{z-\bar{a}} \tag{5}$$

定义, 其中 a 为上半平面 $\{\operatorname{Im} z > 0\}$ 中的任一点, 而 θ 为任意的实数.

映射 (5) 依赖于三个实参数: θ 及变换为圆心的点 a 的两个坐标. θ 的几何意义由以下注解可看清, 即在映射 (5) 下, 点 $z = \infty$ 变换到 $w = e^{i\theta}$. 这个参数的变化导致了圆的旋转. 在图 16 中描绘了 z 平面的笛卡儿坐标的网格以及在映射 (5) 下它的像.

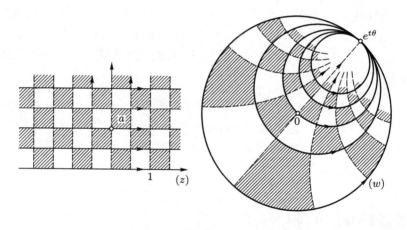

图 16

我们称一个区域到自己的分式线性同构为该区域的分式线性自同构. 显然, 一个区域的所有分式线性自同构的集合构成一个群, 它是所有分式线性映射的群 Λ 的子群.

所有分式线性自同构 $\overline{\mathbb{C}} \to \overline{\mathbb{C}}$ 的集合显然等同于群 Λ. 同样显然地, 所有 $\mathbb{C} \to \mathbb{C}$ 的分式线性自同构的集合与整线性变换 $z \mapsto az + b$ $(a \neq 0)$ 的子群 Λ_0 等同. 最后我们来计算单位圆盘的自同构群.

取点 a, $|a| < 1$, 让其变换到圆心 $w = 0$. 那么 $a^* = \frac{1}{\bar{a}}$ 是 a 关于圆 $\{|z| = 1\}$ 的对称点, 它应该被变换到点 $w = \infty$; 故所要的映射应该具有形式

$$w = k\frac{z-a}{z-\frac{1}{\bar{a}}} = k_1\frac{z-a}{1-\bar{a}z},$$

其中 k 和 k_1 为某些常数. 因为点 $z = 1$ 变换成了单位圆上的点, 必有 $|k_1| \left| \frac{1-a}{1-\bar{a}} \right| = |k_1| = 1$, 即 $k_1 = e^{i\theta}$, 其中 θ 为实数. 因此所要的映射应有形式

$$w = e^{i\theta} \frac{z - a}{1 - \bar{a}z}. \tag{6}$$

另一方面, 显然, 任意形如 (6), 其中 $|a| < 1$ 及 θ 为实数的函数定义为将单位圆盘 $\{|z| < 1\}$ 变换为单位圆盘 $\{|w| < 1\}$ 的分式线性映射. 图 17 描绘了 w 平面的极坐标网格的逆像. 它由两族曲线组成: 通过点 a 和 $a^* = \frac{1}{\bar{a}}$ 的圆弧 (射线的逆像), 以及具有这些对称点的圆 (圆的逆像).

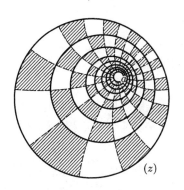 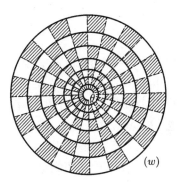

(z) $\qquad$ (w)

图 17

因此, 我们计算出了单位圆的分式线性自同构群. 它依赖于三个实参数: 点 a 的两个坐标以及 θ.

习题. 证明, 上半平面的 $H = \{\operatorname{Im} z > 0\}$ 的分式线性自同构群由映射

$$w = \frac{az + b}{cz + d}$$

构成, 其中 a, b, c, d 为实数, 且 $ad - bc > 0$. #

11. 罗巴切夫斯基几何的模型

1882 年, H. 庞加莱提出了罗巴切夫斯基几何的一个模型, 它建立在分式线性映射的性质的基础上[1]. 在这里我们将对此模型进行大体的描述.

我们以罗巴切夫斯基点, 或者更简短地, Λ-点表示单位圆盘 $U = \{|z| < 1\}$ 中的点, 而 Λ-直线表示属于 U 的, 与 ∂U 正交的 $\overline{\mathbb{C}}$ 上圆的弧. 然而, 有时为了更方便, 代替 U 而去考虑上半平面 $H = \{\operatorname{Im} z > 0\}$, 于是 Λ-直线便是垂直于实轴 ∂H 的圆弧, 由第一个模型经过从 U 到 H 上的分式线性映射可以得到第二个模型 (图 18).

用初等方法可以证明, 通过两个不同的 Λ-点有且只有一条 Λ-直线 (在这里最好使用半平面模型; 参看图 18(b)), 同样可以验证其他的关联公理. 可自然地在 Λ-直线上引进线性序 (与欧几里得的相同), 它满足帕施公理 (Pasch axiom)(即, 一条不通过

---

[1]在此之后的 1904 年, 他因此而获得了 (挪威) Kazan 物理–数学学会奖.

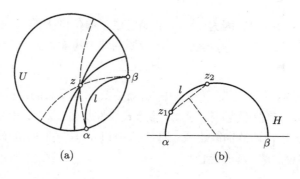

图 18

三角形三顶点中任一个的直线, 若交其一条边则必交其余一条边), 从而与欧几里得的有序公理相同.

但是我们立即看出 (参看图 18(a)), 欧几里得的平行公理在我们的模型中不再成立: 通过不在 Λ-直线 l 的 Λ-点 z, 可以引出许多条与 l 不相交的 Λ-直线. 这样的 Λ-直线填满了一个扇形, 这个扇形以通过 z 而在 l 与 ∂U (或 ∂H) 的交点 (欧氏几何的点) 处切于 (在欧氏几何的意义下) l 的 Λ-直线为边界; 称这些边界 Λ-直线为 l 的 Λ-平行线 (在图 18(a) 中以虚线显示). 因此, 在此模型中使用的是罗巴切夫斯基平行公理.

我们不再把注意力停留在验证其他各组的公理上了 (它们全都同于欧几里得的公理), 而只需指出, 在我们的模型中**运动**指的是分别对圆盘 U 或上半平面 H 的分式线性自同构. 运动保持了 Λ-直线 (分式线性映射的圆性质), 同样还有他们之间的欧几里得夹角. 我们采用这个角作为罗巴切夫斯基角的定义.

现在来叙述引进罗巴切夫斯基度量的问题. 首先我们注意到, 所谓的四个点的交比

$$(z_1, z_2; \alpha, \beta) = \frac{z_2 - \alpha}{z_2 - \beta} : \frac{z_1 - \alpha}{z_1 - \beta} \tag{1}$$

在运动下不变问题 (这由前一小节的公式 (4) 得到). 当所有四个点都在同一个欧几里得圆上时它为实数 (由于在分式线性映射下交比的不变性, 圆可以看作是欧几里得直线, 而在这种情形断言是显然的). 特别地, 如果 α 和 β 为 Λ-直线 l 和 U 或者 H 的边界的交点, 而 z_1 和 z_2 为 l 上的点, 所处次序为 α, z_1, z_2, β, 则它不但为实数而且甚至大于 1. 因为不同的 Λ-点 z_1 和 z_2 决定了一条通过它们的 Λ-直线, 故点 α 与 β 被所选取的 z_1 和 z_2 决定, 从而我们可记

$$(z_1, z_2; \alpha, \beta) = \{z_1, z_2\}. \tag{2}$$

直接的计算表明, 如果 Λ-点 z_1, z_2 和 z_3 都在一条 Λ-直线上, 按次序为 α, z_1, z_2, z_3, β (如前, α 和 β 为该 Λ-直线的 "端点"), 故 $\{z_1, z_2\} \cdot \{z_2, z_3\} = \{z_1, z_3\}$, 从而

$$\ln\{z_1, z_2\} + \ln\{z_2, z_3\} = \ln\{z_1, z_3\}. \tag{3}$$

因为量 $\ln\{z_1, z_2\}$ 为正 (由于 $\{z_1, z_2\} > 1$) 且相对于 Λ-运动不变, 自然可取它为 Λ-点 z_1 与 z_2 之间的罗巴切夫斯基距离:

$$\rho(z_1, z_2) = \ln\{z_1, z_2\}. \tag{4}$$

我们来计算在圆盘模型 U 中的这个量. 首先如果 $z_1 = 0$, 而 $z_2 = r > 0$, 则显然, $\alpha = -1$, $\beta = 1$ 故按公式 (1) 有

$$\{z_1, z_2\} = (z_1, z_2; -1, 1) = \frac{r+1}{r-1} : \frac{1}{-1} = \frac{1+r}{1-r}.$$

因为绕 $z = 0$ 的旋转是个 Λ-运动, 故对于所有 $z \in U \setminus \{0\}$ 有

$$\rho_U(0, z) = \ln\{0, z\} = \ln\frac{1+|z|}{1-|z|}. \tag{5}$$

两个不同的 Λ-点 z_1 和 z_2 的一般情形可用 Λ-运动 $z \to \frac{z-z_1}{1-\bar{z}_1 z}$ 化为以上情形, 从而

$$\rho_U(z_1, z_2) = \ln\frac{1 + \left|\frac{z_1 - z_2}{1 - \bar{z}_1 z_2}\right|}{1 - \left|\frac{z_1 - z_2}{1 - \bar{z}_1 z_2}\right|}. \tag{6}$$

类似地, 对于上半平面模型 H 有

$$\rho_H(z_1, z_2) = \ln\frac{1 + \left|\frac{z_1 - z_2}{z_1 - \bar{z}_2}\right|}{1 - \left|\frac{z_1 - z_2}{z_1 - \bar{z}_2}\right|}. \tag{7}$$

罗巴切夫斯基距离满足通常的距离公理: (1) **正值性**: $\rho(z_1, z_2) \geqslant 0$, 且等式成立仅当 $z_1 = z_2$, (2) **对称性**: $\rho(z_1, z_2) = \rho(z_2, z_1)$, 以及 (3) **三角形公理**: $\rho(z_1, z_2) + \rho(z_2, z_3) \geqslant \rho(z_1, z_3)$. 头两个公理是显然的, 而三角形公理, 譬如在 U 中, 只要对 $z_1 = 0$, $z_2 = a > 0$ 以及 $z_3 = z$ 为任意的情形 (一般的用 Λ-运动可化成这种情形) 验证即可, 而此时它被表达为不等式

$$\ln\frac{1+a}{1-a} + \ln\frac{1-|z|}{1+|z|} \geqslant \ln\frac{1 - \left|\frac{z-a}{1-az}\right|}{1 + \left|\frac{z-a}{1-az}\right|}.$$

在两端取幂并加 1, 我们在做简单的化简后, 将此不等式转化成了不等式

$$\frac{|z| - a}{1 - a|z|} \leqslant \left|\frac{z-a}{1-az}\right|. \tag{8}$$

当 $|z| \leqslant a$ 时这是平凡的, 理由是左端非正; 剩下来要考虑 $|z| > a$ 的情形. (8) 的左端在圆 $\gamma_1 = \{\zeta : |\zeta| = |z|\}$ 上保持为常值 $\lambda = \frac{|z|-a}{1-a|z|}$, 而因为在实的 $z > a$ 下, (8) 变为等式, 故而 (8) 的右端在圆 $\gamma_2 = \left\{\zeta : \left|\frac{\zeta-a}{1-a\zeta}\right| = \lambda\right\}$ 取同一值 λ, 这里的 γ_2 与 γ_1 相切于点 $\zeta = |z|$. 点 z 位于 γ_2 之外, 这表明在该点 (8) 的右端不小于 λ, 于是不等式 (8) 得证.

如果固定 z_1 和 z_2 中的一个点, 而另一个点趋向于 U 或 H 的边界, 则从公式 (6) 和 (7) 看出, 距离 $\rho(z_1, z_2) \to \infty$. 因此, ∂U 与 ∂H 的点可以看成是罗巴切夫斯基平面的无穷远 (理想) 点; 称这些点的集合, 即圆 ∂U 或实轴 ∂H, 为绝对形.

另外, 令 $z_1 = z$, 而 $z_2 = z + dz$ 为邻近于 z 的点并且从 $\rho(z_1, z_2)$ 中分离出关于 $|dz|$ 的线性部分 ds, 我们从这些公式 (6) 和 (7) 分别得到了

$$ds_U = \frac{2|dz|}{1 - |z|^2}, \quad ds_H = \frac{|dz|}{\operatorname{Im} z}. \tag{9}$$

我们看出, 在罗巴切夫斯基度量下的与欧几里得度量下的弧长微分成比例, 而由此从几何上熟知的事实得出, 在这两个度量下的角是相同的. 这样便证实了前面所采用的关于罗巴切夫斯基角的约定的正当性.

我们能来验证初等罗巴切夫斯基几何的两个事实.

1. **多边形的面积**. 采用半平面模型; 根据公式 (9), 罗巴切夫斯基多边形 Π 的面积等于

$$A = \int_{\Pi} \frac{dx \wedge dy}{y^2} = \int_{\Pi} d\left(\frac{dx}{y}\right)$$

(我们利用了微分形式的规则 $d\left(\frac{dx}{y}\right) = -\frac{dy}{y^2} \wedge dx = \frac{dx \wedge dy}{y^2}$). 由斯托克斯公式有 $A = \int_{\partial\Pi} \frac{dx}{y}$, 其中 $\partial\Pi$ 是多边形的边界, 由一些 Λ-线段组成, 即圆心在实轴上的半圆 $(x - a_\nu)^2 + y^2 = r_\nu^2$ 的弧段 $(\nu = 1, \cdots, n)$. 在第 ν 条边上可取 $\theta_\nu = \arg(z - a_\nu)$ 作为参数, 于是 $x - a_\nu = r_\nu \cos\theta_\nu$, $y = r_\nu \sin\theta_\nu$ 且 $dx/y = -d\theta_\nu$. 因此, 沿这条边的积分等于 $-\Delta\theta_\nu$ (具相反符号的 θ_ν 的增量). 而面积 A 等于这些 $-\Delta\theta_\nu$ 沿所有边的和[①]. 但 $\Delta\theta_\nu$ 等于当通过 Π 的第 ν 条边时它的切线沿正方向的旋转角, 在顶点 A_ν 切线旋转了角 $\beta_\nu = \pi - \alpha_\nu$, 其中的 α_ν 是在顶点 A_ν 的角, 而通过 $\partial\Pi$ 时切线的整个旋转了的角等于 2π (图 19). 因此, $\sum_{\nu=1}^{n} \Delta\theta_\nu + \sum_{\nu=1}^{n} \beta_\nu = 2\pi$, 由此所要求的面积

$$A = -\sum_{\nu=1}^{n} \Delta\theta_\nu = \sum_{\nu=1}^{n} \beta_\nu - 2\pi = (n-2)\pi - \sum_{\nu=1}^{n} \alpha_\nu. \tag{10}$$

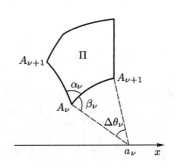

图 19

我们看到, 在罗巴切夫斯基几何中多边形的面积不依赖于它的边长而仅仅由角决定. 特别地, 罗巴切夫斯基三角形的面积等于 $\pi - (\alpha_1 + \alpha_2 + \alpha_3)$[②].

[①]如果第 ν 条边为直线段, 那么在其上 $dx = 0$, 故我们取 $\Delta\theta_\nu = 0$.

[②]众所周知, 三角形内角和等于 π 在保留其他公理时等价于欧几里得的平行公理.

2. 毕达哥拉斯–罗巴切夫斯基定理.

使用圆盘模型; 不失一般性, 假定直角三角形的顶点的一个位于点 $z = 0$, 而其余的位于点 $z = \alpha > 0$ 和 $z = i\beta$, $\beta > 0$ (这样的构型总可经罗巴切夫斯基运动达到). 由公式 (6), 罗巴切夫斯基直角边和斜边长分别等于

$$a = \ln \frac{1+\alpha}{1-\alpha}, \quad b = \ln \frac{1+\beta}{1-\beta}, \quad c = \ln \frac{1 + \left|\frac{\alpha - i\beta}{1 - i\alpha\beta}\right|}{1 - \left|\frac{\alpha - i\beta}{1 - i\alpha\beta}\right|}.$$

于是由熟知的分析中关于双曲函数的公式 (也可参看后面的第 14 小节), 有

$$\alpha = \tanh \frac{a}{2}, \quad \beta = \tanh \frac{b}{2}, \quad \sqrt{\frac{\alpha^2 + \beta^2}{1 + \alpha^2 \beta^2}} = \tanh \frac{c}{2}. \tag{11}$$

现在利用以 $\tanh(x/2)$ 表达 $\cosh x$ 的公式, 它类似于熟知的三角公式:

$$\cosh x = \frac{1 + \tanh^2(x/2)}{1 - \tanh^2(x/2)}.$$

由此公式并考虑到 (11), 有

$$\cosh c = \frac{(1+\alpha^2)(1+\beta^2)}{(1-\alpha^2)(1-\beta^2)} = \cosh a \cosh b,$$

于是我们得到了所需要的关系式 $\cosh a \cosh b = \cosh c$.

我们注意到, 对于小的 x 有 $\cosh x \approx 1 + x^2$, 所以如果罗巴切夫斯基直角三角形的边全很小, 则 $(1 + a^2)(1 + b^2) \approx 1 + c^2$, 以同样的精确度由此得到 $a^2 + b^2 \approx c^2$. 这反映出众所周知的事实: 在小范围内, 罗巴切夫斯基几何与欧几里得几何差别很小.

我们还要关注对于圆盘模型中的罗巴切夫斯基运动, 即形如

$$L : z \to e^{i\alpha} \frac{z - a}{1 - \bar{a}z}, \quad |a| < 1 \tag{12}$$

的变换的分类问题. 我们进行分类的基础在于变换 (12) 的不动点, 它们由方程 $L(z) = z$ 确定, 即

$$\bar{a}z^2 + 2i \sin \frac{\alpha}{2} \cdot e^{i\alpha/2} z - a e^{i\alpha} = 0^{①}, \tag{13}$$

且当 $a \neq 0$ 时它们等于

$$z_{1,2} = \frac{e^{i\alpha/2}}{\bar{a}} \left(i \sin \frac{\alpha}{2} \pm \sqrt{|a|^2 - \sin^2 \frac{\alpha}{2}} \right). \tag{14}$$

(13) 的两个根的模的乘积等于 1, 因此有三种情形:

I. 一个不动点 z_1 在 U 内, 而另一个 z_2 在外, ($|a| < |\sin \frac{\alpha}{2}|$). 因为在这里 $\arg z_1 = \arg z_2$, 且 $|z_1| \cdot |z_2| = 1$, 故点 z_1 与 z_2 关于 ∂U 对称; 设 $z_1 = z_0$ 且 $z_2 = z_0^*$. 在 ζ-平面中, 其中 $\zeta = \frac{z - z_0}{z - z_0^*}$, 变换 (12) 对应于一个具有不动点 0 和 ∞ 的变换, 即形如 $\zeta \to k\zeta$ 的变换. 但 ∂U 对应于圆心在 $\zeta = 0$ 的圆, 而它应该在运动下保持不变, 故 $k = e^{i\varphi}$, 从而我们的这个运动具有形式

$$\frac{w - z_0}{w - z_0^*} = e^{i\varphi} \frac{z - z_0}{z - z_0^*}. \tag{15}$$

―――――――――

① 我们使用了 $e^{i\alpha/2} - e^{-i\alpha/2} = 2i \sin \frac{\alpha}{2}$.

这就是所谓的绕 Λ-点 z_0 的罗巴切夫斯基旋转; 它的轨线是以 z_0 为 Λ-圆心的罗巴切夫斯基圆. 它们也是在罗巴切夫斯基度量下以 z_0 为圆心的圆, 还是使 z_0 和 z_0^* 为对称点所相对的欧几里得圆 (参看图 20 (a)). 这里也涉及 $a = 0$ 从而 $z_0 = 0$ 的情形, 于是该旋转与欧几里得旋转重合.

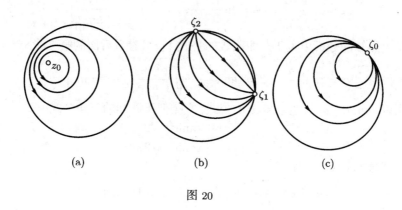

图 20

II. 两个在绝对形 ($|a| > |\sin \frac{\alpha}{2}|$) 上不同的不动点 $\zeta_{1,2} = e^{i\theta_{1,2}}$. 在这种情形的运动具有形式

$$\frac{w - \zeta_1}{w - \zeta_2} = h\frac{z - \zeta_1}{z - \zeta_2}, \tag{16}$$

另外, 保持绝对形 ∂U 的条件化成了条件 $h > 0$ (在平面 $\zeta = \frac{z-\zeta_1}{z-\zeta_2}$ 中的伸缩度). 这个运动保持了与绝对形相交于不动点 ζ_1 与 ζ_2 的 Λ-直线, 称其为沿这条 Λ-直线的罗巴切夫斯基平移. 它的轨线即所谓的等距线 (与 Λ-直线在罗巴切夫斯基度量下等距地沿该直线平移的几何轨迹). 不难看出, 等距线是通过点 ζ_1 和 ζ_2 的欧几里得圆弧, 但并不正交于 ∂U, 故而不是 Λ-直线; 也称它们为超圆 (参看图 20 (b)).

III. 在绝对形 ($|a| = |\sin \frac{\alpha}{2}|$) 上唯一的不动点 $\zeta_0 = e^{i\theta}$. 转移到平面 $\zeta = \frac{1}{z-\zeta_0}$ 上, 我们可以验证, 运动具有形式

$$\frac{1}{w - \zeta_0} = \frac{1}{z - \zeta_0} + a, \tag{17}$$

其中 a 为复数, 我们选取它的幅角使得此运动保持绝对形不变 (沿穿过绝对形的直线的欧几里得平移对应于在 ζ 平面中的这个运动). 这是所谓的罗巴切夫斯基极限平移. 它的轨线即极限圆, 是 U 中在不动点 ζ_0 切于绝对形的欧几里得圆 (参看图 20 (c)).

§4. 初等函数

12. 几个初等函数

1. 幂函数

$$w = z^n, \tag{1}$$

其中 n 为自然数, 这是个在全平面 $\mathbb{C}$ 上为全纯的函数. 它的导数 $\frac{dw}{dz} = nz^{n-1}$ 当 $n > 1$ 时在 $z \neq 0$ 处处不为 0, 从而映射 (1) 当 $n \neq 0$ 时在每点 $z \in \mathbb{C} \setminus \{0\}$ 为共形的. 将函数 (1) 在极坐标 $z = re^{i\varphi}$, $w = \rho e^{i\psi}$ 下写成

$$\rho = r^n, \quad \psi = n\varphi, \tag{2}$$

我们便看出, 由我们的函数所定义的映射将顶点在点 $z = 0$ 的角增大了 n 倍, 于是当 $n > 1$ 时它在这个点 (是个临界点) 不是共形的.

由 (2) 也可以看出, 任意两个具同一模而幅角相差 $2\pi/n$ 的整倍数的点 z_1 和 z_2:

$$|z_1| = |z_2|, \quad \arg z_1 = \arg z_2 + k\frac{2\pi}{n} \tag{3}$$

(且只在这样的点) 在映射 (1) 下 "重叠", 即变换为同一个点 w. 因此, 当 $n > 1$ 时这个映射在 $\mathbb{C}$ 上不是单叶的. 为了使它在一个区域 $D \subset \mathbb{C}$ 中为单叶的充分必要条件是 D 不包含两个由关系 (3) 相关联的点 z_1 和 z_2[①].

使映射 (1) 为单叶的区域的一个例子是扇形 $D = \{0 < \arg z < 2\pi/n\}$. 这个扇形被同胚地映到区域 $D^* = \{0 < \arg w < 2\pi\}$, 即映到去掉正半轴 w 平面. 在图 21 上显示了在此映射下对应的极坐标网格.

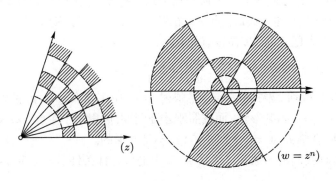

(z) $(w = z^n)$

图 21

如果我们在 z 平面中依旧取极坐标 $z = re^{i\varphi}$, 而在 w 平面中取笛卡儿坐标 $w = u + iv$, 则映射 (1) 可重写为以下两个关系式的形式:

$$u = r^n \cos n\varphi, \quad v = r^n \sin n\varphi. \tag{4}$$

[①]使函数 (1) 当 $n > 1$ 的单叶区域不包含点 $z = 0$, 这是因为在 $z = 0$ 的任意邻域中存在以关系 (3) 关联的不同点.

在图 22 中显示了 w 平面的笛卡儿坐标网格在此映射下的逆像. 它由极坐标方程 $r = \sqrt[n]{u_0/\cos n\varphi}$ 定义的曲线 (虚线表示的) 和 $r = \sqrt[n]{v_0/\sin n\varphi}$ 定义的曲线 (实线表示) 构成. 当 $n = 2$ 时, 这是通常的双曲线 $x^2 - y^2 = u_0$ (虚线) 和 $2xy = v_0$ (实线). 由于此映射的共形性, 该网格正交, 即虚线与实线正交.

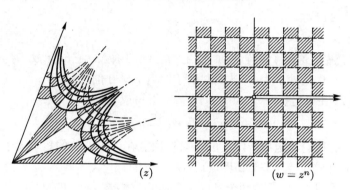

$$(z) \qquad\qquad (w = z^n)$$

图 22

2. **茹科夫斯基** (Жуковский) **函数**. 这指的是有理函数

$$w = \frac{1}{2}\left(z + \frac{1}{z}\right), \tag{5}$$

它在区域 $\mathbb{C} \setminus \{0\}$ 全纯. 它的导数

$$\frac{dw}{dz} = \frac{1}{2}\left(1 - \frac{1}{z^2}\right)$$

除去点 $z = \pm 1$ 外它在此区域中的所有点上均不等于 0, 由此可知, 映射 (5) 在每个 $z \neq 0, \pm 1$ 的有限点上均为共形. 点 $z = 0$ 对应于 $w = \infty$, 并按照在第 6 小节所采用的在无穷远点的角的定义, 其在该点的共形性可由导数

$$\frac{d}{dz}\left(\frac{1}{w}\right) = 2\frac{1 - z^2}{(1 + z^2)^2}$$

在 $z = 0$ 不为 0 得到. 根据同一定义, 映射 $w = f(z)$ 在点 $z = \infty$ 的共形性归结为 $w = f(\frac{1}{z})$ 在点 $z = 0$ 的共形性, 而按照刚才证明的, 映射 (5) 在点 $z = \infty$ 为共形. 下面我们将看到, 在临界点 $z = \pm 1$ 映射 (5) 不是共形的.

我们来解释我们的函数在一个区域 D 中的单叶性条件. 设 z_1 和 z_2 变到了同一个点, 于是

$$z_1 + \frac{1}{z_1} - \left(z_2 + \frac{1}{z_2}\right) = (z_1 - z_2)\left(1 - \frac{1}{z_1 z_2}\right) = 0,$$

且当 $z_1 \neq z_2$ 时得到了 $z_1 z_2 = 1$. 因此, 使茹科夫斯基函数在某个区域中为单叶的充分必要条件是它不包含使得

$$z_1 z_2 = 1 \tag{6}$$

的点偶 z_1 和 z_2.

单位圆盘外部 $D = \{z \in \overline{\mathbb{C}} : |z| > 1\}$ 是个满足单叶条件的区域的例子. 为了形象地表现映射 (5), 我们令 $z = re^{i\varphi}$, $w = u + iv$ 并将 (5) 写成形式

$$u = \frac{1}{2}\left(r + \frac{1}{r}\right)\cos\varphi, \quad v = \frac{1}{2}\left(r - \frac{1}{r}\right)\sin\varphi. \tag{7}$$

由这些关系可看出, 茹科夫斯基函数将圆 $\{|z| = r_0\}$, $r_0 > 1$ 变换到半轴为 $a_{r_0} = \frac{1}{2}\left(r_0 + \frac{1}{r_0}\right)$ 和 $b_{r_0} = \frac{1}{2}\left(r_0 - \frac{1}{r_0}\right)$, 焦点为 ± 1 的椭圆 (因为对于任意的 r_0, $a_{r_0}^2 - b_{r_0}^2 = 1$). 这些椭圆在图 23 中以实线画出; 当 $r_0 \to 1$ 时, 我们有 $b_{r_0} \to 0$, 从而椭圆收缩为线段 $[-1, 1] \subset \mathbb{R}$; 对于大的 r_0, 差 $a_{r_0} - b_{r_0} = 1/r_0$ 为小, 从而它们与圆仅稍有不同. 射线 $\{\varphi = \varphi_0, 1 < r < \infty\}$ 被变为具有同一焦点 ± 1 的双曲线 $\frac{u^2}{\cos^2\varphi_0} - \frac{v^2}{\sin^2\varphi_0} = 1$ 的一支 (图 23 中的虚线); 由于共形性, 这些双曲线的族正交于以上所描述的椭圆曲线族.

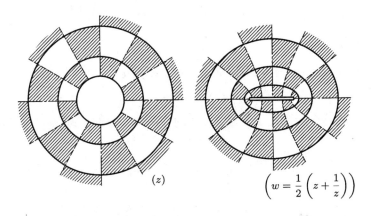

$$(z) \qquad\qquad \left(w = \frac{1}{2}\left(z + \frac{1}{z}\right)\right)$$

图 23

从上面的讨论看出, 茹科夫斯基函数定义了从单位圆外 (包括无穷远点) 到实轴上线段 $[-1, 1]$ 以外的一个 一一的且共形的映射.

在点 $z = \pm 1$, 映射 (5) 不是共形的. 在将茹科夫斯基函数表为形式

$$\frac{w - 1}{w + 1} = \left(\frac{z - 1}{z + 1}\right)^2 \tag{8}$$

后就可以完全确信这个断言 (这个公式与公式 (5) 的等同由简单的计算可证实). 因此映射 (5) 可由下面映射的复合表示:

$$\zeta = \frac{z - 1}{z + 1}, \quad \omega = \zeta^2, \quad w = \frac{1 + \omega}{1 - \omega} \tag{9}$$

(最后的那个映射是映射 $\frac{w-1}{w+1} = \omega$ 的逆). 映射 (9) 中的第一个和第三个是分式线性映射, 从而由第 8 小节所证明的, 它们在 $\overline{\mathbb{C}}$ 上处处共形; 映射 $\omega = \zeta^2$ 在对应于点 $z = \pm 1$ 的点 $\zeta = 0$ 和 ∞ 上将角加倍. 因此, 茹科夫斯基映射在这些点将角加了倍.

利用分解 (9), 读者可以清楚看到, 茹科夫斯基函数在图 24 所显示的圆 γ 外定义了一个单叶的共形映射 (它通过点 ± 1 并与实轴形成夹角 α), 它将其映到圆弧 (端

点在 ±1, 而在点 $w = 1$ 与实轴构成角 2α) 之外[①].

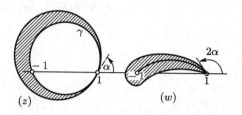

图 24

也可以清楚看出, 在 ±1 其中一个点从外切于 γ 的圆在这个映射下被变成了一条具有典型尖点的闭曲线, 它使人想起了飞机机翼的剖面轮廓 (参看图 24). 这个观察让茹科夫斯基 (1847—1921) 第一个建立了机翼的空气动力计算.

13. 指数函数

我们像在实分析中一样以极限关系来定义函数 e^z:

$$e^z = \lim_{n \to \infty} \left(1 + \frac{z}{n}\right)^n. \tag{1}$$

我们来证明这个极限对于任意 $z \in \mathbb{C}$ 的存在性; 为此令 $z = x + iy$ 并注意到, 由幂的提升规律有

$$\left|(1 + \frac{z}{n})^n\right| = \left(1 + \frac{2x}{n} + \frac{x^2 + y^2}{n^2}\right)^{n/2},$$

$$\arg\left(1 + \frac{z}{n}\right)^n = n \arctan \frac{y/n}{1 + x/n}\,[②].$$

由此看出, 存在

$$\lim_{n \to \infty}\left|\left(1 + \frac{z}{n}\right)\right| = e^x, \quad \lim_{n \to \infty} \arg\left(1 + \frac{z}{n}\right)^n = y,$$

这意味着极限 (1) 存在, 并且可写成极坐标形式:

$$e^{x+iy} = e^x(\cos y + i \sin y). \tag{2}$$

因此,

$$|e^z| = e^{\mathrm{Re}\, z}, \quad \arg e^z = \mathrm{Im}\, z. \tag{3}$$

在 (2) 中令 $x = 0$, 便得到了我们曾反复使用过的欧拉公式

$$e^{iy} = \cos y + i \sin y. \tag{4}$$

但是迄今为止我们一直只将符号 e^{iy} 作为右端的一个简略的记号来使用, 然而现在则可理解它为数 e 的虚幂.

---

　①对于 $\alpha = \pi/2$ 的情形前面已经用另外的方法分析过.

　②对于足够大的 n, 点 $1 + \frac{z}{n}$ 在右半平面, 从而我们在区间 $(-\pi/2, \pi/2)$ 中选取 $\arg(1 + \frac{z}{n})$ 和反正切函数的值.

我们列出指数函数的基本性质.

1°. 函数 e^z 在整个平面 $\mathbb{C}$ 全纯. 事实上, 令 $e^z = u + iv$, 我们由 (2) 发现 $u = e^x \cos y$, $v = e^x \sin y$; 函数 u 和 v 在实分析的意义下在整个 $\mathbb{C}$ 中处处可微, 并在 $\mathbb{C}$ 处处满足复可微条件

$$\frac{\partial u}{\partial x} = \frac{\partial v}{\partial y} = e^x \cos y, \qquad \frac{\partial u}{\partial y} = -\frac{\partial v}{\partial x} = -e^x \sin y.$$

因此, 函数 (2) 决定了实指数函数 e^x 从轴 $\mathbb{R}^1$ 到整个 $\mathbb{C}$ 平面上的延拓, 并且发现延拓了的函数原来是全纯的. 下面 (在第 22 小节) 我们将指出这样的延拓是唯一确定的.

2°. 对于函数 e^z 仍成立通常的微分公式. 事实上, 当导数存在时, 它可以以 x 轴的方向进行计算. 所以

$$(e^z)' = \frac{\partial}{\partial x}(e^x \cos y + ie^x \sin y) = e^z. \tag{5}$$

指数函数不取零值, 这是因为 $|e^z| = e^x > 0$; 因此 $(e^z)' \neq 0$, 从而映射 $w = e^z$ 在 $\mathbb{C}$ 的每点为共形.

3°. 对于函数 e^z 仍成立通常的加法定理

$$e^{z_1+z_2} = e^{z_1} \cdot e^{z_2}. \tag{6}$$

事实上, 令 $z_k = x_k + iy_k$, $(k = 1,2)$ 并利用实的指数函数和三角函数加法公式, 我们得到

$$e^{x_1}(\cos y_1 + i \sin y_1)e^{x_2}(\cos y_2 + i \sin y_2) = e^{x_1+x_2}\{\cos(y_1 + y_2) + i \sin(y_1 + y_2)\}.$$

因此, 复数 z_1 和 z_2 的和对应于它们的像 e^{z_1} 和 e^{z_2} 的乘积. 换句话说, 指数函数将复数域的加群变换到这个域的乘群之中: 在映射 $z \mapsto e^z$ 下,

$$z_1 + z_2 \mapsto e^{z_1} \cdot e^{z_2}. \tag{7}$$

4°. e^z 是以 $2\pi i$ 为最小周期的周期函数. 事实上, 因为有欧拉公式 $e^{2\pi i} = \cos 2\pi + i \sin 2\pi = 1$, 故由加法定理对任意 $z \in \mathbb{C}$, 有

$$e^{z+2\pi i} = e^z \cdot e^{2\pi i} = e^z.$$

另一方面, 设 $e^{z+T} = e^z$; 在两端乘以 e^{-z} 得到 $e^T = 1$, 由此, 令 $T = T_1 + iT_2$, 则有 $e^{T_1}(\cos T_2 + i \sin T_2) = 1$. 于是 $e^{T_1} = 1$, 即 $T_1 = 0$, 以及 $\cos T_2 = 1$, $\sin T_2 = 0$, 即 $T_2 = 2n\pi$, 其中的 n 为整数. 因此, $T = 2n\pi i$ 且 $2\pi i$ 确实是基本周期.

由此讨论也可看出, 为了使映射 $w = e^z$ 在一个区域 D 上是单叶的充分必要条件是这个区域不包含任何一对满足关系

$$z_1 - z_2 = 2n\pi i \qquad (n = \pm 1, \pm 2, \cdots) \tag{8}$$

的点.

带形 $\{0 < \operatorname{Im} z < 2\pi\}$ 是满足这个条件的区域的一个例子. 令 $z = x + iy$ 以及 $w = \rho e^{i\psi}$, 我们按照 (3) 写出映射 $w = e^z$ 的如下形式:

$$\rho = e^z, \quad \psi = y. \tag{9}$$

由此看出, 这个映射将直线 $\{y = y_0\}$ 映到射线 $\{\psi = y_0\}$, 而线段 $\{x = x_0, 0 < y < 2\pi\}$ 则映到去掉一点的圆 $\{\rho = e^{x_0}, 0 < \psi < 2\pi\}$ (图 25). 带形 $\{0 < y < 2\pi\}$ 因而变换到去掉正半轴的 w 平面. 一半宽窄的带形 $\{0 < y < \pi\}$ 这时被变换到上半平面 $\mathrm{Im}\, w > 0$.

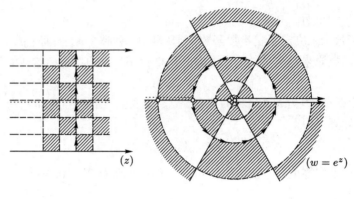

图 25

14. 三角函数

由欧拉公式, 对于所有实数 x 我们有 $e^{ix} = \cos x + i \sin x$, $e^{-ix} = \cos x - i \sin x$, 由此有

$$\cos x = \frac{e^{ix} + ie^{-ix}}{2}, \quad \sin x = \frac{e^{ix} - e^{-ix}}{2i}.$$

这些公式可用作正弦函数和余弦函数到复平面的解析 (全纯) 延拓: 只要定义, 对任意的 $z \in C$ 令

$$\cos x = \frac{e^{iz} + e^{-iz}}{2}, \quad \sin x = \frac{e^{iz} - e^{-iz}}{2i} \tag{1}$$

即可 (右端在 $\mathbb{C}$ 中的全纯性是显然的).

这些函数的所有性质全由定义及相应的指数函数性质得出. 因此, 两者均是以 2π 为基本周期的周期函数 (指数函数具周期 $2\pi i$, 但在公式 (1) 的 z 前有等于 i 的因子), 又, 余弦函数为偶函数, 而正弦函数为奇函数. 这些函数仍保持了通常的微分公式

$$(\cos z)' = i \frac{e^{iz} - e^{-iz}}{2} = -\sin z,$$

类似地, $(\sin z)' = \cos z$. 三角函数间的关系也保持有效, 诸如

$$\sin^2 z + \cos^2 z = 1, \quad \cos z = \sin\left(z + \frac{\pi}{2}\right),$$

还有三角函数的和定理等等; 读者不难从公式 (1) 得到它们.

复变量的三角函数与双曲函数紧密相关, 后者对于任意 $z \in \mathbb{C}$ 由通常的公式定义:

$$\cosh z = \frac{e^z + e^{-z}}{2}, \quad \sinh z = \frac{e^z - e^{-z}}{2}. \tag{2}$$

这种联系以下面的关系表示:

$$\cosh = \cos iz, \qquad \sinh z = -i \sin iz,$$
$$\cos z = \cosh iz, \qquad \sin z = -i \sinh iz; \tag{3}$$

比较公式 (1) 与 (2) 可清楚看出以上公式.

利用和定理以及公式 (3), 我们得到

$$\cos(x + iy) = \cos x \cosh y - i \sin x \sinh y,$$

由此,

$$|\cos z| = \sqrt{\cos^2 x + \sinh^2 y} \tag{4}$$

(我们利用了恒等式 $\sin^2 x = 1 - \cos^2 y$ 和 $\cosh^2 y - \sinh^2 y = 1$). 这个公式让我们可以构建余弦函数的模 (地貌) 曲面; 它显示在图 26 中.

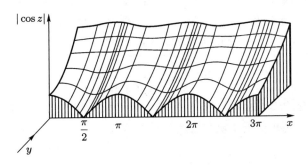

图 26

作为例子我们考虑函数 $w = \sin z$ 在所定义的半带状 $D = \{-\pi/2 < x < \pi/2, y > 0\}$ 上的映射. 将这个映射表示为我们已知的映射的复合:

$$z_1 = iz, \quad z_2 = e^{z_1}, \quad z_3 = \frac{z_2}{i}, \quad w = \frac{1}{2}\left(z_3 + \frac{1}{z_3}\right),$$

于是看出, $w = \sin z$ 单叶地 (且共形地) 将半带状区域 D 映射到上半平面上. 在图 27 上显示出在此映射下的对应曲线: 射线 $\{x = x_0, 0 < y < \infty\}$ 对应于在上半平面中那个以 ± 1 为焦点的双曲线的一部分, 而线段 $\{-\pi/2 < x < \pi/2, y = y_0\}$ 则对应了具同样焦点的椭圆的一部分. 从这个图可清楚看到, 在半带状的竖直边界上正弦函数取实数值, **其模大于 1**.

对于复变量的正切和余切函数由公式

$$\tan z = \frac{\sin z}{\cos z}, \quad \cot z = \frac{\cos z}{\sin z} \tag{5}$$

定义, 从而可通过指数函数有理地表达:

$$\tan z = -i\frac{e^{iz} - e^{-iz}}{e^{iz} + e^{-iz}}, \quad \cot z = i\frac{e^{iz} + e^{-iz}}{e^{iz} - e^{-iz}}. \tag{6}$$

这些函数在除去使公式 (6) 的分母为零的点 (在这些点分子不为零) 以外在 $\mathbb{C}$ 中处处全纯. 我们来找出这些点, 譬如对 $\cot z$. 对其有 $\sin z = 0$, 即 $e^{iz} = e^{-iz}$; 于是由第

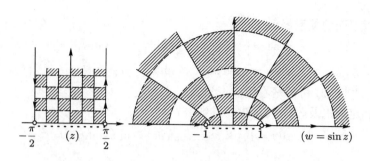

图 27

13 小节的条件 (8), 有 $2iz = 2in\pi$, 即 $z = n\pi$ $(n = 0, \pm 1, \cdots)$[①].

正切和余切函数在复平面中仍然是具有实周期 π 的周期函数, 对于它保持了通常的微分公式和三角函数公式, 所有这些论断都容易由公式 (6) 得到.

从公式 (4) 以及对于正弦的类比公式我们得到

$$|\tan z| = \sqrt{\frac{\sin^2 x + \sinh^2 y}{\cos^2 x + \sinh^2 y}}. \tag{7}$$

图 28 显示了正弦的模曲面. 它在点 $z = \frac{\pi}{2} + n\pi$, $(n = 0, \pm 1, \cdots)$ 有一个以急剧方式描绘出的高峰, 在这些点正切函数丧失了全纯性.

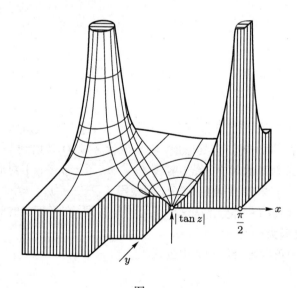

图 28

由函数 $w = \tan z$ 和 $w = \cot z$ 定义的映射可表示为已知映射的复合. 例如,

[①]我们现在已经证明了, 当正弦解析延拓到复平面中时并没有出现新的变为 0 的点.

$w = \tan z$ 可化为这样一些映射:

$$z_1 = 2iz, \quad z_2 = e^{z_1}, \quad w = -i\frac{z_2 - 1}{z_2 + 1}.$$

这个函数将带状区域 $-\pi/4 < x < \pi/4$ 单叶地且共形地映到单位圆的内部. 直线 $\{x = x_0\}$ 这时被映射到通过点 $\pm i$ 的圆弧, 而线段 $\{-\pi/4 < x < \pi/4,\ y = y_0\}$ 则被映成了那样的圆弧, 相对于它们这些点对称 (图 29).

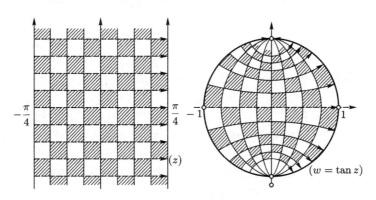

图 29

习题

1. 在平面向量 $z = (x, y)$ 的集合上以通常的方式引进加法及乘以标量 (实数) 的运算; 于是, 将实数与形如 $(x, 0)$ 的向量等同时, 每个向量 $z = (x, y)$ 可以写成形式 $z = x + iy$, 其中按定义 $i = (0, 1)$. 但是我们定义两个向量 $z_1 = x_1 + iy_1$ 与 $z_2 = x_2 + iy_2$ 的积不同于复数的乘积定义:

$$z_1 * z_2 = x_1 x_2 + y_1 y_2 + i(x_1 y_2 + x_2 y_1)$$

(按通常的代数规则将这两个二项式乘开并作替换 $i^2 = 1$ 即得). 称这样的系统为双曲数系 (H).

(a) 证明 (H) 是具有零因子的交换代数, 并求零因子的轨线.

(b) 设 $\bar{z} = x - iy$; 于是自然地称 $\|z\| = \sqrt{z * \bar{z}}$ 为数 z 的模. 求满足 $\|z\| = 1$ 的点 z 的轨迹. 证明在复数的双曲乘积下的模等于模的乘积. 又证明, $\|z\| = 0$ 的充分必要条件是 z 为零因子.

(c) 对于 z_2, $\|z_2\| \neq 0$, 及任意的 z_1, 我们定义分式形式

$$z_1 {\,}^*_* z_2 = \frac{z_1 * \bar{z}_2}{z_2 * \bar{z}_2};$$

证明, $(z_1 * z_2) {\,}^*_* z_2 = z_1$.

(d) 对于函数 $w = f(z) = u + iv$, 我们引进双曲导数

$$f'(z) = \lim_{\substack{\Delta z \to 0 \\ \|z\| \neq 0}} \Delta w {\,}^*_* \Delta z,$$

如果该极限存在. 证明, 对于在某个区域中的 C^1 函数类, 这种导数存在的充分必要条件是在该区域中成立

$$\frac{\partial u}{\partial x} = \frac{\partial v}{\partial y}, \quad \frac{\partial u}{\partial y} = \frac{\partial v}{\partial x}.$$

(e) 解释映射 $w = z * z$ 和 $w = 1 *_* z$ 的几何构图 (适当选取的坐标网格的对应).

(f) 定义 $e_*^z = e^x(\cosh y + i \sinh y)$ 以及 $\sin_* z = \sin x \cos y + i \cos x \sin y$. 解释这些函数与通常的指数函数与正弦函数之间的异同, 也找出它们所定义的映射的几何构图.

2. 证明,

(a) 如果点 $z_1, z_2, \cdots, z_n$ 位于通过 $z = 0$ 的直线的一侧, 则 $\sum_{k=1}^n z_k \neq 0$.

(b) 如果 $\sum_{k=1}^n z_k^{-1} = 0$, 则点 $\{z_k\}$ 不可能位于一条通过 $z = 0$ 的直线的一侧.

3. 证明, 对于任意多项式 $P(z) = \prod_{k=1}^n (z - a_k)$, 导函数 $P'(z) = \sum_{k=1}^n \prod_{j \neq k} (z - a_j)$ 的所有根属于原多项式 P 的根的集合 $\{a_k\}$ 的凸包之中.

4. 证明, 序列 $a_n = \prod_{k=1}^n (1 + \frac{i}{k})$, $n = 1, 2, \cdots$ 的极限点的集合构成一个圆.

5. 证明, 对于任意条件收敛的复级数, 存在一条直线 $l \subset \mathbb{C}$ 使得对于任意点 $s \in l$, 可以找到这个级数的一个重排, 从而使它收敛于 s (这是条件收敛实级数的黎曼定理的推广).

6. 设 $P(z, \bar{z}) = \sum_{m,n} c_{mn} z^m \bar{z}^n$ 为变量 z 和 $\bar{z}$ 的多项式, 且至少有一个系数 $c_{mn} \neq 0$, $n \geqslant 1$. 证明, 这时 P 的 $\mathbb{C}$-可微点集在 $\mathbb{C}$ 中无处稠密.

7. 设函数 $f = u + iv$ 在点 $z_0 \in \mathbb{C}$ 的一个邻域内具有连续的偏导数. 证明, 在此点它的 $\mathbb{C}$-可微性条件可以描述为下面较 (12) 更广的形式: 对于某一对方向 s 和 n, 其中 n 从 s 由反时针方向旋转 $90°$ 得到, 沿着两个方向的导数由以下关系

$$\frac{\partial u}{\partial s} = \frac{\partial v}{\partial n}, \quad \frac{\partial u}{\partial n} = -\frac{\partial v}{\partial s}.$$

特别地, 在极坐标 r 与 θ 下这个 $\mathbb{C}$-可微条件具形式

$$\frac{\partial u}{\partial r} = \frac{1}{r}\frac{\partial v}{\partial \theta}, \quad \frac{1}{r}\frac{\partial u}{\partial \theta} = \frac{\partial v}{\partial r}.$$

8. 设点 z 按规律 $z = re^{it}$ 运动, 其中 r 为常数, 而 t 为时间. 求点 $w = f(z)$ 的运动速度, 其中 f 在圆 $\{|z| = r\}$ 上为全纯. (答案: $izf'(z)$.)

9. 设 f 在圆盘 $\{|z| \leqslant r\}$ 全纯, 且在 $\gamma = \{|z| = r\}$ 有 $f'(z) \neq 0$. 证明, 像 $f(\gamma)$ 为凸集的条件是 $\mathrm{Re}\left(\frac{zf''(z)}{f'(z)}\right) + 1 \geqslant 0$. [提示: 先考虑形如 $\frac{\partial}{\partial \varphi}\left(\frac{\pi}{2} + \varphi + \arg f'(re^{i\varphi})\right) \geqslant 0$ 的凸性条件.]

10. 求黎曼球面对于两个对径点旋转所对应的分式线性映射的一般形式.

(答案: $\frac{w-a}{1+\bar{a}w} = e^{i\theta}\frac{z-a}{1+\bar{a}z}$.)

11. 下面哪些欧几里得几何的论断对于罗巴切夫斯基几何是正确的?

(a) 角的平分线与它们的两边等距.

(b) 任意三角形有外接圆.

(c) 任意三角形有内切圆.

(d) 三角形的三条高线交于一点.

(e) 三角形的三个角平分线交于一点.

12. 在两个具共同端点的超圆的距离是否为常值? 两个密切的极限圆之间的距离是常值吗?

13. 设给定了一条 Λ-直线 l_0 以及一条平行于它的 Λ-直线 l, 后者通过与 l_0 相距 Λ-距离 ρ 的点 z; 称 l 与通过点 z 的与 l_0 的垂线夹角 α 为平行角. 证明 $\cot \alpha = \sinh \rho$.

14. 证明, 半径为 r 的圆盘的圆周长及面积在罗巴切夫斯基几何中分别为 $\gamma_\Lambda = 2\pi \sinh r$ 与 $S_\Lambda = 4\pi \sinh^2(r/2)$.

15. 证明, 在罗巴切夫斯基几何中具相等角的三角形全等, 而在平行线之间的面积有限.

16. 证明, 变换 $w = \frac{az+b}{cz+d}$, $ad - bc = 1$ 对应了黎曼球面的运动 (即保持该球面不动) 当且仅当 $c = -\bar{b}$, $d = \bar{a}$ (系数矩阵属于 $SU(2)$).

第二章 全纯函数的性质

在这章里我们将考虑一些研究全纯函数的重要方法. 它们基于将这些函数表示为特殊的积分 (柯西积分) 的形式或者某些级数和 (泰勒和洛朗级数) 之上. 我们从复变函数的积分概念讲起.

§5. 积分

15. 积分概念

定义. 设给定了一条逐段光滑的道路 $\gamma : I \to \mathbb{C}$, 其中 $I = [\alpha, \beta]$ 为实轴上的区间, 并且在这条道路的像上给出了一个复函数 f 使得函数 $f \circ \gamma$ 在 I 上连续. 函数 f 沿道路 γ 的积分是指

$$\int_{\gamma} f dz = \int_{\alpha}^{\beta} f \circ \gamma(t) \cdot \gamma'(t) dt, \tag{1}$$

其中右端对于实变量 t 的复值函数 $f \circ \gamma(t) \cdot \gamma'(t) = g_1(t) + ig_2(t)$ 的积分理解为 $\int_{\alpha}^{\beta} g_1(t) dt + i \int_{\alpha}^{\beta} g_2(t) dt$.

我们注意到, 在我们所采用的条件下, 函数 g_1 和 g_2 在 I 上只有有限个第一类间断点 (参看第 3 小节关于逐段光滑道路的定义), 从而积分 (1) 在黎曼的意义下存在. 如果令 $f = u + iv$, $dz = \gamma'(t)dt = dx + idy$, 则积分 (1) 可改写为在坐标下的曲线积分形式:

$$\int_{\gamma} f dz = \int_{\gamma} u dx - v dy + i \int_{\gamma} v dx + u dy. \tag{2}$$

也可以将积分 (1) 定义为积分和的极限: 将 $\gamma(I)$ 用点 $z_0 = \gamma(\alpha)$, $z_1 = \gamma(t_1), \cdots,$ $z_n = \gamma(\beta)$, $\alpha < t_1 < \cdots < \beta$ 分割为有限个区间, 任取点 $\zeta_k = \gamma(\tau_k)$, $\tau_k \in [t_k, t_{k+1}]$ 并

令

$$\int_\gamma fdz = \lim_{\delta \to 0} \sum_{k=0}^{n-1} f(\zeta_k)\Delta z_k, \tag{3}$$

其中 $\Delta z_k = z_{k+1} - z_k$ $(k = 0, \cdots, n-1)$, 而 $\delta = \max |\Delta z_k|$. 然而我们将只采用第一个定义, 并且不打算证明这两个定义的等价性.

如果 γ 仅仅是可求长的, 则甚至对于连续函数 f, 由于在右端出现了因子 $\gamma'(t)$, 仅用黎曼积分也是不行的. 在这种情形必须使用勒贝格积分 (自然这时假定函数 f 使得 $f \circ \gamma$ 在 I 上是个可积函数).

例.

1. 设 γ 为圆 $\gamma(t) = a + re^{it}$, $t \in [0, 2\pi]$, 且 $f(z) = (z-a)^n$, 其中 $n = 0, \pm 1, \cdots$ 为任意整数. 我们有 $\gamma'(t) = ire^{it}$, $f \circ \gamma(t) = r^n e^{int}$, 从而由公式 (1)

$$\int_\gamma (z-a)^n dz = r^{n+1} i \int_0^{2\pi} e^{i(n+1)t} dt.$$

应分别考虑两种情形: 当 $n \neq -1$, 这时由于指数函数的周期性, 我们有

$$\int_\gamma (z-a)^n dz = r^{n+1} \frac{e^{i(n+1)2\pi} - 1}{n+1} = 0,$$

而当 $n = -1$,

$$\int_\gamma \frac{dz}{z-a} = i \int_0^{2\pi} dt = 2\pi i.$$

因此 $z - a$ 的整数幂具有 "正交性" 性质:

$$\int_\gamma (z-a)^n dz = \begin{cases} 0, & n \neq -1, \\ 2\pi i, & n = -1. \end{cases} \tag{4}$$

我们将要不止一次地用到它.

2. 设 $\gamma : I \to \mathbb{C}$ 为任一条逐段光滑的道路, 并设 $n \neq -1$ 为任意整数; 当 $n < 0$ 时我们还假定在 I 上 $\gamma(t) \neq 0$, 即道路 γ 不通过点 $z = 0$. 由复合函数的微分法则有 $\frac{d}{dt} \gamma^{n+1}(t) = (n+1)\gamma^n(t)\gamma'(t)$, 从而有

$$\int_\gamma z^n dz = \int_\alpha^\beta \gamma^n(t)\gamma'(t)dt = \frac{1}{n+1} [\gamma^{n+1}(\beta) - \gamma^{n+1}(\alpha)]. \tag{5}$$

我们看到, z^n, $n \neq -1$ 的积分不依赖于道路的形状而仅仅由它的起点和终点决定. 在闭道路时 (当 $n < 0$ 时它不经过 $z = 0$), 它等于 0. #

我们列出复变函数积分的基本性质.

1°. **线性性**. 如果 f 和 g 为在逐段光滑道路 γ 上的连续函数, 则对任意复常数 a 和 b 有

$$\int_\gamma (af + bf)dz = a \int_\gamma f da + b \int_\gamma g dz. \tag{6}$$

这直接由定义得到.

2°. 可加性. 设给出了两条逐段光滑的道路 $\gamma_1 : [\alpha_1, \beta_1] \to \mathbb{C}$ 和 $\gamma_2 : [\beta_1, \beta_2] \to \mathbb{C}$, 其中 $\gamma_1(\beta_1) = \gamma_2(\beta_1)$. 称 $\gamma : [\alpha_1, \beta_2] \to \mathbb{C}$ 为这两条道路的联接 $\gamma = \gamma_1 \cup \gamma_2$ 是指

$$\gamma(t) = \begin{cases} \gamma_1, & t \in [\alpha_1, \beta_1], \\ \gamma_2, & t \in [\beta_1, \beta_2]. \end{cases}$$

对于任意在 $\gamma = \gamma_1 \cup \gamma_2$ 上的连续函数 f, 直接由积分的定义得到

$$\int_{\gamma_1 \cup \gamma_2} f dz = \int_{\gamma_1} f dz + \int_{\gamma_2} f dz. \tag{7}$$

注. 可以在联接道路 $\gamma_1 \cup \gamma_2$ 的定义中去掉条件 $\gamma_1(\beta_1) = \gamma_2(\beta_1)$. 这时 $\gamma_1 \cup \gamma_2$ 尽管已不是连续道路, 但性质 (7) 仍旧成立.

3°. 不变性.

定理 1. 如果道路 $\gamma_1 : [\alpha_1, \beta_1] \to \mathbb{C}$ 经由某个容许的参数变换从逐段光滑道路 $\gamma : [\alpha, \beta] \to \mathbb{C}$ 得到, 即 $\gamma = \gamma_1 \circ \tau$, 其中 τ 是一个从 $[\alpha, \beta]$ 到 $[\alpha_1, \beta_1]$ 上的一个逐段光滑的递增映射, 则对于任意在 γ_1 连续 (从而在 γ 上连续) 的函数 f 有

$$\int_{\gamma_1} f dz = \int_{\gamma} f dz. \tag{8}$$

证明. 由积分的定义,

$$\int_{\gamma} f dz = \int_{\alpha_1}^{\beta_1} f \circ \gamma_1(\tau) \cdot \gamma_1'(\tau) d\tau,$$

而因为 $\gamma_1 \circ \tau(t) = \gamma(t)$ 且 $\gamma_1'[\tau(t)] d\tau(t) = \gamma'(t) dt$, 故由实分析中关于积分的变量变换定理, 有

$$\int_{\alpha_1}^{\beta_1} f \circ \gamma_1(\tau) \cdot \gamma_1'(\tau) d\tau = \int_{\alpha}^{\beta} f \circ \gamma(t) \cdot \gamma'(t) dt = \int_{\gamma} f dz. \qquad \square$$

由此定理可得出重要的结论: 我们在道路上引进的这种积分对于曲线而言是有意义的, 这里的曲线理解为道路的等价类 (参看第 3 小节). 更准确地说, 对于任何由一条光滑曲线定义的道路, 则沿此道路的连续函数的积分具有相同的值.

对应于在第 3 小节所讲的, 我们在以后将常常把曲线理解为复平面上的一个集合, 即在这条曲线所定义的任一条道路下区间 $[\alpha, \beta]$ 的像. 于是当我们谈及在这个几何上的积分时理解为沿着它的相应的曲线的积分. 譬如, 公式 (4) 可以改写为下面的样子:

$$\int_{\{|z-a|=r\}} \frac{dz}{z-a} = 2\pi i, \quad \int_{\{|z-a|=r\}} (z-a)^n dz = 0 \ (n \in \mathbb{Z} \setminus \{-1\}).$$

注. 如果容许单调的绝对连续的参数变换, 定理 1 对于在可求长道路上的可积函数仍然有效 (事实上, 这是可应用勒贝格积分的变量变换定理). 因此沿可求长曲线的积分概念是有意义的.

4°. 可定向性. 以 γ^- 表示从逐段光滑道路 $\gamma : [\alpha, \beta] \to \mathbb{C}$ 经变量变换 $t \to \alpha + \beta - t$

(即道路 $\gamma^-(t) = \gamma(\alpha + \beta - t)$, $t \in [\alpha, \beta]$) 得到的道路, 并设 f 为在 γ 上连续的函数; 于是

$$\int_{\gamma^-} f dz = -\int_\gamma f dz. \tag{9}$$

这个论断与定理 1 的证明相同.

我们说, 道路 γ^- 从 γ 经由改变定向得到.

5°. **积分估值.**

定理 2. 对于在逐段光滑道路 $\gamma : [\alpha, \beta] \to \mathbb{C}$ 上连续的任一函数 f, 成立不等式

$$\left| \int_\gamma f dz \right| \leqslant \int_\gamma |f| |d\gamma|, \tag{10}$$

其中 $|d\gamma| = |\gamma'(t)| dt$ 是 γ 的弧长微分, 右端则是个通常实的沿弧的曲线积分.

证明. 以 J 代表 f 沿 γ 的积分值, 并设 $J = |J| e^{i\theta}$; 我们有

$$|J| = \int_\gamma e^{-i\theta} f dz = \int_\alpha^\beta e^{-i\theta} f[\gamma(t)] \gamma'(t) dt$$

(我们在积分号内插入了常数因子 $e^{i\theta}$). 因为左端的积分是个实数, 故而

$$|J| = \int_\alpha^\beta \mathrm{Re}[e^{-i\theta} f[\gamma(t)] \gamma'(t)] dt \leqslant \int_\alpha^\beta |f[\gamma(t)]| |\gamma'(t)| dt = \int_\gamma |f| |d\gamma|. \qquad \square$$

推论. 如果在上述定理的条件中, 在整个 γ 上 $|f(z)| \leqslant M$, 其中 M 为某个常数, 则

$$\left| \int_\gamma f d\gamma \right| \leqslant M |\gamma| \tag{11}$$

($|\gamma|$ 表示道路 γ 的长).

如果对 (10) 的右端进行估值并注意到 $\int_\gamma |d\gamma| = |\gamma|$, 则从 (10) 便得到了不等式 (11).

习题. 证明, 如果函数 f 在点 $a \in \mathbb{C}$ 的邻域中为 $\mathbb{R}$-可微, 则存在

$$\lim_{\varepsilon \to 0} \frac{1}{\varepsilon^2} \int_{\{|z-a|=\varepsilon\}} f(z) dz = 2\pi i \frac{\partial f}{\partial \bar{z}}(a).$$

[提示: 利用公式

$$f(z) = f(a) + \frac{\partial f}{\partial z}(a)(z - a) + \frac{\partial f}{\partial \bar{z}}(a)(\bar{z} - \bar{a}) + o(|z - a|)$$

以及例 2.] #

16. 原函数

定义 1. 在区域 D 上函数 f 的原函数是指在该区域上的一个全纯函数 F, 使得在每点 $z \in D$ 有

$$F'(z) = f(z). \tag{1}$$

如果 F 是函数 f 在区域 D 上的一个原函数, 则任意函数 $F(z) + C$ 也是 f 在 D 上的原函数, 其中 C 为任意常数. 反之, 设 F_1 和 F_2 是任两个 f 在区域 D 上的原函数, 以及 $\Phi = F_1 - F_2$. 函数 Φ 在 D 中全纯, 故在 D 中 $\frac{\partial \Phi}{\partial \bar{z}} \equiv 0$; 然而在 D 中, $\frac{\partial \Phi}{\partial z} = \Phi' = F_1' - F_2' \equiv 0$, 因此在 D 中 $\frac{\partial \Phi}{\partial x} \equiv \frac{\partial \Phi}{\partial y} \equiv 0$. 由实分析的定理 (分别用到 $\mathrm{Re}\Phi$ 和 $\mathrm{Im}\Phi$), 我们最后得到 $\Phi \equiv C$, 在 D 中为常数. 这便证明了

定理 1. 如果 F 为 f 在区域 D 上的任一原函数, 则 f 的所有原函数由公式

$$F(z) + C \tag{2}$$

给出, 其中 C 为任意常数.

因此函数 f 在区域 D 中的原函数, 如果存在的话, 则被精确到相差一个常数项.

我们转向原函数的**存在性**问题, 我们首先研究在一个点的邻域中局部的原函数存在性问题. 我们从柯西定理的一个最简单的形式着手, 而柯西定理则是整个全纯函数的积分理论的基础:

定理 2 (柯西). 如果函数 $f \in \mathcal{O}(D)$, 即在区域 D 中全纯, 则 f 沿任意三角形 $\Delta \in D$ 的定向边界[①]的积分等于 0:

$$\int_{\partial \Delta} f \, dz = 0. \tag{3}$$

证明. 假若定理不成立[②] 则存在三角形 $\Delta \in D$ 使得

$$\left| \int_{\partial \Delta} f \, dz \right| = M > 0. \tag{4}$$

将 Δ 用中线剖分为四个三角形, 并假定 Δ 和这些三角形均按逆时针定向 (图 30). 显然, f 沿 $\partial \Delta$ 的积分等于沿这些小的三角形边界的积分和, 这是因为沿中间的线 (图 30 中的箭头) 的积分进行了两次但方向相反因而抵消, 而剩下来的边界部分组成了 Δ. 因此至少存在一个小三角形, 我们记其为 Δ_1 (图 30 的上面那个), 使得

$$\left| \int_{\partial \Delta_1} d \, dz \right| \geqslant \frac{M}{4}.$$

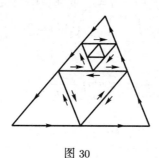

图 30

---

①我们假定其边界 $\partial \Delta$ (我们将它看作为逐段光滑的曲线) 是这样定向的: 当绕它时三角形总在同一侧.

②这个证明属于 E. Coursat (1900 年发表).

我们将三角形 Δ_1 重新以中线剖分为四个三角形, 按同样的论断在其中又找到至少一个三角形, 记为 Δ_2, 使得

$$\left| \int_{\partial \Delta_2} f dz \right| \geqslant \frac{M}{4^2}.$$

继续我们的讨论, 便构造了一个套一个的三角形, 使得沿第 n 个三角形的积分成立不等式

$$\left| \int_{\partial \Delta_n} f dz \right| \geqslant \frac{M}{4^n}. \tag{5}$$

三角形 Δ_n (我们假定它们是闭的) 具有一个公共点 z_0, 它属于 Δ, 从而属于 D. 因为函数 f 在点 z_0 全纯, 故对于任意的 $\varepsilon > 0$ 可以找到 $\delta > 0$, 使得在展开式

$$f(z) - f(z_0) = f'(z_0)(z - z_0) + \alpha(z)(z - z_0) \tag{6}$$

中, 对于邻域 $U = \{|z - z_0| < \delta\}$ 中所有的点 z 有 $|\alpha(z)| < \varepsilon$.

在 U 中至少可以找到这个所构造的序列中的一个三角形, 设其为 Δ_n. 根据 (6) 有

$$\int_{\partial \Delta_n} f dz = \int_{\partial \Delta_n} f(z_0) + \int_{\partial \Delta_n} f'(z_0)(z - z_0) dz + \int_{\partial \Delta_n} \alpha(z)(z - z_0) dz,$$

然而右端的前两项积分为零, 这是因为常数因子 $f(z_0)$ 和 $f'(z_0)$ 可以提出到积分号外, 而 1 和 $z - z_0$ 沿闭道路 $\partial \Delta_n$ 的积分等于 0 (参看前一小节的例 2). 因此, $\int_{\partial \Delta_n} f dz = \int_{\partial \Delta_n} \alpha(z)(z - z_0) dz$, 其中对于所有的 $z \in \partial \Delta_n$ 有 $|\alpha(z)| < \varepsilon$. 除此而外, 对于所有 $z \in \partial \Delta_n$, $|z - z_0|$ 的大小不会超过三角形 Δ_n 的周长 $|\partial \Delta_n|$, 因此由关于积分的估值定理得到

$$\left| \int_{\partial \Delta_n} f dz \right| = \left| \int_{\partial \Delta_n} \alpha(z)(z - z_0) dz \right| < \varepsilon |\partial \Delta_n|^2.$$

但根据我们的构造, $|\partial \Delta_n| = |\partial \Delta|/2^n$, 其中 $|\partial \Delta|$ 是三角形 Δ 的周长, 因此

$$\left| \int_{\partial \Delta_n} f dz \right| < \varepsilon |\partial \Delta|^2 / 4^n.$$

考虑到 (5), 我们得到 $M < \varepsilon |\partial \Delta|^2$, 因为数 ε 的任意性由此得出结论: $M = 0$, 这与我们的假定 (4) 相反. $\quad\square$

我们将在下一小节考虑柯西定理的一般形式, 现在我们将从刚证明的定理 2 推导出原函数的局部存在定理.

定理 3. 如果函数 $f \in \mathcal{O}(D)$, 则在任意圆盘 $U = \{|z - a| < r\} \subset D$ 中它具有原函数

$$F(z) = \int_{[a,z]} f(\zeta) d\zeta, \tag{7}$$

其中的积分取在直线段 $[a, z] \subset U$ 上.

证明. 固定任一个点 $z \in U$ 并假定 $|\Delta z|$ 如此小以致 $z + \Delta z \in U$ (图 31). 于是以 $a, z, z + \Delta z$ 为顶点的三角形紧闭地属于 D, 从而由定理 2 有

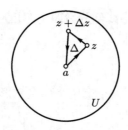

图 31

$$\int_{[a,z]} f d\zeta + \int_{[z,z+\Delta z]} f d\zeta + \int_{[z+\Delta z,a]} f d\zeta = 0.$$

这里的第一项等于 $F(z)$, 第三项是带负号的 f 在 $[a, z+\Delta z]$ 上的积分, 即 $-F(z+\Delta z)$, 因此

$$F(z + \Delta z) - F(z) = \int_{[z,z+\Delta z]} f(\zeta) d\zeta. \tag{8}$$

另一方面,

$$f(z) = \frac{1}{\Delta z} \int_{[z,z+\Delta z]} f(z) d\zeta$$

(我们可从积分号里拿出常数因子 $f(z)$), 并考虑到 (8), 则可以写出

$$\frac{F(z + \Delta z) - F(z)}{\Delta z} - f(z) = \frac{1}{\Delta z} \int_{[z,z+\Delta z]} \{f(\zeta) - f(z)\} d\zeta. \tag{9}$$

现在我们利用函数 f 的连续性: 对于任意的 $\varepsilon > 0$ 可以找到 $\delta > 0$, 使得当 $|\Delta z| < \delta$ 时对于所有的 $\zeta \in [z, z + \Delta z]$ 成立不等式 $|f(\zeta) - f(z)| < \varepsilon$. 由此从 (9) 得到, 当 $|\Delta z| < \delta$, 则

$$\left| \frac{F(z + \Delta z) - F(z)}{\Delta z} - f(z) \right| < \frac{1}{|\Delta z|} \varepsilon |\Delta z| = \varepsilon,$$

这意味着, 成立 $F'(z) = f(z)$. □

注. 在定理 3 的证明中, 我们只利用了函数 f 的两个性质: 它在区域 D 的连续性, 还有 f 沿任意三角形 $\Delta \Subset D$ 的定向边界的积分等于 0. 因此可以断言, 由公式 (7) 定义的函数 F 是任意具有这两个性质的函数 f 的局部原函数.

在整个区域起作用的整体原函数的存在性问题有点复杂. 我们将在下一小节处理它们, 而现在我们只指出, 如何由局部原函数沿所给定的道路进行原函数的粘贴.

定义 2. 设在区域 D 中给出了函数 f 以及 $\gamma : I = [\alpha, \beta] \to D$ 为任一 (连续) 道路. 称函数 $\Phi : I \to \mathbb{C}$ 为函数 f 沿道路 γ 的原函数是说, 如果它: (1) 在 I 上连续, 以及 (2) 对任意点 $t_0 \in I$ 存在点 $z_0 = \gamma(t_0)$ 的邻域 $U \subset D$, 而 f 在其中具有原函数 F_U, 使得

$$F_U \circ \gamma(t) = \Phi(t) \tag{10}$$

对于某个邻域 $u_{t_0} \subset I$ 中所有的 t 成立.

我们注意到, 如果 f 在整个区域 D 有原函数 F, 则函数 $F \circ \gamma(t)$ 可以充作沿道路 γ 的原函数. 但是, 在这个定义中并没有要求在整个 D 上原函数的存在性, 事实上, 只要它局部地在每点 $z_0 \in \gamma$ 的一个邻域里存在就够了. 进一步说, 如果当 $t' \neq t''$ 而 $\gamma(t') = \gamma(t'') = z'$, 则 f 的两个原函数, 其中一个对应于邻域 $u_{t'}$, 而另一个对应于邻域 $u_{t''}$, 不一定会重合: 它们可能会相差一个常数项 (请注意, 它们都运行在同一个点 z' 的邻域中, 从而由定理 1 知他们的差是个常数). 因此, 沿道路的原函数是个参数 t 的函数, 而不必是点 z 的函数.

定理 4. 对于任意函数 $f \in \mathcal{O}(D)$ 和任意的 (连续) 道路 $\gamma : I \to D$, 存在 f 沿 γ 的原函数, 并且精确到只差一个常数项.

证明. 将区间 $I = [\alpha, \beta]$ 剖分为 n 个区间 $I_k = [t_k, t'_k]$, 使得两个相邻的区间相交 ($t_k < t_{k+1} < t'_k$, $t_1 = \alpha$, $t'_n = \beta$; 图 32). 利用函数 $\gamma(t)$ 的一致连续性, 我们可以选取 I_k 如此之小, 使得对于任意的 $k = 1, \cdots, n$, 像 $\gamma(I_k)$ 被包含在圆盘 $U_k \subset D$ 中, 而 f 在其上有原函数 (根据定理 2).

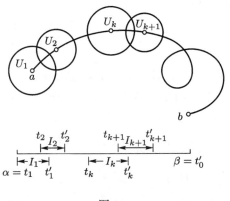

图 32

在 U_1 上运行的原函数集合之中 (它们两两之间差一个常数项), 我们选取任意一个, 并记其为 F_1. 考虑在 U_2 上运行的任意原函数; 在交集 $U_1 \cap U_2$ 它与 F_1 只差一个常数项 (因为是同一个函数的原函数). 因此在 U_2 上运行的原函数中存在一个与 F_1 在交集 $U_1 \cap U_2$ 重合, 我们记其为 F_2.

继续这个讨论, 我们在每个 U_k 上选一个原函数 F_k, 使得在交集 $U_{k-1} \cap U_k$ ($k = 1, \cdots, n$) 上 $F_k \equiv F_{k-1}$. 函数
$$\Phi(t) = F_k \circ \gamma(t), \quad t \in I_k \quad (k = 1, \cdots, n),$$
便是函数 f 沿道路 γ 的原函数. 事实上, 它显然在区间 I 上连续, 并对于每个点 $t_0 \in I$ 存在邻域, 使在其中 $\Phi(t) = F_U \circ \gamma(t)$, 这里的 F_U 是 f 在 $\gamma(t_0)$ 的邻域中运行的原函数.

还要证明定理的第二部分. 设 Φ_1 和 Φ_2 为 f 沿道路 γ 的两个原函数. 在每个点 $t_0 \in I$ 的邻域 u_{t_0} 中, 我们有 $\Phi_1 = F^{(1)} \circ \gamma(t)$ 和 $\Phi_2 = F^{(2)} \circ \gamma(t)$, 其中 $F^{(1)}$ 和 $F^{(2)}$ 为 f 的两个原函数, 运行在点 $\gamma(t_0)$ 的某个邻域中. 它们仅可能相差一个常数项, 所以 $\varphi(t) = \Phi_1(t) - \Phi_2(t)$ 在 u_{t_0} 为常值. 但是在连通集合上为局部常值的函数则在整个集合上为常值①. 因此对于所有的 $t \in I$, $\Phi_1(t) - \Phi_2(t) =$ 常数.　　　□

如果已知函数 f 沿道路 γ 的原函数, 则 f 沿 γ 的积分可按通常的牛顿–莱布尼茨公式计算:

定理 5. *如果 $\gamma : [\alpha, \beta] \to \mathbb{C}$ 为逐段光滑的道路, 且函数 f 在 γ 上连续并有沿 γ 的原函数 $\Phi(t)$, 则*

$$\int_\gamma f dz = \Phi(\beta) - \Phi(\alpha). \tag{11}$$

证明. 先设道路 γ 光滑且整条都位于实函数 f 有原函数 F 的区域中. 于是作为 f 沿 γ 原函数的函数 $F \circ \gamma$ 与 Φ 相差一个常数项, 即 $\Phi(t) = F \circ \gamma(t) + C$. 因为道路 γ 光滑, 而 $F'(z) = f(z)$, 故对所有的 $t \in [\alpha, \beta]$ 存在连续的导数 $\Phi'(t) = f \circ \gamma(t) \cdot \gamma'(t)$. 但由积分的定义,

$$\int_\gamma f dz = \int_\alpha^\beta f \circ \gamma(t) \cdot \gamma'(t) dt = \int_\alpha^\beta \Phi'(t) dt = \Phi(\beta) - \Phi(\alpha).$$

定理的特殊情形得证.

在一般情形, 我们可以将 γ 剖分为有限条道路 $\gamma_\nu : [\alpha_\nu, \alpha_{\nu+1}] \to \mathbb{C}$ ($\alpha_0 = \alpha < \alpha_1 < \cdots < \alpha_n = \beta$), 使得它们中每一个为光滑且位于使 f 具有原函数的区域中. 由刚刚所证的, 有

$$\int_{\gamma_\nu} f dz = \Phi(\alpha_{\nu+1}) - \Phi(\alpha_\nu),$$

将这些等式加起来便得到了 (11).　　　□

注 1. 如果替代黎曼积分而去考虑勒贝格积分, 则定理 5 完全同样的对于可求长的道路成立, 然而我们还可以走得更远. 设函数 f 在区域 D 中全纯, 于是由定理 4 存在它沿任意连续道路 $\gamma : I \to D$ 的原函数. 考虑到定理 5, 我们**定义** f 沿任意连续道路 $\gamma \subset D$ 的积分为在参数变化的区间 $[\alpha, \beta]$ 上沿这条道路原函数的增量.

显然, (11) 的右端在容许的参量变换下不变. 因此可以考虑全纯函数沿任意 (连续) 曲线上的积分.

注 2. 定理 5 让我们可以验证在本小节一开始所作的一个断言的正确性, 即在多连通区域并不是每个全纯函数都具有原函数. 考虑区域 $D = \{0 < |z| < 2\}$ 以及在

---

①事实上, 设 $E = \{t \in I : \varphi(t) = \varphi(t_0)\}$. 因为包含有 t_0, 故它非空. 又因为 φ 局部常值同时 E 中每个点 t 位于某个邻域 u_t 之中, 故它为开. 然而它也是闭的, 这是因为它连续 (由于它局部常值), 从而由条件 $\varphi(t_n) = \varphi(t_0)$ 及 $t_n \to t''$ 推出 $\varphi(t'') = \varphi(t_0)$. 按照第 4 小节的定理 2, 有 $E \equiv I$.

其上全纯的函数 $f(z) = \frac{1}{z}$; 这个函数在 D 中不可能有原函数. 事实上, 如果函数 f 在 D 中存在原函数 F, 则对于任意 D 中的道路 $\gamma : [\alpha, \beta] \to D$, 沿此道路的原函数应是函数 $F \circ \gamma(t)$, 并且由定理 5, 应有

$$\int_\gamma f dz = F(b) - F(a),$$

其中 $a = \gamma(\alpha)$ 和 $b = \gamma(\beta)$ 为 γ 的端点. 特别地, 任意闭道路 $\gamma \subset D$ 有 $b = a$, 从而 f 沿此闭道路的积分等于 0. 然而我们知道 (参看第 15 小节的例 1), f 沿单位圆的积分为

$$\int_{|z|=1} \frac{dz}{z} = 2\pi i.$$

我们将这一节的结果用微分形式的术语进行阐述. 称微分形式 $\omega = P dx + Q dy$ 为闭的, 其中 P, Q 为区域 D 中的 C^1 类函数, 是说如果它的微分在 D 处处有 $d\omega = \left(\frac{\partial Q}{\partial x} - \frac{\partial P}{\partial y} \right) dx \wedge dy = 0$, 称为恰当的, 是说如果在 D 上存在一个函数 u 使得 $\omega = du$ (即 $\frac{\partial u}{\partial x} = P$, $\frac{\partial u}{\partial y} = Q$). 可以用以 x 和 y 线性表达的 z 和 $\bar{z}$ (具有虚的系数) 去替代上面所用到的 x 和 y 进行操作. 于是这个形式可重写为 $\omega = f dz + g d\bar{z}$, 而它的微分则为 $d\omega = \left(\frac{\partial g}{\partial z} - \frac{\partial f}{\partial \bar{z}} \right) dz \wedge d\bar{z}$.

特别地, 对于我们在这里所考虑的形如 $\omega = f dz$ 的形式有 $d\omega = -\frac{\partial f}{\partial \bar{z}} dz \wedge d\bar{z}$, 故它们为闭形式当且仅当函数 f 为全纯. $\omega = f dz$ 为恰当形式当且仅当存在函数 F 使得在整个区域有

$$\omega = \frac{\partial F}{\partial z} dz + \frac{\partial F}{\partial \bar{z}} d\bar{z},$$

即 $\frac{\partial F}{\partial \bar{z}} = 0$, 而 $\frac{\partial F}{\partial z} = F' = f$. 因此定理 3 可以叙述为: 任意在区域 D 中为闭的形式 $\omega = f dz$ 是个局部恰当的形式. 从以上的例子 $\omega = dz/z$ 表明, 不是在任何区域上闭的形式都是整体恰当的: 在下一小节要指出, 在**单连通**区域上, 闭形式总是整体恰当的.

17. 柯西定理

我们在这里要证明一般形式的柯西定理, 这是全纯函数积分理论的基本定理 (上一小节中已证明了它的最简单的形式). 这个定理断言, 对于在区域中全纯的函数, 如果积分道路在该区域内连续地形变, 使得它的端点保持不动或者保持为闭道路, 则此函数沿这些道路的积分不变. 在转向精确的叙述时, 我们首先应该定义道路的连续形变是什么.

为简便起见, 我们假定这里所考虑的全部道路的参数 t 都在同一个区间 $I = [0, 1]$ 中变动. 这个假定并未影响到一般性, 这是因为总可以借助于容许的参数变换将它变换成它的等价的道路, 并保持沿道路的积分值不变.

定义 1. 称两条具公共端点的道路 $\gamma_0 : I \to D$, $\gamma_1 : I \to D$, $\gamma_0(0) = \gamma_1(0) = a$, $\gamma_0(1) = \gamma_1(1) = b$ 在区域 D 中同伦是说, 如果在在连续映射 $\gamma(s, t) : I \times I \to D$

($I \times I$ 表示区间的乘积, 即正方形 $0 \leqslant s \leqslant 1$, $0 \leqslant t \leqslant 1$) 使得

$$\gamma(0, t) \equiv \gamma_0(t), \quad \gamma(1, t) \equiv \gamma_1(t) \quad (t \in I),$$

$$\gamma(s, 0) \equiv a, \qquad \gamma(s, 1) \equiv b \qquad (s \in I). \tag{1}$$

当固定一个 $s = s_0 \in I$ 时, 函数 $\gamma(s_0, t) : I \to D$ 定义了 D 中的一条道路, 而且这样一条道路当 s_0 变化时在连续地变化, 它们的族在 D 中将道路 γ_0 与 γ_1 "连接起来" (图 33). 因此, 两条道路在区域 D 中的同伦性意味着它们在 D 内部可以相互形变.

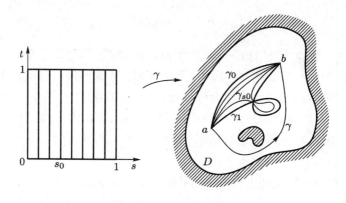

图 33

类似地, 两条**闭道路** $\gamma_0 : I \to D$ 与 $\gamma_1 : I \to D$ 在区域 D 中同伦是说, 如果存在这样的连续映射 $\gamma(s, t) : I \times I \to D$, 使得

$$\gamma(0, t) \equiv \gamma_0(t), \quad \gamma(1, t) \equiv \gamma_1(t) \qquad (t \in I),$$

$$\gamma(s, 0) \equiv \gamma(s, 1) \qquad\qquad (s \in I). \tag{2}$$

在图 34 中, 道路 γ_0 与 γ_1 同伦, 而 γ 不与它们同伦.

图 34

通常以符号 $\sim$ 表示同伦性, 当道路 γ_0 同伦于道路 γ_1 时, 我们则将它们写成

$\gamma_0 \sim \gamma_1$.

显然, 同伦性满足通常的等价性公理 (自反性, 对称性, 以及传递性). 因此在给定的区域内, 所有具公共端点的道路, 或者所有闭道路, 都可以被分类, 其中的每个类包含了所有相互同伦的道路; 称这样的类为同伦类.

在闭道路类中挑出同伦于 0 的一类. 说闭道路 γ 在区域 D 中同伦于零是指, 如果存在连续映射 $\gamma(s,t): I \times I \to D$, 它满足条件 (2) 并使得 $\gamma_1(t) \equiv c$ (常值, 这表明 γ 在 D 中连续形变地收缩为一个点).

在**单连通**区域 D 中, 任意闭道路均同伦于零, 这意味着任意两条具共同端点的道路相互同伦 (这个性质可以作为单连通的定义). 所以在单连通区域上同伦类的分类是平凡的.

习题. 证明以下两个断言是等价的: (a) 在区域 D 中任意闭道路同伦于零, 以及 (b) 在区域 D 中任意两条具共同端点的道路同伦. #

因为两条道路之间的同伦性在容许的参数变换下显然不变, 故而这个概念可以推广到曲线上. 就是说, 称两条曲线 (具共同端点或为闭) 在区域 D 中同伦是说, 分别代表这两条曲线的道路 γ_1 和 γ_2 在 D 中同伦.

在本章开头我们引进了沿**道路**积分的概念, 而后则看到了, 实际上积分不仅是定义在道路上而是在**曲线**, 即道路的等价类上. 一般形式的柯西定理则断言, 在全纯函数的情形可以走得更远: 在这里积分不只是定义在曲线上而是在这条曲线所属于的**同伦类**上. 换句话说, 成立

定理 (柯西). 如果函数 $f \in \mathcal{O}(D)$, 而 γ_1 和 γ_0 为两条在 D 中相互同伦的道路, 它们或者具有共同的端点或者都为闭道路, 则

$$\int_{\gamma_0} f\, dz = \int_{\gamma_1} f\, dz. \tag{3}$$

证明. 设 $\gamma: I \times I \to D$ 为定义道路 γ_0 与 γ_1 之间同伦的函数 (参看定义 1). 构造一组覆盖正方形 $K = I \times I$ 的正方形 K_{mn} $(m, n = 1, \cdots, N)$, 使其中每一个 K_{mn} 均与每一个相邻的正方形相交 (图 35).

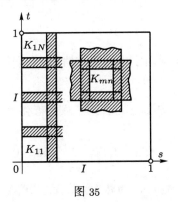

图 35

由于函数 γ 的一致连续性, 正方形 K_{mn} 可以选取得如此之小, 以致于像 $\gamma(K_{mn})$ 包含在圆盘 $U_{mn} \subset D$ 之中, 并使得函数 f 在其中具有原函数 F_{mn} (我们用到了每个全纯函数局部地具有原函数的性质). 固定指标 m 并像前一小节定理 4 的证明那样进行: 我们选取任意一个在 U_{m1} 上运行的原函数 F_{m1}, 而在 U_{m2} 上选取运行的原函数使得在交集 $U_{m1} \cap U_{m2}$ 上 $F_{m1} = F_{m2}$ (我们用到了 f 的两个原函数在此相交处仅差一个常数项的性质). 按照完全相同的方式进行, 我们选取了原函数 $F_{m3}, \cdots, F_{mN}$ (使得在 $U_{m,n+1} \cap U_{mn}$ 上 $F_{m,n+1} = F_{mn}$), 并构造函数

$$\Phi_m(s,t) = F_{mn} \circ \gamma(s,t), \quad (s,t) \in K_{mn} \quad (n = 1, \cdots, N). \tag{4}$$

显然, 函数 Φ_m 在矩形 $K_m = \bigcup_{n=1}^{N} K_{mn}$ 上连续, 并确定到相差一个常数项. 我们挑出任意一个 Φ_1, 而选取 Φ_2 使得在交集 $K_1 \cap K_2$ 上 $\Phi_1 = \Phi_2$ [①]. 按完全相同的方式进行, 我们便选得了函数 $\Phi_3, \cdots, \Phi_N$ (使得在 $K_m \cap K_{m+1}$ 上 $\Phi_m = \Phi_{m+1}$), 并构造了函数

$$\Phi(s,t) = \Phi_m(s,l), \quad (s,t) \in K_m \quad (m = 1, \cdots, N). \tag{5}$$

当 $s \in I$ 固定时, 函数 $\Phi(s,t)$ 显然是 f 沿道路 $\gamma_s = \gamma(s,t) : I \to D$ 的原函数, 所以有牛顿–莱布尼兹公式有

$$\int_{\gamma_s} f\,dz = \Phi(s,1) - \Phi(s,0). \tag{6}$$

我们进一步来考察两个不同的情形:

(a) 道路 γ_1 具有**共同端点**. 这时根据同伦的定义, 对于任意 $s \in I$ 我们有 $\gamma(s,0) = a$, $\gamma(s,1) = b$. 于是, 函数 $\Phi(s,0)$ 与 $\Phi(s,1)$ 在 I 的每个点为局部常数, 这表明在整个区间上为常数. 因此, $\Phi(0,0) = \Phi(1,0)$, $\Phi(0,1) = \Phi(1,1)$, 从而由公式 (6) 得到 (3).

(b) γ_1 与 γ_2 为**闭道路**. 因为这时对于任意的 $s \in I$ 有 $\gamma(s,0) = \gamma(s,1)$, 故 $\Phi(s,1) - \Phi(s,0)$ 在 I 中每个点为局部常数, 从而在整个区间上为常数. 因此从 (6) 又得到 (3). □

习题. 证明, 如果函数 f 在圆环 $V = \{r < |z - a| < R\}$ 上全纯, 则它的积分 $\int_{(|z-a|=\rho)} f(z)\,dz$ 对于任意 ρ, $r < \rho < R$ 具有同一个值. #

18. 几个特殊情形

我们将在这里考虑几个柯西定理的特殊情形, 它们特别重要因而值得进行个别地叙述.

定理 1. 如果函数 $f \in \mathcal{O}(D)$, 则在此区域它沿任意同伦于零的闭道路 $\gamma : I \to D$ 的积分等于零:

$$\text{如果 } \gamma \sim 0, \text{ 则} \quad \int_{\gamma} f\,dz = 0. \tag{1}$$

[①]这是可以做到的, 因为函数 $\Phi_2 - \Phi_1$ 为局部常数, 而这表明在连通集 $K_1 \cap K_2$ 上为常数.

证明. 因为 $\gamma \sim 0$, 故此道路可在 D 中形变为一个点 $a \in D$, 这意味着形变为任意小半径 ε 的圆 $\gamma_\varepsilon = \{|z - a| = \varepsilon$. 根据一般的柯西定理

$$\int_\gamma f dz = \int_{\gamma_\varepsilon} f dz,$$

而因为函数 f 在点 a 的圆上有界 (设 $|f| \leqslant M$), 故上式右端的积分当 $\varepsilon \to 0$ 时趋向于 0 (它以值 $M \cdot 2\pi\varepsilon$ 为界). 因为左端不依赖于 ε 故它为 0. □

因为在单连通区域中每条闭道路同伦于零, 故而对于这样的区域柯西定理叙述起来特别简单, 下面是它的经典陈述:

定理 2. *如果函数 f 在单连通区域 $D \subset \mathbb{C}$ 中全纯, 则它沿任意闭道路 $\gamma : I \to D$ 的积分等于零.*

由于这个定理的重要性, 我们将在两个附加假定条件下再给出它的一个初等证明. 这两个假定是: (1) 导数 f' 在 D 中连续[1] 以及 (2) γ 为逐段光滑的若尔当道路.

由第二个假定得出, 由于 D 的单连通性, γ 是属于区域 D 的一个有界区域 G 的边界. 第一个假定让我们可以应用分析中有名的黎曼–格林公式

$$\int_{\partial G} P dx + Q dy = \iint_G \left(\frac{\partial Q}{\partial x} - \frac{\partial P}{\partial y} \right) dx dy, \tag{2}$$

这时它成立要求在 $\overline{G}$ 上函数 P 和 Q 的偏导数的连续性 (这里以 ∂G 表示区域 G 的边界, 以反时针方向通过). 将此公式应用于此积分的实部和虚部

$$\int_{\partial G} f dz = \int_{\partial G} u dx - v dy + i \int_{\partial G} v dx + u dy,$$

我们得到

$$\int_{\partial G} f dz = \iint_G \left\{ -\frac{\partial v}{\partial x} - \frac{\partial u}{\partial y} + i \left(\frac{\partial u}{\partial x} - \frac{\partial v}{\partial y} \right) \right\} dx dy.$$

利用形式导数的符号 $\frac{\partial}{\partial \bar{z}}$ (参看第 6 小节), 我们可以改写最后面的这个关系式为

$$\int_{\partial G} f dz = 2i \iint_G \frac{\partial f}{\partial \bar{z}} dx dy, \tag{3}$$

可以将它看作是黎曼–格林公式的复写法.

因为有全纯性 $\frac{\partial f}{\partial \bar{z}} \equiv 0$, 故而柯西定理 (在做了附加假定下) 直接由这个公式得到.

我们注意到, 应用微分形式斯托克斯定理可立即推导出公式 (3):

$$\int_{\partial G} f dz = \iint_G d(f dz) = \iint_G \frac{\partial f}{\partial \bar{z}} d\bar{z} \wedge dz, \tag{4}$$

然而像我们上面所做的那样, 有 $d\bar{z} \wedge dz = 2i dx \wedge dy$.

由柯西定理可直接推出对于**单连通**区域存在原函数的整体定理:

---

[1]我们很快就会看到, 对于全纯函数这个假定自动满足.

定理 3. 在单连通区域 D 中任意的全纯函数具有在此区域的原函数.

证明. 我们将指出, 在 D 中 f 沿非闭的道路的积分不依赖于这条道路的选取而是完全由它的起点和终点决定. 事实上, 设 γ_1 和 γ_2 为两条连结 D 中的点 a 和 b 的道路 (图 36). 不失一般性, 可以假定 γ_1 的参数在区间 $[\alpha, \beta_1]$ 上变化, 而 γ_2 在区间 $[\beta_1, \beta]$ $(\alpha < \beta_1 < \beta)$ 上变化. 以 γ 表示道路 γ_1 与 γ_2^- 的连接; 这是一条位于 D 中的闭道路. 根据积分的性质有

$$\int_{\gamma_1} f dz - \int_{\gamma_2} f dz = \int_{\gamma} f dz,$$

然而根据定理 2, f 沿任意闭道路 $\gamma \subset D$ 的积分等于 0, 于是得到了我们的断言[①].

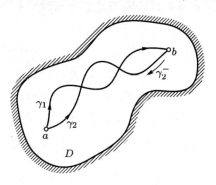

图 36

现在固定一个点 $a \in D$ 并假定 a 为 D 中的一条道路的起点, 而它的终点 z 设为任意. f 沿此道路 (我们记其为 $\widehat{az}$) 的积分是点 z 的函数:

$$F(z) = \int_{\widehat{az}} f(\zeta) d\zeta. \tag{5}$$

完全重复在第 16 小节中对定理 3 所进行的证明, 我们可验证 F 在 D 中全纯, 并且在每个点 $z \in D$ 有 $F'(z) = f(z)$, 即 F 是 f 在 D 中的原函数. □

在区域 $\{0 < |z| < 2\}$ 上函数 $f = \frac{1}{z}$ 的例子 (参看第 16 小节注 2) 指出, 这个定理中的单连通条件是本质性的: 对于多连通区域, 整体上原函数存在的定理一般并不成立.

同一个例子还指出, 在多连通区域全纯函数沿闭道路的积分不必等于 0, 即经典方式陈述的柯西定理 (定理 2) 不能推广到多连通区域上. 但是可以给出能让这个定理进行这种推广的陈述.

单连通区域的边界 (如果不是太坏的话) 是一条闭曲线, 它在闭包 $\overline{D}$ 中同伦于零. 在一般情形下, 不能将定理 1 应用到 ∂D 上, 这是因为函数 f 只在 D 中定义, 而且可能不能延拓得到 ∂D 上. 如果额外要求 $f \in \mathcal{O}(\overline{D})$, 即它可延拓到某个区域

[①]如果利用在单连通区域中任意两条有共同端点的道路相互同伦, 则这个断言可以直接由一般的柯西定理得到.

$G \supset \overline{D}$ (参看第 6 小节), 则定理 1 便是可应用的了. 我们得到柯西定理的以下陈述:

定理 4. 如果函数在单连通区域 D 的闭包 $\overline{D}$ 上全纯, 且 D 的边界是条连续曲线, 则 f 沿这个区域边界的积分为 0.

习题. 在某些情形中定理 4 的要求可以弱化: 仅仅要求函数 f 以连续的方式延拓到 $\overline{D}$. 譬如, 设区域 D 相对于点 $z = 0$ 是星形的, 即它的边界 ∂D 由极坐标方程 $r = r(\varphi)$, $0 \leqslant \varphi \leqslant 2\pi$ 定义, 其中的 $r(\varphi)$ 是个单值函数; 还设函数 $r(\varphi)$ 为逐段光滑. 证明这时定理 4 的断言对于在 D 中全纯, 并在 $\overline{D}$ 中连续的函数 f 成立. #

如果引进下面的定义, 那么定理 4 可推广到多连通的区域:

定义. 设紧区域[①] D 的边界由有限个闭曲线 γ_ν ($\nu = 0, \cdots, n$) 组成. 假定最外面的边界 γ_0, 即将 D 的点与无穷远点分离的那条曲线, 以逆时针定向, 而其余的曲线 γ_ν ($\nu = 1, 2, \cdots, n$) 则以顺时针定向 (换句话说, 边界曲线如此定向, 使得在沿边界曲线行进时, 这个区域总保持在**左边**; 图 37). 称带有这样定向的区域 D 的边界为定向边界, 并记以符号 ∂D[②].

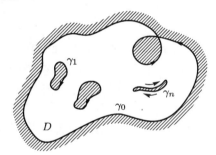

图 37

现在对于多连通区域的柯西定理可陈述如下:

定理 5. 设紧区域 D 的边界为有限条连续曲线, 又函数 f 在此区域的闭包上全纯. 于是, f 沿定向边界 ∂D 的积分等于零:

$$\int_{\partial D} f\,dz = \int_{\gamma_0} f\,dz + \sum_{\nu=1}^{n} \int_{\gamma_\nu} f\,dz = 0. \tag{6}$$

证明. 在 D 上做出有限个切口线 $\lambda_\nu^{\pm}$, 它们使得该区域边界的分支之间连通 (在图 38 中为了直观可视, 我们用两条边来显示这些切口). 显然, 这条由定向边界 ∂D 和 $\Lambda^+ = \bigcup \lambda_\nu^+$ 与 $\Lambda^- = \bigcap \lambda_\nu^-$ 的集合组成的闭曲线 Γ, 在区域 $G \supset \overline{D}$[③] 中同伦于零,

①我们记得, 称区域 D 为紧是说, 它在 $\mathbb{C}$ 中的闭包不包含无穷远点 ($D \Subset \mathbb{C}$).

②在这里我们用了关于定向边界的几何表示. 它的形式定义请参看本书第二卷的 14 小节.

③这可用对于 ∂D 的分支个数进行归纳证明. 然而我们注意到, 所有这里进行的构造的形式证明必定十分繁琐.

而由假设条件, f 可以全纯地延拓到该区域. 根据定理 1, f 沿 Γ 的积分等于 0, 且由积分的性质, 有

$$\int_\Gamma f dz = \int_{\partial D} f dz + \int_{\Lambda^+} f dz + \int_{\Lambda^-} f dz = \int_{\partial D} f dz,$$

这是因为 f 沿 Λ^+ 和 Λ^- 的积分相互抵消. $\quad\square$

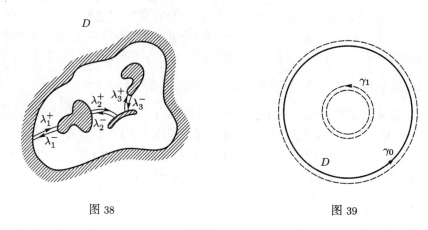

图 38   图 39

例. 设 $D = \{r < |z - a| < R\}$ 为圆环, 且 $f \in \mathcal{O}(\overline{D})$, 即在一个更宽的圆环上全纯, 将其以虚线显示在图 39 上. 定向边界 ∂D 由按逆时针定向的圆 $\gamma_0 = \{|z - a| = R\}$, 以及按顺时针定向的圆 γ_1^- 组成 (使得沿 ∂D 绕行时圆环保持在左). 由定理 5, 有

$$\int_{\partial D} f dz = \int_{\gamma_0} f dz + \int_{\gamma_1^-} f dz = 0 \quad \text{或者} \quad \int_{\gamma_0} f dz = \int_{\gamma_1} f dz$$

(最后这个结果也可由关于同伦的柯西定理推出). #

19. 柯西积分公式

在这里我们将得到在紧区域上全纯的函数用沿该区域边界的积分表示. 我们会看到, 这样的表示无论在理论上还是在实际问题中都有重要的应用.

定理 1. 设函数 f 在闭包紧区域 D 中全纯, 而边界为有限条 (连续) 曲线. 于是, 在任意点 $z \in D$ 函数 f 被表示为形式

$$f(z) = \frac{1}{2\pi i} \int_{\partial D} \frac{f(\zeta)}{\zeta - z} d\zeta, \tag{1}$$

其中的 ∂D 为 D 的定向边界 (参看前一小节).

称等式右边的量为柯西积分.

证明. 取 $\rho > 0$ 使得圆盘 $U_\rho = \{z' : |z' - z| < \rho\} \Subset D$, 并记 $D_\rho = D \setminus \overline{U}_\rho$ (图 40). 函数 $g(\zeta) = \frac{f(\zeta)}{\zeta - z}$ 作为两个具非零值全纯函数的商在 $\overline{D}_\rho$ 上全纯. 定向边界 ∂D_ρ 由 ∂D 以及圆 $\partial U_\rho = \{\zeta : |\zeta - z| = \rho\}$ 组成, 而后者以顺时针定向, 从而由积分的性

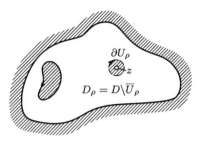

图 40

质表明

$$\frac{1}{2\pi i}\int_{\partial D_\rho} gd\zeta = \frac{1}{2\pi i}\int_{\partial D}\frac{f(\zeta)d\zeta}{\zeta - z} - \frac{1}{2\pi i}\int_{\partial U_\rho}\frac{f(\zeta)d\zeta}{\zeta - z}.$$

但是函数 g 在 $\overline{D}_\rho$ 上全纯 (我们已将它在点 z 处的奇异性排除在外了), 因此, 应用对于多连通区域的柯西定理, g 沿 ∂D_ρ 的积分为 0.

于是,

$$\frac{1}{2\pi i}\int_{\partial D}\frac{f(\zeta)d\zeta}{\zeta - z} = \frac{1}{2\pi i}\int_{\partial U_\rho}\frac{f(\zeta)d\zeta}{\zeta - z}, \tag{2}$$

其中可假设数 $\rho > 0$ 任意小. 因为函数 f 在点 z 连续, 故而对于任意的 $\varepsilon > 0$ 可以选取数 $\delta > 0$ 如此小, 使得当 $\rho < \delta$ 时对于所有 $\zeta \in \partial U_\rho$ 有

$$|f(\zeta) - f(z)| < \varepsilon.$$

因此差[①]

$$f(z) - \frac{1}{2\pi i}\int_{\partial U_\rho}\frac{f(\zeta)d\zeta}{\zeta - z} = \frac{1}{2\pi i}\int_{\partial U_\rho}\frac{f(z) - f(\zeta)}{\zeta - z}d\zeta \tag{3}$$

的绝对值不超过 $\frac{1}{2\pi}\varepsilon \cdot 2\pi = \varepsilon$, 从而当 $\rho \to 0$ 时趋向于 0. 但是从 (2) 看出, (3) 的左端不依赖于 ρ, 因此对于所有充分小的 ρ 它等于 0, 即

$$f(z) = \frac{1}{2\pi i}\int_{\partial U_\rho}\frac{f(\zeta)d\zeta}{\zeta - z}.$$

由此及由 (2) 得到公式 (1). □

注. 如果在定理 1 的条件中, 点 z 位于 $\overline{D}$ 外, 则

$$\frac{1}{2\pi i}\int_{\partial D}\frac{f(\zeta)d\zeta}{\zeta - z} = 0. \tag{4}$$

因为此时函数 $g(\zeta) = \frac{f(\zeta)}{\zeta - z}$ 在 $\overline{D}$ 中全纯, 故此断言直接由柯西定理得到.

柯西积分公式表达了一个非常有趣的事实: 在区域 $\overline{G}$ 中全纯的函数的值完全由它在边界上的值决定.(事实上, 如果已知 f 在 ∂G 的值, 则整个公式 (1) 右端便得知, 即知道了 f 在任意点 $z \in G$ 的值.) 这个事实将全纯函数与在实分析意义下的可微函数从原则上区分开来了.

[①]我们用了 $\frac{1}{2\pi i}\int_{\partial U_\rho}\frac{d\zeta}{\zeta - z} = 1$ (参看第 15 小节的例 1) 以及常数因子 $f(z)$ 可以从积分号里提出.

习题. 设函数 f 在区域 D 的闭包中全纯, 其中 D 包含了无穷远点, 且其边界 ∂D 如此定向使得通过它时该区域总在左边. 证明, 此时对于任意点 $z \in D$ 有

$$f(z) = \frac{1}{2\pi i} \int_{\partial D} \frac{f(\zeta)d\zeta}{\zeta - z} + f(\infty). \quad \#$$

由定理 1 直接得到

定理 2 (均值定理). 函数 $f \in \mathcal{O}(D)$ 在每个点 $z \in D$ 的值等于它的圆心在 z 的任意充分小的圆上的算术平均值:

$$f(z) = \frac{1}{2\pi} \int_0^{2\pi} f(z + \rho e^{it})dt. \tag{5}$$

证明. 取圆盘 $U_\rho = \{z' : |z' - z| < \rho\}$ 使得 $U_\rho \Subset D$, 并将它作为定理 1 中的区域 G. 由柯西积分公式我们得到

$$f(z) = \frac{1}{2\pi i} \int_{\partial U_\rho} \frac{f(\zeta)}{\zeta - z}d\zeta, \tag{6}$$

但因为在 ∂U_ρ 上有 $\zeta - z = \rho e^{it}$, $t \in [0, 2\pi]$, $d\zeta = \rho i e^{it}dt$, 故由 (6) 推出 (5). □

均值定理表明, 全纯函数可以说成是非常规则地构建成的, 使得它们的值与相邻的值紧密相连. 这解释了在这种函数中出现了一系列在实分析意义下可微函数中不可能出现的特殊性质的原因. 我们将在后面考虑许多这样的性质.

最后我们要引进 $\mathbb{R}$-可微函数的一个积分表示公式, 它推广了柯西积分公式.

定理 3. 设函数 f 属于在闭包紧区域 D 上的 C^1 类, 其边界为有限条逐段光滑曲线. 于是在每点 $z \in D$ 有

$$f(z) = \frac{1}{2\pi i} \int_{\partial D} \frac{f(\zeta)d\zeta}{\zeta - z} - \frac{1}{\pi} \iint_D \frac{\partial f}{\partial \overline{\zeta}} \cdot \frac{d\xi d\eta}{\zeta - z}, \tag{7}$$

其中 $\zeta = \xi + i\eta$. 我们称这个公式为柯西–格林公式; 如果 $f \in \mathcal{O}(D)$, 则其中的第二个积分消失, 从而得到了柯西公式.

证明. 从 D 中去掉小圆盘 $\overline{U}_\rho = \{\zeta : |\zeta - z| \leqslant \rho\}$, 并对在区域 $D_\rho = D \setminus \overline{U}_\rho$ 上的 C^1 类. 函数 $g(\zeta) = \frac{f(\zeta)}{\zeta - z}$ 应用复写法的黎曼–格林公式 (参看 18 小节的公式 (3)), 我们有

$$\int_{\partial D} \frac{f(\zeta)}{\zeta - z}d\zeta - \int_{\partial U_\rho} \frac{f(\zeta)}{\zeta - z}d\zeta = 2i \iint_{D_\rho} \frac{\partial f}{\partial \overline{\zeta}} \cdot \frac{d\xi d\eta}{\zeta - z}①.$$

因为 f 在点 z 为连续, 故 $f(\zeta) = f(z) + O(\rho)$, 其中 $\zeta \in U_\rho$, 而当 $\rho \to 0$ 时 $O(\rho) \to 0$. 因此

$$\int_{\partial U_\rho} \frac{f(\zeta)}{\zeta - z}\zeta = f(z) \int_{\partial U_\rho} \frac{d\zeta}{\zeta - z} + \int_{\partial U_\rho} \frac{O(\rho)}{\zeta - z}d\zeta = 2\pi i f(z) + O(\rho),$$

_____

①我们有 $\frac{\partial g}{\partial \overline{\zeta}} = \frac{\partial f}{\partial \overline{\zeta}} \cdot \frac{1}{\zeta - z}$, 这时因为函数 $\frac{1}{\zeta - z}$ 对于 ζ 全纯, 故对于 $\overline{\zeta}$ 的导数为零.

而最后面的公式当 $\rho \to 0$ 时便给出了 (7)[①].   □

历史注记

在描述了有关复积分的一些基本事实之后, 我们来简短关注一下它产生的历史. 在这方面的主要功绩应归于卓越的法国数学家 A. L. 柯西 (Cauchy).

A. L. 柯西 (1789—1857)

柯西于 1789 年出生于一个贵族家庭. 1807 年毕业于巴黎综合工科学校, 这是一所创建于法国大革命时期的学校, 赋有培养高级工程师的使命. 它的毕业生要接受两年期的在数学, 力学和绘图方面的知识学习, 然后再安排到四个机构之一中去接受工程方面的培训. 柯西到了交通道路学院, 于 1810 年毕业, 并开始了在瑟堡 (Cherbourg) 的工程师的工作.

柯西的工作范围十分广泛, 他从事于弹性理论、光学、天体力学、几何、代数、以及数论的研究. 但是他根本的兴趣是在数学分析, 改造这门学科的基础通常与柯西的名字联系在一起. 1816 年他被政府任命为巴黎科学院院士和综合工科学校的教授. 在这里他教了他自己著名的分析教程, 这些后来以三卷书的形式出版 (1821—1828 年).

柯西男爵抱有坚定的保皇信念和极端的宗教观点. 在他工作的这个活跃期间正值波旁王朝复辟, 而在 1830 年的七月革命之后, 柯西与皇族家庭一起移居到了意大利. 但到了 1838 年他返回了祖国并重新在一所天主教会学院里教数学, 到了 1848 年他成了巴黎大学文理学院 (Sorbonne) 的教授 (但他拒绝宣誓效忠于政府).

[①]我们的讨论需要证明

$$\lim_{\rho \to 0} \iint_{D_\rho} \frac{\partial f}{\partial \zeta} \frac{d\xi \, d\eta}{\zeta - z}$$

的存在性. 但因为 $f \in C^1(\overline{D})$, 故在 (7) 中的二重积分存在 (可通过中心在 z 的极坐标对它验证) 从而这个极限与它相合.

柯西对于复积分的第一个结果是在《关于定积分理论》的论文中得到的, 这是在 1814 年提交给巴黎科学院, 但到 1825 年才发表的一份学术报告. 像欧拉那样, 柯西也是在从事流体力学研究时遇到这类问题的. 他从以下 (欧拉已知的) 公式:

$$\int_{x_0}^{X} dx \int_{y_0}^{Y} f(x,y)dy = \int_{y_0}^{Y} dy \int_{x_0}^{X} f(x,y)dx \tag{8}$$

出发, 并考虑组合成一个复函数 $F = S + iV$ 的两个实函数 S 和 V. 在 (8) 中令 $f = \frac{\partial V}{\partial y} = \frac{\partial S}{\partial x}$, 柯西得到了联系这些函数的积分公式:

$$\int_{x_0}^{X} [V(x,Y) - V(x,y_0)]dx = \int_{y_0}^{Y} [S(X,y) - S(x_0,y)]dy.$$

令 $f = \frac{\partial S}{\partial y} = -\frac{\partial V}{\partial x}$, 我们则得到类似的公式, 然而也仅仅在 1822 年他才有了将它们组合为一个复函数的想法, 然后将它加在 1825 年这篇报告的脚注中. 这是对于矩形周线的柯西定理, 然而却缺失这个等式的几何思想.

我们注意到, 他的工作与欧拉在 1777 年向彼得堡提交的工作只有为数不多的不同之处, 在欧拉那里引进了公式

$$\int (u + iv)(dx + iy) = \int udx - vdy + i \int vdx + udy$$

并给了许多它的应用. 但是在同一年 1825 柯西给出了另一个小册子《论在虚部取极限的定积分》, 在此将复积分看作是积分和的极限, 并且看出, 要使他的想法更加准确还必须给出函数 $x = \varphi(t)$, $y = \chi(t)$, 它们在区间 $t_0 \leqslant t \leqslant T$ 单调且连续, 并使得 $\varphi(t_0) = x_0$, $\chi(t_0) = y_0$, $\varphi(T) = X$, $\chi(T) = Y$. 显然在那时柯西还不能像对一般的复数的几何解释那样, 将积分解释为沿复平面上一条道路的积分.

他所叙述的他自己的基本定理按现在的话来说即: "如果 $F(x + y\sqrt{-1})$ 对于 $x_0 \leqslant x \leqslant X$ 和 $y_0 \leqslant y \leqslant Y$ 有限且连续, 则它的积分值不依赖于函数 $\varphi(t)$ 和 $\chi(t)$ 的性质". 他用改变函数 φ 与 χ 来验证积分的改变量等于零, 从而证明它. 应该注意, 将复变函数积分的概念完全准确地规定为沿复平面上的一条道路的积分, 并详细陈述了积分不依赖于道路定理, 第一次出现在高斯 1811 年给贝塞尔的信中.

柯西积分公式是由他在 1831 年一篇关于天体力学的文章中第一次给出了证明. 柯西对于圆盘情形推导出它, 这对于得出函数可展开为幂级数的结论已足够了 (参看下一节). 我们将在后面讲述课程内容所涉及到的柯西的其他结果.

§6. 泰勒级数

在这一节里我们将由柯西积分公式出发得出全纯函数的幂级数表示 (泰勒 (Taylor) 级数).

回忆一下实分析中与级数相关的一些简单概念. 称 (由复数组成的) 级数 $\sum_{n=0}^{\infty} a_n$ 收敛是指, 如果它的部分和序列 $s_n = \sum_{k=0}^{n} a_k$ 有有限的极限 s; 称这个极限为该级数的级数和.

设 $\sum_{n=0}^{\infty} f_n(z)$ 为函数级数, 其中函数 f_n 定义于某个集合 $M \subset \overline{\mathbb{C}}$. 称其在 M 上一致连续是说, 如果它在每个点 $z \in M$ 收敛, 且对于任意 $\varepsilon > 0$ 可以找到序号 $N = N(\varepsilon)$ 使得对于所有 $n \geqslant N$ 及所有 $z \in M$, 级数的余部 $\left| \sum_{k=n+1}^{\infty} f_k(z) \right| < \varepsilon$.

完全像实分析一样, 可以证明对于在集合 M 上定义的级数 $\sum_{n=0}^{\infty} f_n(z)$, 如果非负项级数 $\sum_{n=0}^{\infty} \|f_n\|$ 收敛, 则该级数一致收敛, 这里的 $\|f_n\| = \sup_{x \in M} |f_n|$ (这个条件等于说该级数在 M 上被数项级数控制). 无需做任何改变也可证明在集合 M 上连续的函数组成的级数的一致收敛的和仍在此集合上连续, 在曲线 (C^1 类或可求长的) 上连续函数的级数的一致收敛的和在此曲线上可逐项积分.

20. 泰勒级数

复变函数论的基本定理之一是

定理 1. 如果函数 $f \in \mathcal{O}(D)$, 且 z_0 为 D 中任一点, 则在任意圆盘 $U = \{|z - z_0| < R\} \subset D$ 中该函数可表示为收敛幂级数和的形式:

$$f(z) = \sum_{n=0}^{\infty} c_n (z - z_0)^n. \tag{1}$$

证明. 设 $z \in U$ 为任意点; 选取数 r 使得 $|z - z_0| < r < R$, 且以 γ_r 表示圆 $\{\zeta : |\zeta - z_0| = r\}$ (图 41). 由柯西积分公式我们有

$$f(z) = \frac{1}{2\pi i} \int_{\gamma_r} \frac{f(\zeta)}{\zeta - z} d\zeta.$$

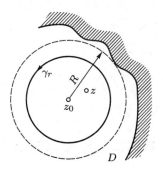

图 41

为了得到 f 的幂级数展开式, 我们展开这个公式的 "核" 为 $z - z_0$ 幂的几何级数:

$$\frac{1}{\zeta - z} = \frac{1}{(\zeta - z_0)\left(1 - \frac{z - z_0}{\zeta - z_0}\right)} = \sum_{n=0}^{\infty} \frac{(z - z_0)^n}{(\zeta - z_0)^{n+1}}, \tag{2}$$

然后用 $\frac{1}{2\pi i} f(\zeta)$ 乘以两端并沿 γ_r 逐项取积分. 因为对于所有的 $\zeta \in \gamma_r$ 我们有

$$\frac{|z - z_0|}{|\zeta - z_0|} = \frac{|z - z_0|}{r} = q < 1,$$

故级数 (2) 绝对收敛且对于 ζ 在 γ_r 上一致收敛. 当乘以一个在 γ_r 上连续从而有界的函数 $\frac{1}{2\pi i} f(\zeta)$ 时不会破坏这个一致收敛性. 因此可以对它使用我们的逐项积分法则, 得到

$$f(z) = \frac{1}{2\pi i} \int_{\gamma_r} \sum_{n=0}^{\infty} \frac{f(\zeta)d\zeta}{(\zeta - z_0)^{n+1}}(z - z_0)^n = \sum_{n=0}^{\infty} c_n(z - z_0)^n,$$

其中

$$c_n = \frac{1}{2\pi i} \int_{\gamma_r} \frac{f(\zeta)d\zeta}{(\zeta - z_0)^{n+1}} (n = 0, 1, \cdots)[1]. \qquad \square \tag{3}$$

定义. 称系数为公式 (3) 定义的幂级数 (1) 为函数 f 以点 z_0 为中心的泰勒级数.

由柯西的关于同伦的定理 (17 小节) 知道, 由 (3) 定义的泰勒级数的系数 c_n 不依赖于圆 γ_r 的半径 $r \, (0 < r < R)$.

习题.

1. 求使函数 $z/\sin z$ 具有以点 $z_0 = 0$ 为中心的泰勒级数表示的最大圆盘的半径.

2. 设函数 f 在整个平面 $\mathbb{C}$ 全纯. 证明: (a) f 为偶函数当且仅当它以 $z_0 = 0$ 为中心的泰勒级数只含有 z 的偶次幂; (b) 在实轴上取实数当且仅当 $f(\bar{z}) = \overline{f(z)}$. #

我们给出定理 1 的一个简单推论.

柯西不等式. 设函数 f 在闭圆盘 $\overline{U} = \{|z - z_0| \leqslant r\}$ 中全纯, 并且它的模在圆 $\gamma_r = \partial U$ 上不超过常数 M. 于是以 z_0 为中心的 f 的泰勒级数的系数满足

$$|c_n| \leqslant M/r^n \quad (n = 0, 1, \cdots). \tag{4}$$

证明. 由公式 (3), 考虑到对于所有 $\zeta \in \gamma_r$ 有 $|f(\zeta)| \leqslant M$, 于是有

$$|c_n| \leqslant \frac{1}{2\pi} \frac{M}{r^{n+1}} 2\pi r = \frac{M}{r^n}. \qquad \square$$

习题. 设 $P(z)$ 为 n 次多项式. 证明, 如果当 $|z| = 1$ 时有 $|P(z)| \leqslant M$, 则对任意 $z, |z| \geqslant 1$ 成立 $|P(z)| \leqslant M|z|^n$. #

从柯西不等式可推出一个有趣的结果.

定理 2 (刘维尔)[2]. 如果函数 f 在整个平面 $\mathbb{C}$ 全纯且有界, 则它为常数.

----

[1] 这个定理是由柯西 1831 年在都灵提出的, 他的证明首先以手稿形式出现在意大利, 而于 1841 年在法国发表. 柯西没有表明级数的逐项积分的可行性, 这便引起了切比雪夫 (П. Л. Чебышев) 在他 1844 年的著作中评说这样的积分可能 "只在特殊情形成立".

[2] J. Liouvilli (1809—1882), 法国数学家. 实际上这个定理是柯西在 1844 年证明的, 而刘维尔只证明了它的特殊情形 (发表于同年), 这个不恰当的命名出于刘维尔的一个学生, 他在刘维尔的课上知道了这个定理.

证明. 由定理 1, 在任意闭圆盘 $\overline{U} = \{|z| \leqslant R\}$, $R < \infty$ 上, 函数 f 由泰勒级数表示为

$$f(z) = \sum_{n=0}^{\infty} c_n z^n,$$

其系数不依赖于 R. 因为 f 在 $\mathbb{C}$ 上有界 (假定 $|f(z)| \leqslant M$), 则由柯西不等式, 对于任意 $n = 0, 1, \cdots$ 我们有 $|c_n| \leqslant M/R^n$. 而这里的 R 可取得任意大, 因此对于 $n = 1, 2, \cdots$, 右端在 $R \to \infty$ 时趋向于 0, 但左端不依赖于 R, 故 $c_n = 0$ 对于 $n = 1, 2, \cdots$, 从而 $f(z) \equiv c_0$. $\square$

因此, 函数的两个性质: 在整个平面 $\mathbb{C}$ 全纯以及有界只能在平凡的函数 (即常数) 上同时实现.

习题. 证明在整个平面 $\mathbb{C}$ 上全纯的函数 f 具有下列性质:

(1) 设 $M(r) = \max_{|z|=r} |f(z)|$; 如果 $M(r) \leqslant Ar^N + B$, 其中 r 为任意正数, 而 A, B, N 为常数, 则 f 为次数不超过 N 的多项式.

(2) 如果 f 的所有的值均位于右半平面, 则 f 恒等于常数.

(3) 如果 $\lim_{z \to \infty} f(z) = \infty$, 则集合 $\{z \in \mathbb{C} : f(z) = 0\}$ 非空. #

刘维尔可以叙述为如下形式:

定理 2'. *如果函数 f 在整个闭平面 $\overline{\mathbb{C}}$ 全纯则其为常数.*

证明. 函数 f 在无穷远全纯 (参看第 6 小节的最后部分) 意味着 $\lim_{z \to \infty} f(z)$ 存在且有限. 由此得到, f 在无穷远点的某个邻域 $\{|z| > R\}$ 内有界. 在平面的其余部分 $\{|z| \leqslant R\}$ 它作为在闭有界集上的连续函数故有界. 因此 f 在 $\mathbb{C}$ 上有界, 而由于它在此处全纯, 故由定理 2, $f \equiv$ 常数. $\square$.

习题. 证明, 任意在点 $z = 0$ 全纯的函数 f, 如果满足恒等式 $f(z) = f(2z)$, 则为常数. #

定理 1 断言任意在一个圆盘上全纯的函数在此圆盘上可以表示为收敛的幂级数的和. 我们现在想要证明, 反过来, 任意收敛幂级数的和是一个全纯函数. 为此我们回忆由分析课程知道的幂级数的一些性质.

引理. *如果幂级数*

$$\sum_{n=0}^{\infty} c_n(z-a)^n \tag{5}$$

的项在某个点 $z_0 \in \mathbb{C}$ 有界, 即

$$|c_n(z_0 - a)^n| \leqslant M \quad (n = 0, 1, \cdots), \tag{6}$$

则这个级数在圆盘 $U = \{z : |z - a| < |z_0 - a|\}$ 中收敛, 并且在每个闭包紧子集 $K \Subset U$ 上它绝对且一致收敛.

证明. 可以假定 $z_0 \neq a$, 即 $|z_0 - a| = \rho > 0$. 否则 U 为空集. 设集合 $K \Subset U$, 于是对于任意点 $z \in K$ 有

$$|z - a|/\rho \leqslant q < 1$$

(图 42). 故而对于任意点 $z \in K$ 及对于任意的 $n = 0, 1, \cdots$ 我们有

$$|c_n(z - a)^n| \leqslant |c_n|\rho^n q^n.$$

然而按照条件 (6), $|c_n|\rho^n \leqslant M$, 于是对任意 $z \in K$, 级数 (5) 被收敛几何级数 $M \sum_{n=0}^{\infty} q^n$ 控制, 从而意味着在 K 上一致收敛.

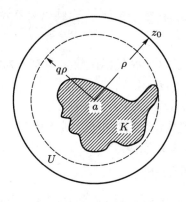

图 42

引理的第二个断言得证, 而第一个可由第二个得到, 这是因为任意点 $z' \in U$ 被包含在某个圆盘 $\{|z - a| < \rho'\}$, $|z' - a| < \rho' < \rho$, 它紧闭于 U. □

定理 3 (阿贝尔)[1]. 如果幂级数 (5) 在某点 $z_0 \in \mathbb{C}$ 收敛, 则该级数在圆盘 $U = \{z : |z - a| < |z_0 - a|\}$ 中收敛, 并且在 U 的每个紧子集上它绝对并一致收敛.

证明. 因为级数 (5) 在点 z_0 收敛, 故对应的数项级数的通项 $c_n(z_0 - a)^n$ 趋向于 0. 然而任意收敛序列必有界, 因此满足引理的条件, 由此引理得到定理的两个断言. □

柯西–阿达马公式[2]. 设给出了幂级数 (5) 及

$$\overline{\lim_{n \to \infty}} \sqrt[n]{|c_n|} = \frac{1}{R}, \tag{7}$$

其中 $0 \leqslant R \leqslant \infty$ (我们假定 $1/0 = \infty$ 以及 $1/\infty = 0$). 于是在任意满足 $|z - a| < R$ 的点 z 级数 (5) 收敛, 而在任意满足 $|z - a| > R$ 的点 z 发散.

---

[1]由挪威数学家阿贝尔 (N. H. Abel, 1802—1829) 在 1826 年发表.

[2]这个公式出现在柯西的 1821 年的工作中; 他自然未引入上极限的概念, 而是谈及 "数 $\sqrt[n]{c_n}$ 的极限中最大者". 公式的准确形式是由阿达马 (J. Hadamard) 1892 年在他的博士论文中给出并证明的.

证明. 称 A 是实数序列 α_n 的上极限是说: (1) 存在子序列 $\alpha_{n_k} \to A$, 以及 (2) 对于任意的 $\varepsilon > 0$, 可以找到指标 N, 使得对所有的 $n \geqslant N$ 有 $\alpha_n < A + \varepsilon$. 这时我们并没有排除 $A = \pm\infty$ 的情形, 只是当 $A = +\infty$ 时条件 (2) 不需要了, 而当 $A = -\infty$ 时将 $A + \varepsilon$ 换成任意的数 (这时, 条件 (1) 自动满足且有 $\lim_{n\to\infty} \alpha_n = -\infty$). 在分析中已经证明了, 任意序列 $\alpha_n \in \mathbb{R}$ 具有唯一的上极限 (有限或无穷).

设 $0 < R < \infty$; 对于任意的 $\varepsilon > 0$ 可以找到数 N 使得当 $n \geqslant N$ 时有 $\sqrt[n]{|c_n|} < \frac{1}{R} + \varepsilon$, 从而

$$|c_n(z-a)^n| < \left\{ \left(\frac{1}{R} + \varepsilon \right) |z-a| \right\}^n. \tag{8}$$

如果 $|z - a| < R$, 则可选取 ε 如此小使得有 $\left(\frac{1}{R} + \varepsilon\right)|z-a| = q < 1$; 于是由 (8) 看出, 级数 (5) 的项当 $n \geqslant N$ 时被几何级数 q^n 所控制, 从而级数 (5) 当 $|z-a| < R$ 时收敛.

由上极限的定义条件 (1) 知道, 对于任意 $\varepsilon > 0$ 可以找到序列 $n_k \to \infty$, 使得 $\sqrt[n_k]{|c_{n_k}|} > \frac{1}{R} - \varepsilon$, 从而

$$|c_{n_k}(z-a)^{n_k}| > \left\{ \left(\frac{1}{R} - \varepsilon \right) |z-a| \right\}^{n_k}. \tag{9}$$

如果 $|z - a| > R$, 则可选取 $\varepsilon > 0$ 如此小使得 $\left(\frac{1}{R} - \varepsilon\right)|z-a| > 1$; 于是, 从 (9) 得出 $|c_{n_k}(z-a)^{n_k}| > 1$, 从而级数 (5) 的通项不趋向于 0, 即当 $|z-a| > R$ 时该级数发散.

我们把对情形 $R = 0$ 和 $R = \infty$ 的证明留给读者去完成. □

定义. 幂级数 (5) 的收敛区域是指集合 E 的开核 (即其内点集合) $\mathring{E}$, 其中 E 是该级数的收敛点 $z \in \mathbb{C}$ 的集合.

定理 4. 幂级数 (5) 的收敛区域为圆盘 $\{|z-a| < R\}$, 其中 R 是柯西–阿达马公式 (7) 所定义的那个数.

证明. 由前面的断言知道, 级数 (5) 的收敛点的集合 E 是圆盘 $\{|z-a| < R\}$ 再加上圆 $\{|z-a| = R\}$ 的某些点的集合 (可能为空集). 因此开核 $\mathring{E}$ 为圆盘 $\{|z-a| < R\}$. □

称刚刚证明存在了的 (开) 圆盘为幂级数 (5) 的收敛圆 (盘), 而数 R 为收敛半径.

例 1. 级数

$$\text{(a)} \sum_{n=1}^{\infty} (z/n)^n, \quad \text{(b)} \sum_{n=1}^{\infty} z^n, \quad \text{(c)} \sum_{n=1}^{\infty} (nz)^n, \tag{10}$$

由柯西–阿达马公式知道分别具有收敛半径 $R = \infty, 1, 0$. 因此其中第一个的收敛圆盘为 $\mathbb{C}$, 第二个为单位圆盘 $\{|z| < 1\}$, 而第三个则为空集. #

例 2.　由同一个公式看到, 所有下面三个级数

$$\text{(a)} \sum_{n=1}^{\infty} z^n, \quad \text{(b)} \sum_{n=1}^{\infty} z^n/n, \quad \text{(c)} \sum_{n=1}^{\infty} z^n/n^2 \tag{11}$$

的收敛圆盘均为单位圆盘 $\{|z| < 1\}$. 但是这三个级数的收敛点的集合是不一样的. 级数 (a) 在圆 $\{|z| = 1\}$ 的每点都发散, 这是因为当 $|z| = 1$ 时它的通项不趋向 0. 级数 (b) 在圆 $\{|z| = 1\}$ 的某些点收敛 (譬如, 在 $z = -1$). 级数 (c) 则在这个圆的每一点上都收敛, 这是因为对于任意 $|z| = 1$ 的点 Z, 级数被收敛的数项级数 $\sum_{n=1}^{\infty} 1/n^2$ 控制. #

转向证明幂级数和的全纯性讨论.

定理 5.　幂级数和

$$f(z) = \sum_{n=0}^{\infty} c_n(z-a)^n \tag{12}$$

在其收敛圆中全纯.

证明.　假定级数的收敛半径 $R > 0$, 否则无需证明. 我们形式地写出级数的导数

$$\sum_{n=1}^{\infty} nc_n(z-a)^{n-1} = \varphi(z); \tag{13}$$

它与级数 $\sum_{n=1}^{\infty} nc_n(z-a)^n$ 有相同的收敛与发散性, 而因为 $\overline{\lim}_{n\to\infty} \sqrt[n]{n|c_n|} = \overline{\lim}_{n\to\infty} \sqrt{|c_n|}$, 故 (13) 的收敛半径也等于 R. 在圆盘 $U = \{|z - a| < R\}$ 的紧子集上级数 (13) 一致收敛, 从而函数 φ 在此圆盘上连续.

按同一个理由, 级数 (13) 可以沿任意三角形 $\Delta \Subset U$ 的边界 $\partial\Delta$ 逐项积分:

$$\int_{\partial\Delta} \varphi dz = \sum_{n=1}^{\infty} nc_n \int_{\partial\Delta} (z-a)^{n-1} dz = 0$$

(由柯西定理右端的所有积分均为 0, 这表明左端的也为 0). 于是, 可应用 16 小节的定理 3 以及在它之后的注解, 从而函数

$$\int_{[a,z]} \varphi(\zeta) d\zeta = \sum_{n=1}^{\infty} nc_n \int_{[a,z]} (\zeta-a)^{n-1} d\zeta = \sum_{n=1}^{\infty} c_n(z-a)^n$$

(我们又一次利用了一致收敛性) 在每个点 $z \in U$ 有导数, 它等于 $\varphi(z)$. 那么函数

$$f(z) = c_0 + \int_{[a,z]} \varphi(\zeta) d\zeta$$

便在每点 $z \in U$ 具有导数 $f'(z) = \varphi(z)$.　□

21. 全纯函数的性质

我们给出幂级数和的全纯性定理的几个推论.

定理 1.　任意函数 $f \in \mathcal{O}(D)$ 的导数在区域 D 全纯.

证明. 对任意点 $z_0 \in D$ 我们构造一个属于 D 的圆盘 $U = \{|z - z_0| < R\}$. 由 20 小节的定理 1 知, 函数 f 可在此圆盘上表示为幂级数之和. 根据 20 小节的定理 5 知, 导数 $f' = \varphi$ 有在此圆盘上收敛的幂级数表示. 所以可以再次对 φ 应用定理 5, 这意味着 φ 在复分析的意义下在 U 可微.　　□

由此定理可直接推导出原函数存在的必要条件, 对于原函数我们已在第 16 小节讨论过.

推论. 如果连续函数 f 在区域 D 中有原函数 F, 则 f 在 D 中全纯.

反复应用定理 1 可得到

定理 1'. 任意函数 $f \in \mathcal{O}(D)$ 在 D 上具有所有阶的导数, 而且也都属于 $\mathcal{O}(D)$.

下一个定理断言函数在给定中心的幂级数展开式是唯一的.

定理 2. 如果函数 f 在圆盘 $\{|z - z_0| < R\}$ 上表示为幂级数之和

$$f(z) = \sum_{n=0}^{\infty} c_n(z - z_0)^n, \tag{1}$$

则这个级数的系数一一地由公式

$$c_n = \frac{f^{(n)}(z_0)}{n!} \quad (n = 0, 1, \cdots) \tag{2}$$

定义.

证明. 在 (1) 中令 $z = z_0$, 我们得到 $f(z_0) = c_0$. 对级数 (1) 逐项取微分:

$$f'(z) = c_1 + 2c_2(z - z_0) + 3c_3(z - z_0)^2 + \cdots,$$

然后代入 $z = z_0$ 求得 $f'(z_0) = c_1$. 对 (1) 取微分 n 次:

$$f^{(n)}(z) = n!c_n + c_1'(z - z_0) + c_2'(z - z_0)^2 + \cdots$$

(我们在此没有写出系数的表达式), 再次令 $z = z_0$; 得到 $n!c_n = f^{(n)}(z_0)$.　　□

定理 2 经常叙述为: 任意收敛的幂级数是它的和函数的泰勒级数.

习题. 已知微分方程 $dw/dz = P(z, w)$, 其中 $P(z, w)$ 为变量 z 和 w 的多项式. 证明, 此方程在点 $a \in \mathbb{C}$ 的邻域中最多只有一个全纯解 f, 满足 $f(a) = b$, 其中 b 为事先给定的. #

公式 (2) 让我们可以写出初等函数的泰勒级数. 例如,

$$\begin{aligned} e^z &= 1 + z + \frac{z^2}{2!} + \cdots + \frac{z^n}{n!} + \cdots, \\ \cos z &= 1 - \frac{z^2}{2!} + \frac{z^4}{4!} - \cdots, \\ \sin z &= z - \frac{z^3}{3!} + \frac{z^5}{5!} - \cdots; \end{aligned} \tag{3}$$

所有这三个展开式在 $\mathbb{C}$ 处处成立 (其收敛半径 $R = \infty$).

比较在公式 (2) 中求得的 c_n 的值与在第 20 小节用公式 (3) 计算出的原来的值, 我们得到了对于全纯函数的导函数的表达式:

$$f^{(n)}(z_0) = \frac{n!}{2\pi i} \int_{\gamma_r} \frac{f(\zeta)d\zeta}{(\zeta - z_0)^{n+1}} \quad (n = 1, 2, \cdots). \tag{4}$$

如果 f 在区域 D 全纯, 且 $G \Subset D$ 为一个边界由有限条连续曲线构成的区域, 并且使得 $z_0 \in G$, 则利用在围道的同伦形变下积分的不变性, 我们可以在最后面这个公式中以定向边界 ∂G 替换 γ_r. 于是我们得到了全纯函数的求导数的柯西公式:

$$f^{(n)}(z) = \frac{n!}{2\pi i} \int_{\partial G} \frac{f(\zeta)d\zeta}{(\zeta - z)^{n+1}} \quad (n = 1, 2, \cdots) \tag{5}$$

(我们将 z_0 替代地记成 z, 并假定 $z \in G$).

这些公式可以由柯西积分公式

$$f(z) = \frac{1}{2\pi i} \int_{\partial G} \frac{f(\zeta)d\zeta}{\zeta - z}$$

通过在积分号内对参数 z 的微分得到. 我们的这种间接的讨论让我们避免了这种微分合理性的证明.

定理 3 (莫雷拉)[1]. *如果函数 f 在区域 D 中连续, 且它沿任意三角形 $\Delta \in D$ 的边界 $\partial \Delta$ 的积分等于 0, 则 $f \in \mathcal{O}(D)$.*

证明. 对于任意点 $a \in D$, 我们构造一个圆盘 $U = \{|z - a| < r\} \subset D$. 函数 $F(z) = \int_{[a,z]} f(\zeta)d\zeta$ 在 U 中全纯且在每点 $z \in U$ 有 $F'(z) = f(z)$ (参看 16 小节定理 3 随后的注). 根据定理 1, f 在 U 中全纯, 从而 f 在每点 $a \in D$ 的全纯性得证.

$\square$

注. 莫雷拉定理是在 16 小节中所叙述的柯西定理的逆, 在那里的柯西定理说的是, 区域 D 中的全纯函数沿任意三角形 $\Delta \in D$ 的边界 $\partial \Delta$ 的积分等于 0. 但是在莫雷拉定理中引进了函数 f 连续性的附加条件. 这个条件是实质性的: 举例来说, 对于一个这样的函数, 它除了一点外在 $\mathbb{C}$ 上处处为 0, 而在这一点为 1, 那么在任意三角形边界上对它的积分都是零; 然而这个函数不是全纯的, 因为它甚至都不是连续的.

在莫雷拉定理的条件中没有包含任何可微性的要求: 从现代函数的观点看, 称满足定理条件的函数为柯西-黎曼方程组的广义解. 依照这种观点, 这个定理所断言的是, 该方程组的广义解就是满足它的经典解, 即具有连续的偏导数.

习题. 设函数 f 在圆盘 $U = \{|z| < 1\}$ 连续, 且除了点 -1 和 1 外为全纯; 证明, $f \in \mathcal{O}(D)$.

作为结论, 我们对函数在一点全纯性的不同定义的等价性给一个小结:

定理 4. 以下三个断言等价:

---

[1] G. Morera, 意大利数学家, 于 1889 年证明了此定理.

(R) 函数 f 在点 a 的某个邻域 U 中 $\mathbb{C}$-可微;

(C) 函数 f 在点 a 的某个邻域 U 中连续, 并且它沿每个三角形 $\Delta \Subset U$ 的边界的积分为零;

(W) 函数 f 在点 a 的某个邻域 U 中可展开为收敛的幂级数.

这三个断言反映出在构建全纯函数理论中的三个概念. 通常称满足条件 (R) 的为在黎曼意义下的全纯, 条件 (C) 的为柯西意义下的全纯, 而条件 (W) 的为魏尔斯特拉斯意义下的全纯.[1]

蕴含 (R)$\Rightarrow$ (C) 已在柯西定理中证明 (16 小节), (C)$\Rightarrow$ (W) 在泰勒定理中已证, (W)$\Rightarrow$ (R) 在对于幂级数和的全纯性定理中证明.

最后我们还要给一个

注. 我们可以验证, 函数 f 在圆盘 $\{|z - a| < R\}$ 中可表示为收敛幂级数和的形式是它在此圆盘中为全纯的充分必要条件. 但是幂级数在收敛圆盘边界点上的收敛性与级数和在这些点上的全纯性**没有关联**. 容易通过简单的例子对其验证.

事实上, 我们写出几何级数展开式

$$\frac{1}{1 - z} = \sum_{n=0}^{\infty} z^n, \tag{6}$$

它在圆盘 $\{|z| < 1\}$ 中收敛. 在圆 $\{|z| = 1\}$ 上的所有点级数 (6) 发散, 这是因为它的通项不趋于 0. 但是这个级数和在该圆上, 除了 $z = 1$ 外, 全都全纯. 另一方面, 级数

$$\sum_{n=1}^{\infty} \frac{z^n}{n^2} = f(z) \tag{7}$$

在收敛圆盘的边界圆 $\{|z| = 1\}$ 的每点均收敛, 这是因为它被收敛的数项级数 $\sum \frac{1}{n^2}$ 控制. 但是因为它的导数 $f'(z) = \sum_{1}^{\infty} \frac{z^{n-1}}{n}$ 当 z 沿实轴趋向 1 时它无限增大, 故而和函数 f 不可能在 $z = 1$ 全纯.

22. 唯一性定理

定义 1. 任一使函数 f 为零的点 $a \in \overline{\mathbb{C}}$, 即 a 为方程 $f(z) = 0$ 的一个根, 称该点为函数 f 的零点.

在实分析中, 可微函数的零点集可以有极限点, 并在该点仍旧可微 (例如, 对于函数 $f(x) = x^2 \sin(1/x)$, $x = 0$ 便是这样的点). 在复分析中情形则不是如此: 全纯函数的零点必定是孤立的, 他们仅在该函数全纯区域的边界上才可能具有极限点[2]. 这个事实可以表达为

---

[1] 这些称呼大体上反映了事情的实际状况 (参看第 19 小节末尾, 以及后面的 27 小节和 40 小节).

[2] 注意, 函数 $f(z) = z^2 \sin(1/z)$ 不在点 $z = 0$ 全纯, 这是因为当按某个方向 $z \to 0$ 时 (譬如平行于虚轴的方向), $\sin(1/z)$ 比 $1/z$ 的任意阶都更快地趋向于无穷.

定理 1. 如果点 a 是在该点全纯的函数 f 的零点, 且 f 不在 a 的任一邻域中恒等于零, 则存在这样的自然数 n 使得

$$f(z) = (z-a)^n \varphi(z), \tag{1}$$

其中函数 φ 在点 a 全纯并在该点的一个邻域中不取零.

证明. 事实上, f 在点 a 的某个邻域中可展开为幂级数. 因为 $f(a) = 0$, 故该级数的自由项等于 0, 但不可能它的所有系数全为 0, 否则就会在 a 的某个邻域中 $f \equiv 0$. 因此可以找到具最小序号的非零系数, 以 n 记此指标, 从而展开式有形式

$$f(z) = c_n(z-a)^n + c_{n+1}(z-a)^{n+1} + \cdots, \quad c_n \neq 0. \tag{2}$$

以

$$\varphi(z) = c_n + c_{n+1}(z-a) + \cdots$$

为级数和, 这个级数在点 a 的某个邻域中收敛, 从而在这个邻域中全纯. 因为 $\varphi(a) = c_n \neq 0$, 故由这个函数的连续性知, 在 a 的一个邻域中 $\varphi \neq 0$. $\qquad\square$

定理 2 (唯一性)[①]. 如果两个函数 f_1, $f_2 \in \mathcal{O}(D)$ 在集合 E 中相同, 而 E 至少有一个属于 D 的极限点 a, 则在整个 D 上 $f_1 = f_2$.

证明. 令函数 $f = f_1 - f_2 \in \mathcal{O}(D)$; 可以证明在 D 中 $f \equiv 0$, 即集合 $F = \{z \in D : f(z) = 0\} \supset E$ 与 D 重合. 极限点 a 是 f 的零点 (由于 f 的连续性). 根据定理 1, 在 a 的一个邻域内函数 $f \equiv 0$, 不然的话, 这个点便不可能是 f 的零点的极限点.

因此, 集合 F 的核 $\overset{\circ}{F}$ (即它的内点集) 非空: 它包含了点 a. 按构造, $\overset{\circ}{F}$ 为开, 但它同时也闭 (相对于区域 D 的拓扑). 事实上, 如果 $b \in D$ 是 $\overset{\circ}{F}$ 的极限点, 则由同一个定理 1 知, 在点 b 的某个邻域内 $f \equiv 0$, 即 $b \in \overset{\circ}{F}$. 由于按区域的定义 D 连通, 故根据第 4 小节的定理 2, 我们有 $\overset{\circ}{F} = D$. $\qquad\square$

这个定理也指出了函数的全纯概念与在实分析意义下的可微性概念实质上的不同. 事实上, 两个无限可微的实变函数可以在部分定义域上重合而不恒同. 然而所证明的定理表明, 两个全纯函数只要在任意一个在它们全纯的区域中还有一个极限点的集合上重合 (譬如属于区域的一个小圆, 一段弧) 时, 则在整个区域恒同.

习题. 证明如果 f 在 $z = 0$ 的一个邻域全纯, 则可以找到一个自然数 n, 使得 $f(1/n) \neq (-1)^n/n^3$ #

我们还注意到, 利用唯一性定理还可以简化定理 1 的陈述. 就是说, 函数 f 不在 a 的任一邻域中恒等于零这个条件, 可以换成条件: 它总体不恒为零 (根据唯一性定理这两个条件是一样的).

由定理 1 可看出, 全纯函数像 $(z-a)$ 的整幂那样地变成 0.

[①] 这个定理属于黎曼 (1851 年) 见后面的 40 小节.

定义 2. 在点 $a \in \mathbb{C}$ 全纯的函数 f 在 a 为零的阶或重数是指使导数 $f^{(k)}(a)$ 不为 0 的最小数 k. 换句话说, 称点 a 是 f 的 n 阶零点是说, 如果

$$f(a) = \cdots = f^{(n-1)}(a) = 0, \quad f^{(n)}(a) \neq 0 \quad (n \geqslant 1). \tag{3}$$

由泰勒级数的系数公式 $c_k = \frac{f^{(k)}(a)}{k!}$ 看出, 在点 a 取零的阶等于在该点函数的泰勒展开式的最小非零系数的指标, 即在定理 1 的公式中所涉及的数 n. 唯一性定理指出, 不恒等于零的全纯函数不具有无限阶零点.

相似于对于多项式所做的, 可以借助于除法来定义零点的阶. 即成立

定理 3. 全纯函数 f 在 $a \in \mathbb{C}$ 的零点阶等于幂 $(z-a)^k$ "除尽" f 的最高阶, 这里 "除尽" 的意思是说, 分式 $\frac{f(z)}{(z-a)^k}$ (连续延拓到点 a 之后) 成为在点 a 的全纯函数.

证明. 以 n 表示 a 的零点阶, 以 N 表示二项式 $(z-a)$ 除尽 f 的最高阶. 由公式 (1) 看到, f 被所有阶 $k \leqslant n$ 的该二项式除尽:

$$\frac{f(z)}{(z-a)^k} = (z-a)^{n-k}\varphi(z),$$

因此 $N \geqslant n$. 设 f 被 $(z-a)^N$ 除尽, 即分式

$$\frac{f(z)}{(z-a)^N} = \psi(z)$$

是在点 a 全纯的函数. 将 ψ 展开成 $(z-a)$ 的幂级数, 我们发现 f 在以 a 为中心的泰勒展开式是以不低于 N 的幂开始的. 因此 $n \geqslant N$, 结合前面所得不等式, 我们得到 $N = n$. $\quad \square$

例. 函数 $f(z) = \sin z - z$ 在 $z = 0$ 有一个三阶零点. 事实上, 我们有 $f(0) = f'(0) = f''(0) = 0$, 而 $f'''(0) \neq 0$. 这也可由展开式看出:

$$f(z) = \sin z - z = -\frac{z^3}{3!} + \frac{z^5}{5!} - \cdots.$$

注. 设 f 在无穷远点全纯且在那里等于 0; 称函数 $\varphi(z) = f(\frac{1}{z})$ 在 $z = 0$ 的零点阶为函数 f 在无穷远点的阶. 如果代替除以 $(z-a)^k$ 而考察乘以 $z^k (k = 1, 2, \cdots)$, 那么上面已证明过的定理对于 $a = \infty$ 的点仍然成立.

零点的阶的概念可以推广到全纯函数的 A-点, 称点 $a \in \overline{\mathbb{C}}$ 为函数 f 的一个 A-点是指 $f(a) = A$. 设函数 f 在点 a 全纯, 且 a 为函数 f 的 A 点; 称函数 $f(z) - A$ 在 a 的零点阶为函数 f 的 A-点 a 的阶.

23. 魏尔斯特拉斯定理和龙格定理

在实分析中我们已知, 级数的逐项微分要求级数在某点的收敛性以及导数级数在该点的一个邻域上的一致收敛性. 在复分析中情形则被简化. 成立

定理 1 (魏尔斯特拉斯)[①]. 如果

$$f(z) = \sum_{n=0}^{\infty} f_n(z) \tag{1}$$

为函数项级数, 其中每个函数在区域 D 中全纯, 而级数在该区域的任意紧子集上一致收敛, 则

(1) 该级数的和在 D 中全纯;

(2) 该级数可在 D 中每点逐项微分任意次.

证明. 设 a 为 D 中任一点; 构造圆盘 $U = \{|z - a| < r\} \Subset D$. 因为级数 (1) 由定理的条件在 U 上一致收敛, 而它的项在 U 上连续, 故它的和函数 f 在 U 上连续. 以 γ 表示任意三角形 $\Delta \subset D$ 的定向边界. 由于级数 (1) 在 γ 上一致收敛, 我们可以沿 γ 逐项取积分:

$$\int_{\gamma} f dz = \sum_{n=0}^{\infty} \int_{\gamma} f_n dz.$$

但因为 f_n 在 U 上全纯, 故由柯西定理, 右端的所有积分全都为 0. 从而 f 沿 γ 的积分为 0. 我们可以应用莫雷拉定理, 按照它得出 f 在 U 中全纯. 断言 (1) 得证.

为了证明 (2), 再次取任意点 $a \in D$, 并构造圆盘 $U = \{|z - a| < r\} \Subset D$, 又记 $\gamma_r = \partial U$ 为圆 $\{|z - a| = r\}$. 根据柯西公式, 对于导数有

$$f^{(k)}(a) = \frac{k!}{2\pi i} \int_{\gamma_r} \frac{f(z) dz}{(z - a)^{k+1}} \quad (k = 1, 2, \cdots). \tag{2}$$

由于级数

$$\frac{f(z)}{(z - a)^{k+1}} = \sum_{n=0}^{\infty} \frac{f_n(z)}{(z - a)^{k+1}} \tag{3}$$

的一致收敛性 (它与 (1) 相差一个因子, 而该因子的模对所有 $z \in \gamma_r$ 等于 $\frac{1}{r^{k+1}}$), 我们可以将 (3) 代入积分 (2). 将公式 (2) 应用到函数 f_n, 我们便得到了

$$f^{(k)}(a) = \sum_{n=0}^{\infty} \frac{k!}{2\pi i} \int_{\gamma_r} \frac{f_n(z) dz}{(z - a)^{k+1}} = \sum_{n=0}^{\infty} f_n^{(k)}(a).$$

断言 (2) 得证. □

习题. 解释为什么级数 $\sum_{n=1}^{\infty} \frac{\sin n^3 z}{n^2}$ 不能逐项微分. #

在分析中由多项式组成的级数起着特别的作用. 根据魏尔斯特拉斯定理可以验证, 如果多项式项级数

$$f(z) = \sum_{n=0}^{\infty} P_n(z) \tag{4}$$

在某个区域的每个紧子集上一致收敛, 则它的和 f 在 D 中全纯.

[①]这个定理由 K. T. W. 魏尔斯特拉斯在 1841 年证明的, 是在他的明斯特 (Müster) 笔记中的一篇 (参看下面的 24 小节), 但在 1894 年才发表.

反问题即用对在一个区域 D 中全纯函数逼近对实用是很重要的; 通常使用的是以多项式序列进行逼近, 并要求这个逼近在 D 的每个紧子集上是一致的. 我们来准确地提出关于以多项式一致逼近问题:

设给定区域 $D \subset \overline{\mathbb{C}}$ 及函数 $f \in \mathcal{O}(D)$. 要求对于任意集合 $K \Subset D$ 及任意 $\varepsilon > 0$ 构造多项式 $P(z)$ 使得

$$\|f - P\|_K = \sup_{z \in K} |f(z) - P(z)| < \varepsilon. \tag{5}$$

这个问题等价于构造一个多项式项级数 $\sum_{n=0}^{\infty} P_n$, 使得它在区域 D 的每个紧子集上一致收敛于 f 的问题. 事实上, 如果构成了那样的级数, 则它的具有充分大指标的部分和便能满足问题的要求. 为了证明这个反问题, 我们要利用一个关于紧穷竭的引理:

引理. 对于任意区域 $D \subset \mathbb{C}$, 可以构造一个紧穷竭, 即一个那样的 (在 $\overline{\mathbb{C}}$-拓扑下的) 闭子集序列 K_n, 使得

$$K_1 \subset K_2 \subset \cdots \subset K_n \subset \cdots, \tag{6}$$

同时, 所有 $K_n \subset D$ 且每一个点 $z \in D$ 属于从某个指标开始的所有 K_n $(D = \bigcup_{n=1}^{\infty} K_n)$.

证明. 可以取集合

$$K_n = \{z \in D : |z| \leqslant n, \ \rho(z, \partial D) \geqslant 1/n\},$$

作为 K_n, 其中 $\rho(z, \partial D)$ 为点 z 到 D 的边界的距离, 而 $n = 1, 2, \cdots$ (图 43).　　□

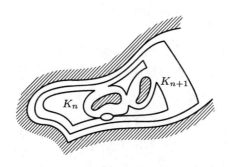

图 43

注. 固定 $z_0 \in D$ 并以 G_n 记核 $\overset{\circ}{K}_n$ 的含有 z_0 的连通开分支 (从某个 $n = n_0$ 开始全不为空). 于是我们得到区域 D 的一个紧穷竭

$$G_1 \Subset G_2 \Subset \cdots \Subset G_n \Subset \cdots, \tag{7}$$

另外, 所有 $G_n \Subset D$ 且 $D = \bigcup_{n=1}^{\infty} G_n$.

因为函数 $\rho(z, \partial D)$ 满足利普希茨条件, 即对于所有 z', $z'' \in D$ 我们有

$$|\rho(z', \partial D) - \rho(z'', \partial D)| \leqslant |z' - z''|,$$

故区域 G_n 的边界由有限条可求长曲线组成. 进一步, 用有限个具足够小半径的圆

盘覆盖 $\overline{G}_n$, 我们可以构造出一个区域的序列 G'_n, 使它的每个开集具有逐段光滑的边界, 并且是 D 的紧穷竭.

最后, 我们注意到, 如果区域 D 是单连通的, 则它的紧穷竭 G_n 也可以假定为单连通的.

回到中断了的讨论. 利用此引理不难证明, 如果对区域 D 中以多项式一致逼近问题可解, 则在其中的任意函数 $f \in \mathcal{O}(D)$ 可以用在每个 $K \Subset D$ 上一致收敛的多项式项级数表示. 事实上, 构造一个像引理中那样的紧穷竭 $D = \bigcup_{n=1}^{\infty} K_n$, 并构造多项式序列 P_n, 使得

$$\|f - P_n\|_{K_n} \leqslant 1/2^n \quad (n = 1, 2, \cdots). \tag{8}$$

于是级数

$$P_1(z) + \sum_{n=1}^{\infty}[P_{n+1}(z) - P_n(z)] \tag{9}$$

即为所求. 事实上, 它的第 n 个部分和等于 P_n, 故而由 (8) 它在每个 $K \Subset D$ 上一致收敛于 f (每个 $K \Subset D$ 从某个指标开始属于所有的 K_n, 从而如果 n 充分大, 则对于任意 $\varepsilon > 0$ 有 $\|f - P_n\|_K < \varepsilon$).

如果区域 D 是圆盘 $U = \{|z - a| < R\}$, 则所提问题可利用中心在点 a 的函数 f 的泰勒级数解答:

$$P_n(z) = f(a) + f'(a)(z - a) + \cdots + \frac{f^{(n)}(a)}{n!}(z - a)^n. \tag{10}$$

事实上, 我们已知 f 在 U 中由泰勒级数表示, 而且这个级数在 U 的紧子集上一致收敛.

但是幂级数只在圆盘中收敛, 所以泰勒级数的这个多项式对于具有更一般形状的区域上函数的逼近不合适. 在单连通区域上函数逼近问题有如下解答:

定理 2 (龙格)[①]. 设函数 f 在单连通区域 $D \subset \mathbb{C}$ 上全纯, K 为 D 的任一紧子集. 于是对于任意 $\varepsilon > 0$ 可以找到多项式 P, 使得

$$\|f - P\|_K < \varepsilon. \tag{11}$$

证明. 构造具逐段光滑边界的单连通区域 G, 使得 $K \Subset G \Subset D$, 并记 $\partial G = \gamma$ (参看引理后面的注). 对于任意点 $z \in K$, 根据柯西积分公式有

$$f(z) = \frac{1}{2\pi i} \int_{\gamma} \frac{f(\zeta)}{\zeta - z} d\zeta. \tag{12}$$

我们先证明 f 在 K 上可以被**有理**函数逼近. 为此将 γ 用点 ζ_ν ($\nu = 1, .., N$) 分割成段, 其中这些点是按照绕行 γ 的顺序取的, 并记 γ 在 ζ_ν 与 $\zeta_{\nu+1}$ 之间的段为 γ_ν; 令 $\Delta\zeta_\nu = \zeta_{\nu+1} - \zeta_\nu$ (假定 $\zeta_{N+1} = \zeta_1$), 并考虑有理函数

$$g(z) = \frac{1}{2\pi i} \sum_{\nu=1}^{N} \frac{f(\zeta_\nu)}{\zeta_\nu - z} \Delta\zeta_\nu. \tag{13}$$

[①]C. Runge (1856—1927), 德国数学家, 1885 年证明了此定理.

我们显然有

$$f(z) - g(z) = \frac{1}{2\pi i} \sum_{\nu=1}^{N} \int_{\gamma_\nu} \left\{ \frac{f(\zeta)}{\zeta - z} - \frac{f(\zeta_\nu)}{\zeta_\nu - z} \right\} d\zeta. \tag{14}$$

因为两个变量 ζ 和 z 的复变函数 $\frac{f(\zeta)}{\zeta - z}$ 在四维空间 (z, ζ) 中的紧集 $K \times \gamma$[①]上连续, 于是它在其上为一致连续. 因此对于任意 $\varepsilon > 0$ 可以选出足够小的 γ_ν, 使得对于所有 $\zeta \in \gamma_\nu$ 和所有的 $z \in K$ 有 $\left| \frac{f(\zeta)}{\zeta - z} - \frac{f(\zeta_\nu)}{\zeta_\nu - z} \right| < \varepsilon$. 将此估值代入 (14), 得到

$$\|f - g\|_K \leqslant \frac{1}{2\pi} \varepsilon |\gamma|,$$

其中 $|\gamma|$ 表示 γ 的长. 这便证明了用形如 (13) 的有理函数逼近 f 的可能性.

还需要证明任意形如 (13) 的函数可以在 K 上被**多项式**一致地逼近. 为此只需证明, 在 K 上函数 $1/(\zeta_\nu - z)$ 可以被多项式一致逼近, 其中 $\zeta_\nu \in \partial G$ 为任意点. 我们将证明得更多一点: 设 G' 为那样的区域, 使得 $K \Subset G' \Subset G$ 并使补集 $\Delta = \overline{\mathbb{C}} \setminus \overline{G'}$ 连通[②]; 于是集合

$$E = \left\{ a \in \Delta : \frac{1}{a - z} \text{ 被多项式在 } K \text{ 上一致逼近} \right\}$$

与 Δ 重合.

集合 E 非空, 这是因为它包含了 K 位于其中的圆盘 $\{|z| < R\}$ 的外部. 事实上, 对于任意 a, $|a| > R$, 函数 $1/(a - z)$ 在 $\{|z| \leqslant R\}$ 上全纯, 从而在此圆盘自身上 (即在 K 上) 被中心为 $z = 0$ 的泰勒多项式一致逼近. 集合 E 为闭 (在 Δ 拓扑下), 这是因为如果点序列 $a_n \in E$ 收敛于某个点 $a \in \Delta$, 则函数序列 $1/(a_n - z)$ 在 K 上一致收敛于 $1/(a - z)$ (当 $a = \infty$ 时后者需要换成恒为零的函数), 而由于所有的 $1/(a_n - z)$ 在 K 上均被多项式一致逼近, 故 $1/(a - z)$ 也是. 然而与此同时 E 也是开的: 设 $a_0 \in E$, 而 a 为圆盘 $\|a - a_0\| < \inf_{z \in K} |a_0 - z|$ 中的任一点; 我们有

$$\frac{1}{a - z} = \frac{1}{a_0 - z} \cdot \frac{1}{1 - \frac{a_0 - a}{a_0 - z}} = \sum_{n=0}^{\infty} \frac{(a_0 - a)^n}{(a_0 - z)^{n+1}},$$

并且此级数在 K 上一致收敛, 而因为 $1/(a_0 - z)$ 因而 $1/(a_0 - z)^n$ 在 K 上被多项式一致逼近, 故这个级数的部分和也是如此, 即 $a \in E$.

因此, E 为连通集 Δ 的非空的同时为闭与开的子集, 从而根据第 4 小节的定理 2 得到 $E = \Delta$. □

注. 实质上, 同一个方法可证明, 在**连通补集**的任意开集 Ω (不必连通) 上的任意函数 f, 可以被多项式在每个 $K \Subset \Omega$ 上一致逼近 (证明的第二部分完全不变; 在第一部分需要构造开集 G 使得 $K \Subset G \Subset \Omega$, 且边界 $\gamma = \partial G$ 由有限条逐段光滑曲线组成并注意到, 公式 (12) 可推广到这种情形.)

另一方面, 对于在多连通区域上以多项式逼近全纯函数的问题, 一般说来, 没有

[①]$A \times B$ 表示集合 A 与 B 的积, 即所有偶对 (a, b) 的集合, 其中 $a \in A$, $b \in B$.

[②]这给区域 G' 可根据所证的引理及 G 的单连通性构造.

解. 原因以后再解释 (参看 36 小节).

习题. 证明, 函数 $f(z) = \bar{z}$ 在单位圆 $\{|z| = 1\}$ 上不能被多项式一致逼近. #

§7. 洛朗级数与奇点

泰勒级数对于表示在圆盘上的全纯函数是适当的. 在这里我们要考虑具有 $(z - a)$ 正幂和负幂的级数. 这样的级数表示了在同心圆环

$$V = \{z \in \mathbb{C} : r < |z - a| < R\}, \quad r \geqslant 0, R \leqslant \infty$$

上的全纯函数.

特别重要的是在内半径为零的圆环, 即有孔邻域上的函数展开式. 这个展开式可以让我们研究在那些丧失全纯性的点 (奇点) 的邻域中的函数.

24. 洛朗级数

定理 1 (洛朗)[①]. 任意在圆环 $V = \{r < |z - a| < R\}$ 上全纯的函数 f 在此圆环上可表示为收敛级数

$$f(z) = \sum_{n=-\infty}^{\infty} c_n(z - a)^n, \tag{1}$$

的和, 系数为

$$c_n = \frac{1}{2\pi i} \int_{\{|z-a|=\rho\}} \frac{f(\zeta)d\zeta}{(\zeta - a)^{n+1}} \quad (n = 0, \pm 1, \pm 2, \cdots), \tag{2}$$

其中 $r < \rho < R$.

证明. 固定任意一个点 $z \in V$ 并构造圆环 $V' = \{\zeta : r' < |\zeta - a| < R'\}$ 使得 $z \in V' \Subset V$ (图 44). 由柯西积分公式我们有

$$f(z) = \int_{\partial V'} \frac{f(\zeta)d\zeta}{\zeta - z} = \frac{1}{2\pi i} \int_{\Gamma'} \frac{f(\zeta)d\zeta}{\zeta - z} - \frac{1}{2\pi i} \int_{\gamma'} \frac{f(\zeta)d\zeta}{\zeta - z}, \tag{3}$$

其中圆 $\Gamma' = \{|\zeta - a| = R'\}$ 与 $\gamma' = \{|\zeta - a| = r'\}$ 逆时针定向.

对所有 $\zeta \in \Gamma'$ 我们有 $\left|\frac{z-a}{\zeta-a}\right| = q < 1$, 所以几何级数

$$\frac{1}{\zeta - z} = \frac{1}{(\zeta - a)\left(1 - \frac{z-a}{\zeta-a}\right)} = \sum_{n=0}^{\infty} \frac{(z - a)^n}{(\zeta - a)^{n+1}}$$

对 ζ 在 Γ' 上绝对并一致收敛. 对它乘以有界函数 $\frac{1}{2\pi i}f(\zeta)$ (这不破坏一致收敛性) 并沿 Γ' 逐项积分, 得到

$$\frac{1}{2\pi i} \int_{\Gamma'} \frac{f(\zeta)d\zeta}{\zeta - z} = \sum_{n=0}^{\infty} c_n(z - a)^n, \tag{4}$$

[①]这个定理是魏尔斯特拉斯在他的明斯特笔记 (1841 年) 中证明的, 而在 1894 年才发表. 1842 年法国工程师, 数学家洛朗 (J. Laurant, 1813—1854) 发表了它.

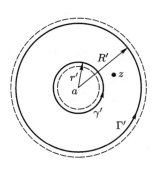

图 44

其中

$$c_n = \frac{1}{2\pi i} \int_{\Gamma'} \frac{f(\zeta)d\zeta}{(\zeta - a)^{n+1}} \quad (n = 0, 1, \cdots). \tag{5}$$

在公式 (3) 中的第二个积分需要不同的分解. 当所有 $\zeta \in \gamma'$ 时我们有 $\left|\frac{\zeta - a}{z - a}\right| = q_1 < 1$, 所以我们得到在 γ' 上绝对且一致收敛的几何级数

$$-\frac{1}{\zeta - z} = \frac{1}{(z - a)\left(1 - \frac{\zeta - a}{z - a}\right)} = \sum_{n=1}^{\infty} \frac{(\zeta - a)^{n-1}}{(z - a)^n}.$$

还是乘以有界函数 $\frac{1}{2\pi i}$ 并沿 γ' 逐项积分, 得到

$$-\frac{1}{2\pi i} \int_{\gamma'} \frac{f(\zeta)d\zeta}{\zeta - z} = \sum_{n=1}^{\infty} \frac{d_n}{(z - a)^n}, \tag{6}$$

其中

$$d_n = \frac{1}{2\pi i} \int_{\gamma'} f(\zeta)(\zeta - a)^{n-1}d\zeta \quad (n = 1, 2, \cdots). \tag{7}$$

我们注意, 现在在公式 (6) 和 (7) 中指标 n 遍历值 $1, 2, \cdots$, 指标 $-n$ 遍历值 $-1, -2, \cdots$ (什么也没有变), 并记[①]

$$c_n = d_{-n} = \frac{1}{2\pi i} \int_{\gamma'} f(\zeta)(\zeta - a)^{-n-1}d\zeta \quad (n = -1, -2, \cdots): \tag{8}$$

于是展开式 (6) 具有形式

$$-\frac{1}{2\pi i} \int_{\gamma'} \frac{f(\zeta)d\zeta}{\zeta - z} = \sum_{n=-1}^{-\infty} c_n(z - a)^n. \tag{6'}$$

现在在 (3) 中代入 (4) 和 (6'); 我们得到了所需的展开式 (1):

$f(z) = \sum_{-\infty}^{\infty} c_n(z - a)^n$, 这里的级数**定义为**级数 (4) 和 (6') 的组合. 还要注意, 根据柯西关于同伦的定理 (17 小节), 同上, 在公式 (5) 和 (8) 中圆 Γ' 和 γ' 可以换作任意的圆 $\{|\zeta - a| = \rho\}$, 其中 $r < \rho < R$, 于是这些公式有 (2) 的形式.   □

定义. 称系数由公式 (2) 计算的级数 (1) 为函数 f 在圆环 V 中的洛朗级数. 称这个级数非负幂项部分为它的正部, 而具负幂项的部分为它的主部 (该称呼的自然

[①]请注意, 到此为止还没有用过具有负指标的 c_n.

性将在下一小节解释).

考虑 $(z-a)$ 整幂级数的基本性质. 像上面那样, 我们**定义**这样的级数

$$\sum_{n=-\infty}^{\infty} c_n(z-a)^n \tag{9}$$

为级数

$$(\Sigma_1): \sum_{n=0}^{\infty} c_n(z-a)^n \quad \text{和} \quad (\Sigma_2): \sum_{n=-1}^{-\infty} c_n(z-a)^n \tag{10}$$

的组合.

级数 (Σ_1) 是通常的幂级数; 它的收敛区域为圆盘 $\{|z-a| < R\}$, 其中数 R 由柯西–阿达马公式定义

$$\frac{1}{R} = \overline{\lim_{n\to\infty}} \sqrt[n]{|c_n|}. \tag{11}$$

级数 (Σ_2) 代表了对变量 $Z = \frac{1}{z-a}$ 的幂级数:

$$(\Sigma_2): \sum_{n=1}^{\infty} c_{-n} Z^n. \tag{12}$$

因此它的收敛区域是在**圆盘外部** $\{|z-a| > r\}$, 其中根据用于级数 (12) 的柯西–阿达马公式, 有

$$r = \overline{\lim_{n\to\infty}} \sqrt[n]{|c_{-n}|}. \tag{13}$$

数 R 不一定大于 r, 因为级数 (9) 的收敛区域可能为空. 但是如果 $r < R$, 则级数 (9) 的收敛区域就将是圆环 $V = \{r < |z-a| < R\}$. 我们注意到, 级数 (9) 的收敛点的**集合**可能在某个属于 ∂V 的点集上与 V 不同.

由阿贝尔定理知, 级数 (9) 在圆环 V 的任意紧子集上一致收敛, 所以再由魏尔斯特拉斯定理知它的和在 V 中全纯.

由此注解立即得到函数在所给圆环上展成正与负幂级数的唯一性定理:

定理 2. 如果函数 f 在圆环 $V = \{r < |z-a| < R\}$ 由级数 (1) 表示, 则这个级数的系数由公式 (2) 表示.

证明. 取圆 $\gamma = \{|z-a| = \rho\}$, $r < \rho < R$. 级数

$$\sum_{k=-\infty}^{\infty} c_k(z-a)^k = f(z)$$

在其上一致收敛, 而且这个性质在两边同时乘以任意幂 $(z-a)^{-n-1}$ $(n = 0, \pm 1, \pm 2, \cdots)$ 仍保持不变:

$$\sum_{k=-\infty}^{\infty} c_k(z-a)^{k-n-1} = \frac{f(z)}{(z-a)^{n+1}}.$$

对所得级数沿 γ 逐项积分:

$$\sum_{k=-\infty}^{\infty} c_k \int_{\gamma} (z-a)^{k-n-1} dz = \int_{\gamma} \frac{f(z) dz}{(z-a)^{n+1}},$$

并利用幂的正交性性质 (15 小节), 左端的积分除了 $k = n$ 那一项外全都为 0, 而那一项等于 $2\pi i$. 我们得到

$$2\pi i c_n = \int_\gamma \frac{f(z)}{(z-a)^{n+1}} dz \quad (n = 0, \pm 1, \cdots),$$

而这同于 (2). □

定理 2 也可以这样陈述: 任一 $(z - a)$ 的正幂和负幂的收敛级数是它自己和函数的洛朗级数.

洛朗级数的系数公式 (2) 在实际中很少使用, 这是因为这要进行积分计算. 根据已证的对于所得到的洛朗级数的唯一性定理, 可以使用任何有效的方法: 所有这样的方法都通向同一个所要的结果.

例. 函数 $f(z) = \frac{1}{(z-1)(z-2)}$ 在圆环 $V_1 = \{0 < |z| < 1\}$, $V_2 = \{1 < |z| < 2\}$, $V_3 = \{2 < |z| < \infty\}$ 中全纯. 为了得到洛朗展开式, 我们将这个函数表示为形式 $f(z) = \frac{1}{z-2} - \frac{1}{z-1}$. 在圆环 V_1 中这两项以如下几何级数表示:

$$\frac{1}{z-2} = -\frac{1}{2}\frac{1}{1-\frac{z}{2}} = -\frac{1}{2}\sum_{n=0}^{\infty}\left(\frac{z}{2}\right)^n \quad (\text{在 } |z| < 2 \text{ 收敛}),$$

$$-\frac{1}{z-1} = \frac{1}{1-z} = \sum_{n=0}^{\infty} z^n \quad (\text{在 } |z| < 1 \text{ 收敛}). \tag{14}$$

因此在 V_1 中函数 f 可以以级数

$$f(z) = \sum_{n=0}^{\infty}\left(1 - \frac{1}{2^{n+1}}\right) z^n$$

表示, 它仅包含了正幂 (泰勒级数).

在圆环 V_2 中, (14) 的第一个展开式仍旧收敛, 而第二个需要以

$$-\frac{1}{z-1} = -\frac{1}{z}\frac{1}{1-\frac{1}{z}} = -\sum_{n=-1}^{-\infty} z^n \quad (\text{在 } |z| > 1 \text{ 收敛})$$

替换. 因而在此圆环中 f 可以以洛朗级数

$$f(z) = -\sum_{n=-1}^{-\infty} z^n - \frac{1}{2}\sum_{n=0}^{\infty}\left(\frac{z}{2}\right)^n \tag{15}$$

表示.

在圆环 V_3 中, 函数表示的第二项在 (15) 的展开式仍收敛, 而 (14) 的第一项需要以

$$\frac{1}{z-2} = \frac{1}{z}\frac{1}{1-\frac{2}{z}} = \frac{1}{2}\sum_{n=-1}^{-\infty}\left(\frac{z}{2}\right) \quad (\text{在 } |z| > 2 \text{ 收敛})$$

替换. 从而在 V_3 中有

$$f(z) = \sum_{n=-1}^{-\infty}\left(\frac{1}{2^{n+1}} - 1\right) z^n. \quad \#$$

我们注意到, 由公式 (2) 定义的洛朗级数的系数, 当 $n \geqslant 0$ 时与泰勒级数的系数的积分公式相同[1]. 准确重复在第 20 小节中, 对于导出泰勒级数的系数的柯西不等式的计算, 我们得到

柯西不等式 (对于洛朗级数系数). 设函数 f 在圆环 $V = \{r < |z - a| < R\}$ 中及在圆 $\gamma_\rho = \{|z - a| = \rho\}$, $r < \rho < R$ 上全纯, 同时它的模不超过常数 M. 于是函数 f 在圆环 V 的洛朗级数的系数满足不等式

$$|c_n| \leqslant M/\rho^n \quad (n = 0, \pm 1, \pm 2, \cdots). \tag{16}$$

最后我们注意一下洛朗级数与傅里叶级数之间的关系. 在区间 $[0, 2\pi]CR$ 上的可积函数 φ 的傅里叶级数定义为级数

$$\frac{a_0}{2} + \sum_{n=1}^{\infty}(a_n \cos nt + b_n \sin nt), \tag{17}$$

其中

$$
\begin{aligned}
a_n &= \frac{1}{\pi}\int_0^{2\pi}\varphi(t)\cos nt\, dt, \\
b_n &= \frac{1}{\pi}\int_0^{2\pi}\varphi(t)\sin nt\, dt \quad (n = 0, 1, 2, \cdots)
\end{aligned}
\tag{18}
$$

(我们假定了 $b_0 = 0$). 这样的级数可以重写为**复形式**. 为此, 应用欧拉公式 $\cos nt = \frac{e^{int}+e^{-int}}{2}$, $\sin nt = \frac{e^{int}-e^{-int}}{2i}$, 并将它们代入 (17) 中, 我们得到

$$\frac{a_0}{2} + \sum_{n=1}^{\infty}\left(\frac{a_n - ib_n}{2}e^{int} + \frac{a_n + ib_n}{2}e^{-int}\right) = \sum_{n=-\infty}^{\infty}c_n e^{int},$$

其中置

$$
\begin{aligned}
c_n &= \frac{a_n - ib_n}{2} = \frac{1}{2\pi}\int_0^{2\pi}\varphi(t)e^{-int}dt \quad (n = 0, 1, \cdots), \\
c_n &= \frac{a_{-n} + ib_{-n}}{2} = \frac{1}{2\pi}\int_0^{2\pi}\varphi(t)e^{-int}dt \quad (n = -1, -2, \cdots).
\end{aligned}
$$

从而具系数

$$c_n = \frac{1}{2\pi}\int_0^{2\pi}\varphi(t)e^{-int}dt \tag{19}$$

的级数

$$\sum_{n=-\infty}^{\infty}c_n e^{int}, \tag{20}$$

是函数 φ 写为复形式的傅里叶级数.

现令 $e^{it} = z$, 以及 $\varphi(t) = f(e^{it}) = f(z)$; 于是级数 (20) 具有形式

$$\sum_{n=-\infty}^{\infty}c_n z^n, \tag{21}$$

---

[1]但是洛朗级数的系数不能用微分公式 $c_n = f^{(n)}(a)/n!$ 表示, 至少因为一般说来, f 在 $z = a$ 没有定义.

而其系数

$$c_n = \frac{1}{2\pi} \int_0^{2\pi} f(e^{it}) e^{-int} dt = \frac{1}{2\pi i} \int_{|z|=1} f(z) \frac{dz}{z^{n+1}}. \tag{22}$$

因此, 函数 $\varphi(t)$, $t \in [0, 2\pi]$ 的傅里叶级数的复形式是函数 $f(z) = \varphi(t)$, 其中 $z = e^{it}$, 在单位圆 $\{|z| = 1\}$ 上的洛朗级数.

显然, 反过来, 函数 $f(z)$ 在单位圆上的洛朗级数也是函数 $f(e^{it}) = \varphi(t)$ 在区间 $[0, 2\pi]$ 上的傅里叶级数.

我们注意到, 一般说来, 甚至在区间 $[0, 2\pi]$ 中每点函数 φ 的傅里叶级数都收敛的情形, 对于对应的洛朗级数也可能得到 $R = r = 1$, 故而这个洛朗级数的收敛区域为空. 只有在函数 φ 上加上很强的限制条件, 对应的级数才有非空的收敛区域.

例. 设 $\varphi(t) = \frac{1-z^2}{1-2a\cos t+a^2}$ $(|a| < 1)$. 令 $e^{it} = z$, 得到相应的函数

$$f(z) = \frac{1 - z^2}{2i\left\{z^2 - \left(a + \frac{1}{a}\right)z + 1\right\}} = \frac{1}{2i}\left(\frac{1}{1 - az} - \frac{1}{1 - \frac{a}{z}}\right);$$

它在圆环 $\{|a| < |z| < 1/|a|\}$ 中全纯. 像前面的例子那样, 我们得到它在这个圆环中的洛朗展开式

$$f(z) = \frac{1}{2i} \sum_{n=1}^{\infty} a^n \left(z^n - \frac{1}{z^n}\right).$$

再次替换 $z = e^{it}$, 我们得到 φ 的傅里叶展开式:

$$\varphi(t) = \sum_{n=1}^{\infty} a^n \sin nt. \quad \#$$

25. 孤立奇点

在这里我们要开始研究那些破坏函数全纯性的点. 首先考虑那种点的最简单类型.

定义 1. 称点 $a \in \overline{\mathbb{C}}$ 为函数 f 的孤立奇点是说, 如果存在这个点的有孔邻域 (即如果 a 为有限点时其为集合 $\{0 < |z - a| < r\}$, 如果当 $a = \infty$ 则为集合 $\{R < |z| < \infty\}$), 使 f 在其上为全纯.

根据函数 f 在靠近这种点的性态可分其为三种类型.

定义 2. 称函数 f 的孤立奇点 a 为

(I) 可去奇点是说, 如果存在有限极限 $\lim_{z\to a} f(z) = A$;

(II) 极点是说, 如果存在 $\lim_{z\to a} f(z) = \infty$;

(III) 本性奇点是说, 如果 f 当 $z \to a$ 时既无有限极限也无无穷极限.

例 1. 所有这三类奇点都是可以实现的. 例如函数 z 和 $(\sin z)/z$ 以 $z = 0$ 为可去奇点 (对于其中第二个可以从以下看出: 当 $z \neq 0$ 时, 成立展开式

$$\frac{\sin z}{z} = 1 - \frac{z^2}{2!} + \frac{z^4}{5!} - \cdots,$$

由此得出 $\lim_{z\to 0}\frac{\sin z}{z}=1$). 函数 $1/z^n$ 在点 $z=0$ 有极点, 其中 n 为正整数. 函数 $e^{\frac{1}{z}}$ 以 $z=0$ 为其本性奇点, 这是因为沿实轴 $z=x$ 趋向 0 时左右极限不相等 (右极限等于无穷而左极限为 0); 在沿虚轴 $z=iy$ 趋向 0 时函数 $e^{\frac{1}{z}}=\cos\frac{1}{y}-i\sin\frac{1}{y}$ 总体上没有极限.

当然, 可能存在**非孤立的奇点**. 譬如, 函数 $\frac{1}{\sin(\pi/z)}$ 在点 $z=1/n\,(n=\pm 1,\pm 2,\cdots)$ 有极点, 因此 $z=0$ 是它的非孤立奇点: 它是极点的极限点. #

例 2. 更复杂的关于奇点的例子有以下函数给出:

$$f(z)=\sum_{n=0}^{\infty}z^{2^n}=1+z^2+z^4+z^8+\cdots.\tag{1}$$

根据柯西–阿达马公式, 级数 (1) 在圆盘 $\{|z|<1\}$ 收敛, 从而 f 在此圆盘上全纯. 当沿实轴方向 $z\to 1$ 时它趋向于无穷[①], 从而 $z=1$ 是它的奇点. 但是

$$f(z^2)=1+z^4+z^8+\cdots=f(z)-z^2,$$

于是 $f(z)=z^2+f(z^2)$ 当沿圆盘半径 $z\to -1$ 时趋向于无穷. 一般地, 对于任意的自然数 n 有

$$f(z)=z^2+\cdots+z^{2^n}+f(z^{2^n}),$$

因此, 当 z 沿半径趋向圆上的任意 "二进" 点 $z=e^{k\cdot 2\pi i/2^n}\,(k=0,1,\cdots,2^n-1)$ 时 f 趋向于无穷. 因为 "二进" 点在圆 $\{|z|=1\}$ 上处处稠密, 故对 f 这个圆的每一个点都是奇点. 因此, f 具有整个一条由非孤立奇点构成的曲线 (奇曲线). #

孤立奇点 $z=a$ 的特性与函数在这点的有孔邻域中的洛朗展开式的特性紧密相关联 (我们简短地称它为在点 a 邻域的展开式). 对于 a 为**有限**点, 这个关联由以下的三个定理表达.

定理 1. 函数 f 的孤立奇点 $a\in\mathbb{C}$ 为可去的当且仅当 f 在 a 的邻域中的洛朗展开式不包含主部:

$$f(z)=\sum_{n=0}^{\infty}c_n(z-a)^n.\tag{2}$$

证明. 必要性. 设 a 为可去奇点; 于是存在有限的极限 $\lim_{z\to a}f(z)=A$, 从而 f 在点 a 的某个有孔邻域 $\{0<|z-a|<R\}$ 中有界 (设 $|f|\leqslant M$). 取任意 ρ, $0<\rho<R$, 并利用柯西不等式

$$|c_n|\leqslant M/\rho^n\quad(n=0,\pm 1,\cdots).$$

如果 $n<0$, 则当 $\rho\to 0$ 时右端趋向于 0, 左端则不依赖于 ρ. 因此当 $n<0$ 时 $c_n=0$, 从而洛朗级数的主部不存在.

[①]这个断言不能从级数 (1) 在 $z=1$ 发散得到 (回忆在 21 小节末尾的注) 而要特别的证明: 当 $z=x$, $0<x<1$, 我们有 $f(x)>\sum_{n=0}^{N}x^{2^n}$, 其中的 N 为任意自然数; 当 $x\to 1$, 右端的和等于 $N+1$, 因此可以找到 $\delta>0$ 使得当 $1-\delta<x<1$ 时 $f(x)>N$, 因此 $\lim_{x\to 1-0}f(x)=\infty$.

充分性. 设在 a 的有孔邻域中函数 f 的洛朗展开式 (2) 没有主部. 这个展开式是泰勒的, 从而

$$\lim_{z \to a} f(z) = c_0.$$

存在且有限. 因此 a 是可去奇点. □

注. 同样的讨论可证明

定理 1'. 函数 f 的孤立奇点 a 为可去的当且仅当 f 在 a 的一个有孔邻域中有界.

将函数 f 根据连续性延拓到它的可去奇点 a 上, 即令 $f(a) = \lim_{z \to a} f(z)$, 我们得到了在点 a 全纯的函数 (即可去掉奇异性). 这表明 "可去奇点" 这个词的合理性. 在以后, 我们将认为函数的这种点是**正常的**而非奇异的点.

习题. 证明, 如果 f 在点 a 的有孔邻域中全纯, 并在此邻域处处有 $\operatorname{Re} f > 0$, 则点 a 对于 f 是可去的. #

定理 2. 函数 f 的孤立奇点 $a \in \mathbb{C}$ 是极点当且仅当 f 在点 a 的邻域的洛朗展开式的主部只包含有限 (非空) 多个不为零的项:

$$f(z) = \sum_{n=-N}^{\infty} c_n (z-a)^n, \quad N > 0. \tag{3}$$

证明. 必要性. 设 a 为极点; 因为 $\lim_{z \to a} f(z) = \infty$, 故存在点 a 的有孔邻域, f 在其中全纯且不取零值. 在此邻域中, 函数 $\varphi(z) = 1/f(z)$ 全纯, 并且存在 $\lim_{z \to a} \varphi(z) = 0$. 因此 a 是函数 φ 的可去 (零) 点, 并在我们的邻域中有展开式

$$\varphi(z) = b_N(z-a)^N + b_{N+1}(z-a)^{N+1} + \cdots \quad (b_N \neq 0).$$

于是在这个邻域中我们有

$$f(z) = \frac{1}{\varphi(z)} = \frac{1}{(z-a)^N} \cdot \frac{1}{b_N + b_{N+1}(z-a) + \cdots}, \tag{4}$$

而且第二个因子是一个在 a 全纯的函数, 这意味它具有泰勒展开式

$$\frac{1}{b_N + b_{N+1}(z-a) + \cdots} = c_{-N} + c_{-N+1}(z-a) + \cdots \quad \left(c_{-N} = \frac{1}{b_N} \neq 0 \right).$$

将此展开式代入 (4), 我们得到

$$f(z) = \frac{c_{-N}}{(z-a)^N} + \frac{c_{-N+1}}{(z-a)^{N-1}} + \cdots + \sum_{n=0}^{\infty} c_n(z-a)^n.$$

这是 f 在 a 的有孔邻域中的洛朗展开式, 并且我们还看到它的主部只含有有限多个项.

充分性. 设 f 在点 a 的有孔邻域中有洛朗展开式 (3) 表示, 其主部只含有有限多个项; 仍设 $c_{-N} \neq 0$. 于是 f 在此邻域全纯, 同样函数 $\varphi(z) = (z-a)^N f(z)$ 也全纯. 后面这个函数在我们的邻域中由展开式

$$\varphi(z) = c_{-N} + c_{-N+1}(z-a) + \cdots,$$

由此知道, a 为它的可去奇点并存在 $\lim_{z \to a} \varphi(z) = c_{-N} \neq 0$. 于是函数 $f(z) = \varphi(z)/(z-a)^N$ 当 $z \to a$ 时趋向于无穷, 即 a 是 f 的极点. $\qquad\square$

我们还注意到极点与零点之间关联的一个简单事实.

定理 2′. 点 a 为函数 f 的极点当且仅当函数 $\varphi = 1/f$, $\varphi \not\equiv 0$, 且在 a 的邻域中全纯及 $\varphi(a) = 0$.

证明. 必要条件在证明定理 2 时已证明了, 现证其充分性. 如果 $\varphi \not\equiv 0$ 在点 a 全纯且 $\varphi(a) = 0$, 则由唯一性定理 (22 小节), 存在这个点的有孔邻域, 在其中 $\varphi \neq 0$. 在此邻域中 $f = 1/\varphi$ 全纯, 从而 a 是 f 的孤立奇点. 但 $\lim_{z \to a} f(z) = \infty$, 因此 a 是 f 的极点. $\qquad\square$

所建立的这种关联让我们可以制定

定义 3. 函数 f 的极点 a 的阶是指这个点作为函数 $\varphi = 1/f$ 的零点的阶.

由定理 2 的证明看出, 极点的阶等于该函数在此极点的有孔邻域内的洛朗展开式的主部首项的指标 N.

定理 3. 函数 f 的孤立奇点 a 为本性奇点当且仅当 f 在点 a 的邻域中的洛朗展开式的主部包含了无穷多个不为零的项.

证明. 这个定理实质上已含在了定理 1 和 2 中了 (如果主部包含了无穷多个项, 则 a 不能是可去点, 也不能是极点; 如果 a 是本性奇点, 则其主部不会为空, 也不会只含有限项). $\qquad\square$

习题. 证明, 如果 a 是函数 f 的本性奇点, 则对任意自然数 k, 当 $\rho \to 0$ 时 $\rho^k \max_{\{|z-a|=\rho\}} |f(z)| \to \infty$. #

下面的有趣定理对于函数在本性奇点的邻域中的性态作了特征描述.

定理 3′ (魏尔斯特拉斯–卡索拉蒂, 索霍茨基)[①]. 如果 a 为函数 f 的本性奇点, 则对于任意数 $A \in \overline{\mathbb{C}}$, 可以找到点序列 $z_n \to a$ 使得

$$\lim_{n \to \infty} f(z_n) = A. \tag{5}$$

证明. 设 $A = \infty$. 因为根据定理 1′, f 在邻域 $\{0 < |z-a| < r\}$ 不可能有界, 故在此领域中可以找到点 z_1 使 $f(z_1) > 1$. 完全一样地, 可以在 $\{0 < |z-a| < |z_1-a|/2\}$ 中找到点 z_2 使 $f(z_2) > 2$, 等继续下去, 在 $\{0 < |z-a| < |z_1-a|/n\}$ 中找到点 z_n 使 $|f(z_n)| > n$. 显然有 $z_n \to a$ 而 $\lim_{n \to \infty} f(z_n) = \infty$.

[①]该定理由俄国数学家索霍茨基 (Ю. В. Сохоцикий, 1842—1927) 在 1868 年他的学位论文 "积分的留数理论" 中证明. 同年, 意大利数学家卡索拉蒂 (F. Casorati) 也发表了一个证明, 而就在这年稍后则是魏尔斯特拉斯证明了它. 定理则以他们两人的名字命名 (我们在这里还是按习惯称其为魏尔斯特拉斯–卡索拉蒂定理 —— 译注).

现设 $A \neq \infty$. 或者是函数 f 的 A-点 (即 A 在 f 下的原像集) 以 a 为其极限点, 从而在其中可选出序列 $z_n \to a$, 且 $f(z_n) = A$, 或者存在有孔邻域 $\{0 < |z - a| < r'\}$, 在其上有 $f(z) \neq A$. 在此邻域函数 $\varphi(z) = 1/(f(z) - A)$ 全纯, 对它而言 a 还是本性奇点 (因为 $f(z) = A + \frac{1}{\varphi(z)}$, 如果当 $z \to a$, φ 或趋向于有限或趋向无穷时, 则 f 也如此). 由刚证明的, 存在序列 $z_n \to a$ 有 $\varphi(z_n) \to \infty$; 那么按照这个序列, 有

$$\lim_{n \to \infty} f(z_n) = A + \lim_{n \to \infty} \frac{1}{\varphi(z_n)} = A. \qquad \square$$

称函数 f 在各种不同点序列 $z_n \to a$ 下的极限的全体为函数 f 在点 a 的未定义集. 如果 a 为函数 f 的可去点或者极点, 则它在该点的未定义集由一个点组成 (有限或无穷). 魏尔斯特拉斯–卡索拉蒂定理断言, 对于本性奇点产生了另一种极端情形: 该点的未定义点充满了整个闭平面 $\overline{\mathbb{C}}$.

习题.

1. 证明, 魏尔斯特拉斯–卡索拉蒂定理的断言对于极点的极限点成立.

2. 设 a 为函数 f 的本性奇点; 函数 $1/f$ 在点 a 具有何种奇性? (**答案:** 或为极点的极限点或为本性奇点). #

关于在无穷远的孤立奇点再说几句. 对它的分类以及定理 $1' \sim 3'$ 可自动地转移到 $a = \infty$ 的情形. 但是与洛朗展开式特性相关联的定理 1–3 则需要修改. 实际上, 在有限点情形奇异性的特征由洛朗展开式的主部决定, 而主部包含了在这点具有奇异性的 $z - a$ 的**负幂** ("主部" 之词便由此而来). 在无穷远同样有负幂而奇异性却由**正幂**的集合决定. 因此自然称在无穷远点的有孔邻域中函数的洛朗展开式的正幂项的全体为该级数的主部. 在这样的修改后, 定理 $1 \sim 3$ 对于 $a = \infty$ 的情形便成立了.

这个结果可借助于变量变换 $z = 1/w$ 立刻得到: 如果记 $f(z) = f(1/w) = \varphi(w)$, 显然有

$$\lim_{z \to \infty} f(z) = \lim_{w \to 0} \varphi(w),$$

因而 φ 在点 $w = 0$ 有与 f 在点 $z = \infty$ 同样的奇异性. 例如, 为极点时, φ 在 $\{0 < |w| < r\}$ 便有展开式

$$\varphi(w) = \frac{b_{-N}}{w^N} + \cdots + \frac{b_{-1}}{w} + \sum_{n=0}^{\infty} b_n w^n \quad (b_{-N} \neq 0);$$

此时作变换 $w = 1/z$, 得到了 f 在圆环 $\{R < |z| < \infty\}$, $R = 1/r$ 总的展开式:

$$f(z) = \sum_{n=-1}^{-\infty} c_n z^n + c_0 + c_1 z + \cdots + c_N z^N,$$

其中 $c_n = b_{-n}$, $c_N \neq 0$. 它的主部包含了有限多个项. 可类似的考虑可去点与本性奇点的情形.

最后我们来按照它们的奇点对最简单的全纯函数进行分类. 根据刘维尔定理, 完全没有奇点的函数 (即在 $\overline{\mathbb{C}}$ 全纯) 是常数. 按简单程度下一个类由整函数构成.

定义 4. 称在整个平面 $\mathbb{C}$ 上全纯的函数为整函数, 就是说, 它的有限点不为奇点.

因而点 $a = \infty$ 是整函数 f 的孤立奇点. 如果是可去奇点则 $f =$ 常数. 如果是极点, 则 f 在无穷远点邻域中的洛朗展开式的主部是多项式 $g(z) = c_1 z + \cdots + c_N z^N$. 从 f 中减去此主部, 我们又得到了整函数 $f - g$, 但在无穷远已经是可去奇点了. 它是个常数, 从而, 在无穷远点为极点的整函数是多项式.

称在无穷远点为本性奇点的整函数为整超越函数 (例如 e^z, $\sin z$, $\cos z$ 是这样的函数).

习题.

1. 证明, 对于所有充分大的 $|z|$ 满足 $|f(z)| \geqslant |z|^N$ 的整函数 f 是个多项式.

2. 从刘维尔定理推导出对整函数及 $a = \infty$ 的魏尔斯特拉斯–卡索拉蒂定理. #

定义 5. 称在开平面 $\mathbb{C}$ 上除了极点外再没有其他奇点的函数为亚纯函数[①].

整函数构成亚纯函数的子类 (它在 $\mathbb{C}$ 上完全没有奇点). 因为每个极点是孤立奇点, 故亚纯函数在 $\mathbb{C}$ 上最多只可能有可数的极点集. 事实上, 在每个圆盘 $\{|z| < n\}$, $(n = 1, 2, \cdots)$ 只能有有限多个极点 (否则它们会存在在有限的平面上的极限点, 它必是非孤立的奇点, 从而不是极点) 从而它的全部极点是可数的. 具有无穷多个极点的亚纯函数的例子有 $\tan z$ 和 $\cot z$.

定理 4. 如果亚纯函数 f 在无穷远点具有可去点或极点 (即如果它在 $\overline{\mathbb{C}}$ 除极点外没有其他奇点), 则它是个有理函数.

证明. 函数 f 的全部极点的个数有限, 这是因为如若相反, 则由于 $\overline{\mathbb{C}}$ 的紧性, 这些极点存在极限点, 它们是非孤立极点从而不是极点. 以 a_ν, $(\nu = 1, \cdots, n)$ 表示 f 的全部有限极点, 并以

$$g_\nu(z) = \frac{c_{-N_\nu}^{(\nu)}}{(z - a_\nu)^{N_\nu}} + \cdots + \frac{c_{-1}^{(\nu)}}{(z - a_\nu)} \tag{6}$$

表示 f 在极点 a_ν 邻域中洛朗展开式的主部. 又以

$$g(z) = c_1 z + \cdots + c_N z^N \tag{7}$$

表示 f 在 $a = \infty$ 邻域里的洛朗展开式的主部; 如果 $a = \infty$ 是 f 的可去点, 我们则令 $g \equiv 0$.

考虑函数

$$\varphi(z) = f(z) - g(z) - \sum_{\nu=1} g_\nu(z);$$

[①]亚纯函数, meromorphism, 一词来自希腊文, mero: $\mu\varepsilon\rho o\sigma$ (分式) 和 morphism: $\mu o\rho\varphi\eta$ (形式, 形状); 合起来即相似的分式.

它对所有点 $z \in \overline{\mathbb{C}}$ 全纯, 于是由刘维尔定理有 $\varphi(z) \equiv c_0$. 因此,

$$f(z) = c_0 + g(z) + \sum_{\nu=1}^{n} g_\nu(z), \tag{8}$$

即为有理函数.   □

注. 公式 (8) 是有理函数 f 展开为整部分和简分式的表达式. 我们的讨论给出了存在这种展开式的一个简单证明.

有时我们会在更广的意义下使用 "亚纯函数" 这个词. 即当我们说函数 f 在区域 D 亚纯是指, 如果它除去极点外在 D 中没有其他奇点. 这样的函数最多只有可数个的极点. 事实上, 我们可构造区域 D 的紧穷竭 $\{G_n\}$ (参看 23 小节的引理), 从而看出函数 f 在每个 G_n 上只有有限个极点. 如果在 D 中的亚纯函数 f 有无穷多个极点, 则极点集的极限点属于边界 ∂D.

刚证过的的定理 4 现在可以叙述为:任意在闭平面 $\overline{\mathbb{C}}$ 上的亚纯函数是有理函数.

26. 留数

在研究全纯函数时最令人感兴趣的是那些函数在其上不再全纯的点, 即它的奇点, 这听起来有些像悖论. 在后面我们将会看到有许多事实, 它们使人确信在奇点和它们的邻域中的洛朗展开式的主部包含了全纯函数的基本性质[①].

我们用关于全纯函数的积分计算问题来对此断言进行解释. 设函数 f 在区域 D 中除极点外处处全纯, 因此最多只有一个可数的奇点集. 设区域 $G \Subset D$, 且 ∂G 由有限条不包含奇点的连续曲线组成; 我们以 $a_1, \cdots, a_n$ 表示出现在 G 中的奇点 (它们为有限个). 构造圆 $\gamma_\nu = \{|z - a_\nu| = r\}$, 其半径 r 足够小, 使得以其为边界的圆盘 $\overline{U}_\nu$ 包含在 G 内且互不相交. 设 γ_ν 逆时针定向 (图 45). 以 G_r 表示区域 $G \setminus \cup_{\nu=1}^{n} \overline{U}_\nu$;

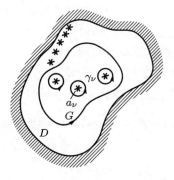

图 45

[①]这个断言可以有物理的解释. 如果将全纯函数作为向量场的复位势对待,譬如流体的速度场 (参看第 7 小节), 则奇点可以解释为源, 流, 旋和其他有这个场定义的元素. 关于这些可参看在 §2 末尾脚注所引的拉夫连季耶夫和沙巴特的书.

函数 f 在 $\overline{G}_r$ 上全纯, 于是根据多连通区域上的柯西积分定理有

$$\int_{\partial G_r} f dz = 0. \tag{1}$$

但是定向边界 ∂G_r 由 ∂G 以及负定向的圆 γ_ν^- $(\nu = 1, \cdots, n)$ 组成, 从而由积分的性质得到

$$\int_{\partial G} f dz = \sum_{\nu=1}^{n} \int_{\gamma_\nu} f dz. \tag{2}$$

因此, 全纯函数沿区域边界的积分计算可化为沿任意小的以函数的奇点为圆心的圆的积分计算.

定义 1. 称函数 f 沿该函数的孤立奇点 $a \in \mathbb{C}$ 为圆心的充分小的圆 $\gamma_r = \{|z - a| = r\}$ 的积分再除以 $2\pi i$ 为 f 在点 a 的留数, 以符号

$$\operatorname{res}_a f = \frac{1}{2\pi i} \int_{\gamma_r} f dz \tag{3}$$

表示.

根据积分沿同伦围道的不变性定理, 留数与数 r 无关 (当 r 充分小时) 并由 f 在它的奇点的局部性态所确定.

上面所证明的关系式 (2) 表达了所谓的柯西留数定理[①]:

定理 1. 设函数 f 在区域 D 中除去一个孤立奇点的集合外处处全纯, 又设区域 $G \Subset D$, 而它的边界 ∂G 不包含奇点; 于是

$$\int_{\partial G} f dz = 2\pi i \sum_{(G)} \operatorname{res}_{a_\nu} f, \tag{4}$$

其中的和取完函数 f 在 G 上的所有奇点 a_ν.

这个定理极具基本意义, 这是因为它将对于**整体**量即全纯函数沿区域边界的积分的计算, 化为**局部**量即函数在其奇点的留数的计算.

我们现在已经知道, 函数在其奇点的留数完全由它在该点邻域中洛朗展开式的主部决定. 从而可确立这样的观点, 即在全纯函数的积分计算中只要有关于它的奇点以及在那些点的主部的信息就足够了.

定理 2. 函数 f 在孤立奇点 $a \in \mathbb{C}$ 的留数等于它在 a 的邻域内的洛朗级数的 $z - a$ 的负一次幂的系数:

$$\operatorname{res}_a f = c_{-1}. \tag{5}$$

[①]在 1814 年和 1825 年的文章中, 柯西考虑了沿两条中间夹有函数极点的具公共端点的道路积分差, 从而达到了留数的概念. 这也解释了 "留数" 这个词的意思 (即剩余的数), 这个词首次出现在 1826 年柯西的文章 "关于新的, 类似于无穷小计算的计算类" 中. 随此之后, 柯西又发表了许多的工作, 它们均致力于留数在积分计算、展开为级数、解微分方程等等方面的应用.

证明. 在 a 的有孔邻域中函数 f 可表示为洛朗级数

$$f(z) = \sum_{-\infty}^{\infty} c_n(z-a)^n,$$

并在 r 充分小的圆 $\gamma_r = \{|z-a| = r\}$ 上, 这个级数一致收敛. 沿 γ_r 对此级数逐项积分, 并利用整幂的正交性 (15 小节), 我们有 $\int_{\gamma_r} f dz = c_{-1} \cdot 2\pi i$. 根据留数的定义, 便得到 (5). □

推论. 在可去极点 $a \in \mathbb{C}$, 函数 f 的留数为零.

我们来推出计算函数在极点的留数公式. 首先设 a 为一阶极点. 函数在它的邻域中的洛朗展开式具有形式

$$f(z) = \frac{c_{-1}}{z-a} + \sum_{n=0}^{\infty} c_n(z-a)^n.$$

由此立即得到在一阶极点的留数计算公式:

$$c_{-1} = \lim_{z \to a} (z-a) f(z). \tag{6}$$

将此公式稍作修改计算起来特别方便. 设在点 a 的邻域中,

$$f(z) = \frac{\varphi(z)}{\psi(z)},$$

其中 φ 和 ψ 在 a 全纯, 并且 $\varphi(a) \neq 0$ 及 $\psi(a) = 0$, $\psi'(a) \neq 0$ (由此得到 a 是函数 f 的一阶极点). 于是由公式 (6) 得到

$$c_{-1} = \lim_{z \to a} \frac{(z-a)\varphi(z)}{\psi(z)} = \lim_{z \to a} \frac{\varphi(z)}{\dfrac{\psi(z) - \psi(a)}{z-a}},$$

即

$$c_{-1} = \frac{\varphi(a)}{\psi'(a)}. \tag{6'}$$

现在设 f 在点 a 有 n 阶极点; 于是在 a 的有孔邻域中有

$$f(z) = \frac{c_{-n}}{(z-a)^n} + \cdots + \frac{c_{-1}}{z-a} + \sum_{k=0}^{\infty} c_k(z-a)^k.$$

在此展开式两端乘以 $(z-a)^n$ 以消去右端的负幂, 然后取 $n-1$ 次微分 (为了从右端抽出 c_{-1} 来), 并在 $z \to a$ 时过渡到极限. 我们得到在 n 阶极点处的留数的计算公式:

$$c_{-1} = \frac{1}{(n-1)!} \lim_{z \to a} \frac{d^{n-1}}{dz^{n-1}} \{(z-a)^n f(z)\}. \tag{7}$$

对于在本性奇点的留数计算不存在类似的公式, 并必须要找出洛朗展开式的主部才行.

下面是有关在无穷远点留数的几个词:

定义 2. 设函数 f 以 ∞ 为其孤立奇点; 它在无穷远点的留数是指量

$$\text{res}_{\infty} f = \frac{1}{2\pi i} \int_{\gamma_R^-} f dz, \tag{8}$$

其中 γ_R^- 是具有足够大半径的圆 $\{|z| = R\}$，按顺时针通过.

选取 γ_R^- 的定向使得通过它时无穷远点的邻域 $\{R < |z| < \infty\}$ 总在它的左边. 我们写出函数 f 在此邻域的的洛朗展开式:

$$f(z) = \sum_{n=-\infty}^{\infty} c_n z^n.$$

沿 γ_R^- 对它逐项积分, 我们有

$$\operatorname{res}_\infty f = -c_{-1}. \tag{9}$$

具负幂的项包含在正则部分而不在无穷远点的洛朗展开式的主部中. 因此, 与有限点的情形不同, 在无穷远点的留数在点 $z = \infty$ 为函数的正则点时可能不等于零.

我们再推导一个关于留数总和的定理.

定理 3. 设函数 f 在平面 $\mathbb{C}$ 除了有限个点 a_ν ($\nu = 1, \cdots, n$) 外处处全纯; 于是它在全部有限奇点的留数与在无穷远点的留数和等于 0:

$$\sum_{\nu=1}^{n} \operatorname{res}_{a_\nu} f + \operatorname{res}_\infty f = 0. \tag{10}$$

证明. 构造圆 $\gamma_R = \{|z| = R\}$, 其半径足够大使得所有有限奇点 a_ν 均被包含在内; 设 γ_R 按逆时针定向. 由柯西留数定理,

$$\frac{1}{2\pi i} \int_{\gamma_R} f \, dz = \sum_{\nu=1}^{n} \operatorname{res}_{a_\nu} f,$$

但由 17 小节的柯西定理, 上面等式左端的量对于继续增大的 R 不变; 因而这个量等于带有负号的 f 在无穷远点的留数 (考虑到绕行的方向). 故这个等式等价于 (10). $\square$

例. 在计算积分 $I = \int_{|z|=2} \frac{dz}{(z^8+1)^2}$ 时, 没有必要算出被积函数在圆 $\{|z| = 2\}$ 内的所有二阶极点的留数. 将留数和定理用于它, 有

$$\sum_{\nu=1}^{\infty} \operatorname{res}_{a_\nu} \frac{1}{(z^8+1)^2} + \operatorname{res}_\infty \frac{1}{(z^8+1)^2} = 0.$$

但是此函数在无穷远点有 16 阶零点, 故它在 $z = \infty$ 邻域内的洛朗级数只包含了从 z^{-16} 开始的负幂项. 因此它在无穷远点的留数为 0, 从而在所有有限奇点的留数和为零, 即 $I = 0$. #

最后我们给出一个将柯西留数定理应用于单实变函数的反常积分计算的例子. 我们计算沿实轴的积分

$$\varphi(t) = \int_{-\infty}^{\infty} \frac{e^{itx}}{1+x^2} \, dx. \tag{11}$$

其中 t 为实数 (因为该积分被函数 $1/(x^2+1)$ 的收敛积分所控制, 故其绝对收敛).

应用留数的方法如下. 将被积函数延拓到复平面

$$f(z) = \frac{e^{itz}}{1+z^2},$$

然后选取闭的围道使它包含了积分直线的一段 $[-R, R]$ 以及任一连结该线段两端点的弧. 对此闭围道应用柯西留数定理, 再后取当 $R \to \infty$ 的极限. 如果这时算出沿添加的这段弧上的积分, 则便给出了问题的解.

设 $z = x + iy$; 考虑到 $|e^{itz}| = e^{-yt}$. 我们将其分为两种情形: $t \geqslant 0$ 和 $t < 0$. 在第一种情形我们用上半圆 γ_R' 封闭线段 $[-R, R]$, 并沿逆时针方向通过 (图 46). 当 $R > 1$ 时所形成的这个围道内有一个 f 的一阶极点 $z = i$, 由公式 $(6')$ 容易求得在该点的留数为:

$$\operatorname{res}_i \frac{e^{izt}}{1 + z^2} = \frac{e^{-t}}{2i}.$$

由柯西留数定理有

$$\int_{-R}^{R} f(x)dx + \int_{\gamma_R'} f(z)dz = \pi e^{-t}. \tag{$12'$}$$

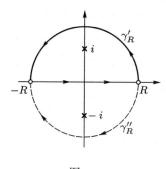

图 46

因为当 $t \geqslant 0$ 时在 γ_R' 上有 $|e^{itz}| = e^{-yt} \leqslant 1$ 及 $|z^2 + 1| \geqslant R^2 - 1$, 故对沿 γ_R' 的积分有估值

$$\left| \int_{\gamma_R'} \frac{e^{itz}}{1 + z^2} dz \right| \leqslant \frac{\pi R}{R^2 - 1}, \tag{13}$$

由此看出, 此积分当 $R \to \infty$ 时趋向于 0. 因此, 在 $(12')$ 中取 $R \to \infty$ 时的极限, 得到当 $t \geqslant 0$ 时有

$$\int_{-\infty}^{\infty} f(x)dx = \pi e^{-t}. \tag{$14'$}$$

当 $t < 0$ 时, 估值 (13) 不再成立, 这是由于 $|e^{izt}| = e^{-yt}$ 当 $y \to +\infty$ 时快速地增大. 所以我们以下半圆弧 γ_R'' 替换圆弧 γ_R' (图 46). 设沿其以顺时针绕行, 于是根据柯西的留数定理, 当 $R > 1$ 有

$$\int_{-R}^{R} f(x)dx + \int_{\gamma_R''} f(z)dz = -2\pi i \operatorname{res}_{-i} f = \pi e^{t}. \tag{$12''$}$$

因为当 $t < 0$ 时, 在 γ_R'' 上有 $|e^{izt}| = e^{-yt} \leqslant 1$ 以及 $|z^2 + 1| \geqslant R^2 - 1$, 故 f 沿 γ_R'' 的积分当 $R \to \infty$ 时趋向于 0, 从而在 $(12'')$ 中取极限得到

$$\int_{-\infty}^{\infty} f(x)dx = \pi e^{t}. \tag{$14''$}$$

联合 (14′) 和 (14″) 我们得到了最终结果

$$\varphi(t) = \int_{-\infty}^{\infty} \frac{e^{itx}}{1+x^2} dx = \pi e^{-|t|}. \tag{15}$$

以后我们将多次利用留数来计算各种不同的积分. 我们最后证明一个在这些计算中有用的引理.

引理 (若尔当) [1]. 设函数 f 在 $\{\operatorname{Im} z \geqslant 0\}$ 中除去孤立奇点外处处全纯, 并且在半圆 $\gamma_R = \{|z| = R, \operatorname{Im} z \geqslant 0\}$ 上当 $R \to \infty$ 时 $M(R) = \max |f(z)|$ 趋向于零 (或者有子序列 $R_n \to \infty$ 使得 γ_{R_n} 不包含 f 的奇点). 于是对任意 $\lambda > 0$,

$$\int_{\gamma_R} f(z) e^{i\lambda z} dz \tag{16}$$

当 $R \to \infty$ 时趋向于零 (或者按照相应的序列 $R_n \to \infty$).

(引理的意义在于, $M(R)$ 趋向于零会如此慢, 以致于 f 沿 γ_R 不一定会趋向零, 而乘以指数因子 $e^{i\lambda z}$ 则加快了趋向于零的速度.)

证明. 以 $\gamma_R' = \{z = Re^{i\varphi} : 0 \leqslant \varphi \leqslant \pi/2\}$ 表示 γ_R 的右边半个. 由于当 $\varphi \in [0, \pi/2]$ 时正弦曲线的凸性, 我们有 $\sin\varphi \geqslant \frac{2}{\pi}\varphi$, 从而表明在 γ_R' 上有估值 $|e^{i\lambda z}| = e^{-\lambda R \sin\varphi} \leqslant e^{-2\lambda R\varphi/\pi}$. 因此

$$\left| \int_{\gamma_R'} f(z) e^{i\lambda z} dz \right| \leqslant M(R) \int_0^{\pi/2} e^{-2\lambda R\varphi/\pi} R d\varphi = M(R)\frac{\pi}{2\lambda}(1 - e^{-\lambda R}),$$

从而沿 γ_R' 的积分当 $R \to \infty$ 时趋向于零. 对于 $\gamma_R'' = \gamma_R \setminus \gamma_R'$ 的估值可类似进行. □

从这个证明中可看出, 在此引理中全纯条件并不是本质的.

习题

1. 称形如

$$F(z) = \frac{1}{2\pi i} \int_\gamma \frac{f(\zeta)d\zeta}{\zeta - z},$$

其中 γ 是光滑 (或可求长) 的曲线, f 是在 γ 上连续 (或可积) 的函数, 为柯西型积分. 证明 F 为在 $\overline{\mathbb{C}} \setminus \gamma$ 上的全纯函数, 并在无穷远点等于零.

2. 设 γ 为光滑的闭若尔当曲线, D 为那样的区域使 $\partial D = \gamma$ 及 $f \in C^1(\gamma)$. 证明, 当穿越 γ 时柯西型积分所产生的跳跃等于 f 在穿越点的值. 更准确地说, 如果 $\zeta_0 \in \gamma$, 且 $z \to \zeta_0$ 分别保持在 D 的内部或外部, 则 $F(z)$ 具有极限值 $F^+(\zeta_0)$ 和 $F^-(\zeta_0)$, 并有

$$F^+(\zeta_0) - F^-(\zeta_0) = f(\zeta_0)$$

(索霍茨基公式)[提示: 将 $F(z)$ 表示为

$$F(z) = \frac{1}{2\pi i} \int_\gamma \frac{f(\zeta) - f(\zeta_0)}{\zeta - z} d\zeta + \frac{f(\zeta_0)}{2\pi i} \int_\gamma \frac{d\zeta}{\zeta - z}.]$$

---

[1]该引理出现在 1894 年的法国数学家若尔当 (C. Jordan, 1838—1922) 的分析教科书中.

3. 在上面问题的假设下, 证明以下这些条件中每一个都是柯西型积分成为柯西积分的充分必要条件:

(a) 对于所有 $z \in \overline{\mathbb{C}} \setminus \overline{D}$ 有 $\int_\gamma \frac{f(\zeta)d\zeta}{\zeta - z} = 0$.

(b) 对于所有 $n = 0, 1, 2, \cdots$ 有 $\int_\gamma \zeta^n f(\zeta) d\zeta = 0$.

4. 设 f 在圆盘 $\{|z| < R\}$, $R > 1$ 全纯; 证明对于圆 $\{|z| = 1\}$, 它的模的平方均值等于中心在 $z = 0$ 的泰勒级数的系数的模平方和.

5. 级数 $\sum_{n=0}^\infty \frac{x^2}{n^2 x^2 + 1}$ 对于所有实的 x 收敛, 但它的和不能展成中心在 $z = 0$ 的泰勒级数; 对此给出解释.

6. 证明, 任意整函数 f 如果恒同地满足关系式 $f(z+1) \equiv f(z)$ 和 $f(z+i) \equiv f(z)$, 则其为常数.

7. 证明, 函数 $f(z) = \int_0^1 \frac{\sin tz}{t} dt$ 为整函数.

8. 设 $f(z) = \sum_{n=0}^\infty a_n z^n$ 在闭圆盘 $\overline{U} = \{|z| \leqslant R\}$ 全纯且 $a_0 \neq 0$. 证明, 这时 f 在圆盘 $\left\{ |z| < \frac{|a_0| R}{|a_0| + M} \right\}$ 中不取零, 这里的 $M = \max_{z \in \partial U} |f(z)|$.

9. 证明, 如果在幂级数收敛圆盘的边界上至少有一个它的和函数的极点, 则此幂级数不可能在该边界上任一点绝对收敛.

10. 证明, 在两个不相交紧集外部的全纯函数可以表示为两个函数之和的形式, 其中一个函数在其中一个紧集外全纯, 而另一个在其他一个外全纯.

第三章　解析延拓

在这章里我们还要考虑复分析的另一个最基本的概念: 解析延拓的概念. 特别, 它可以让我们引进所谓的多值解析函数.

一些非常简单的问题引出了考察多值解的必要性. 例如, 方程 $z = w^2$ 对任意固定的 $z \neq 0$ 有两个符号相异的解. 我们以 $\sqrt{z}$ 记这些解的全体, 它不能看成是 z 的函数, 这是因为按定义函数是单值的. 试图丢弃函数定义中单值条件立即会带来极大的不便, 事实上, 譬如在和 $\sqrt{z} + \sqrt{z}$[①] 中, 如果每项都取两个值, 那么需要蕴含什么样的意思? 这样的 "多值函数" 的最简单的运算都会表现出非常大的困难. 解析延拓的概念却让我们克服了这一类的困难.

§8. 解析延拓的概念

27. 基本原理及其延拓

我们仍然在单值 (全纯) 函数理论的框架内开始研究解析延拓的概念. 按这个观点, 对于初始给出的在某个集合 $M \subset \mathbb{C}$ 上的函数 f_0 的解析延拓, 我们理解为它到函数 f 的扩张, 其中 f 定义在某个区域 $D \supset M$ 上, 使得 f 在 D 中全纯, 而它限制在集合 M 上与 f_0 相合:

$$f \mid_M = f_0.$$

这样的问题可以以非常不同的方法去解决. 譬如, 在第一章里我们曾解析地延拓了函数 $e^x, \sin x$ 等等, 它们最初定义在实轴 $\mathbb{R}$ 上而被延拓到整个复平面 $\mathbb{C}$ 上. 函

---

①如果将 $\sqrt{z} + \sqrt{z}$ 像集合那样相加, 那么这个和便成为三值的了 (它的值为: $2w_1$, $-2w_1$ 和 0, 其中 w_1 是 $\sqrt{z}$ 的两个值中的一个). 只加同符号的值吗? 但这在复分析中完全没有意义: 设 $\sqrt{z_1} = \pm(1+i)$, 而 $\sqrt{z_2} = \pm(1-i)$; 在和 $\sqrt{z_1} + \sqrt{z_2}$ 中哪些项的符号是一样的?

数 $\frac{\sin z}{z}$ 在区域 $\mathbb{C} \setminus \{0\}$ 上给出 (当 $z = 0$ 是无定义); 写出它以 Z 为幂的展开式:

$$\frac{\sin z}{z} = 1 - \frac{z^2}{3!} + \frac{z^4}{5!} - \cdots,$$

借助于此我们得到了这个函数在整个 $\mathbb{C}$ 平面上的延拓 (这样的延拓等价于按连续性函数到点 $z = 0$ 的扩张).

反过来, 级数和

$$f_0(z) = 1 + z + z^2 + \cdots$$

只在圆盘 $\{|z| < 1\}$ 有定义 (且全纯), 这是因为当 $|z| \geqslant 1$ 时级数发散. 但将此几何级数求和后, 我们得到 $f_0(z) = \frac{1}{1-z}$, 从而所得公式给出了函数 f_0 到区域 $\mathbb{C} \setminus \{1\}$ 的解析延拓.

习题. 证明, 级数 $\sum_{n=0}^{\infty} \frac{1}{z^n + z^{-n}}$ 在 $|z| < 1$ 及 $|z| > 1$ 时收敛于不同的全纯函数 (魏尔斯特拉斯, 1880 年). #

考虑不太平凡的例子. 欧拉的 Γ 函数在 $\operatorname{Re} z > 0$ 时由沿正半轴的积分定义:

$$\Gamma(z) = \int_0^{\infty} e^{-t} t^{z-1} dt, \tag{1}$$

其中 t^{z-1} 对于 $t > 0$ 的意思是 $e^{(z-1)\ln t}$. 函数

$$F_n(z) = \int_{\frac{1}{n}}^{\infty} e^{-t} t^{z-1} dt \quad (n = 1, 2, \cdots)$$

为整函数, 这是因为该积分在平面的任意点上可以对参数微分. 由于在右半平面 $\{\operatorname{Re} z > 0\}$ 的任意紧子集上序列 $\{F_n\}$ 对于 z 一致收敛于 $\Gamma(z)$, 故由魏尔斯特拉斯定理, Γ 函数在右半平面全纯.

如果 $x = \operatorname{Re} z \leqslant 0$, 则积分 (1) 不再收敛, 这是因为当 $t \to 0$ 时被积函数过快的增大 (我们有 $|t^{z-1}| = e^{\operatorname{Re}(z-1)\ln t} = t^{x-1}$, 而当 $t \to 0$ 时 $e^{-t} \to 1$). 如果从 e^{-t} 在 0 的泰勒展开式中减去开始的一些项时, 我们得到了当 $t \to 0$ 时趋向于 0 的因子, 我们就可改进当 $t = 0$ 时的收敛性. 当 $\operatorname{Re} z > 0$ 时, 按这样的方法得到

$$\Gamma(z) = \int_0^1 \left(e^{-t} - \sum_{k=0}^n \frac{(-1)^k}{k!} t^k \right) t^{z-1} dt + \sum_{k=0}^n \frac{(-1)^k}{k!} \int_0^1 t^{k+z-1} dt + \int_1^{\infty} e^{-t} t^{z-1} dt$$

或者, 计算出初等积分, 有

$$\Gamma(z) - \sum_{k=0}^n \frac{(-1)^k}{k!} \frac{1}{z+k} = \int_0^1 \left(e^{-t} - \sum_{k=0}^n \frac{(-1)^k}{k!} t^k \right) t^{z-1} dt + \int_1^{\infty} e^{-t} t^{z-1} dt. \tag{2}$$

在这个等式中, 右端的第二个积分为整函数 (参看前面), 第一个积分对 z 在半平面 $\{\operatorname{Re} z > -(n+1)\}$ 的任意紧子集上一致收敛 (因为

$$e^{-t} - \sum_{k=0}^n \frac{(-1)^k}{k!} t^k = \sum_{k=n+1}^{\infty} \frac{(-1)^k}{k!} t^k$$

当 $t \to 0$ 时以 t^{n+1} 的速度趋于零), 从而表明它是在这个半平面的全纯函数.

因此, 等式 (2) 让差 $\Gamma(z) - \sum_{k=0}^n \frac{(-1)}{k!} \frac{1}{z+k}$ 解析延拓到半平面 $\{\operatorname{Re} z > -(n+1)\}$ 上, 结果 $\Gamma(z)$ 自己则可延拓为在此半平面上的亚纯函数.

因为作为 n 可以取任意的自然数, 我们便得到了 Γ 函数到整个平面的亚纯延拓. 我们也看到了, 延拓了的函数在点零以及所有负整数点上具有一阶极点, 而且在点 $z = -k$ 的留数等于 $(-1)^k/k!$ $(k = 0, 1, 2, \cdots)$. 在图 47 上给出了 Γ 函数的模曲面, 同时画出了等模曲线与等幅角曲线.

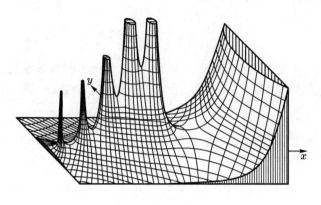

图 47

这里所显示的收敛性改进的方法被称做柯西方法; 在第五章中我们将再次应用它们 (参看第 45 小节). 我们注意, Γ 函数到左半平面的亚纯延拓也可以利用函数方程 $\Gamma(z+1) = z\Gamma(z)$ 实现, 该函数在 $\operatorname{Re} z > 0$ 处满足这个方程. 事实上, 当 $\operatorname{Re} z > 0$ 我们可以写成 $\Gamma(z) = \frac{\Gamma(z+1)}{z}$, 然后注意到, 这个等式的右端对于 $\operatorname{Re} z > -1$, $z \neq 0$ 有定义. 重复这个步骤充分多次, 我们将 Γ 函数延拓到任意点 z, $z \neq 0, -1, -2, \cdots$.

当然, 解析延拓问题不总是有解的. 回忆第 25 小节的例子: 函数

$$f(z) = \sum_{n=0}^{\infty} z^{2^n}$$

在单位圆盘 $U = \{|z| < 1\}$ 上全纯, 但圆 $\{|z| = 1\}$ 是它的奇曲线, 因此函数 f 不可能解析延拓到任何严格包含 U 的区域.

习题. 证明, 如果函数 f 在圆盘 U 中及它的边界圆的每点全纯, 则它可全纯地延拓到圆盘 $U' \ni U$. #

如果函数 f (如在所提到的例子中的) 在某个区域 D 中全纯, 并不能解析延拓到任何一个严格包含 D 的区域, 我们便称 D 为函数 f 的全纯域. 在第 46 小节我们将证明, 每一个区域 $D \subset \overline{\mathbb{C}}$ 都是某个函数的全纯域.

现在我们来考虑例子, 它让我们不得不扩张所采用的解析延拓的概念. 首先做几个关于复数的平方根的简单注释. 如果 $z = re^{i\varphi}$, 则 $\sqrt{z} = \sqrt{r}e^{i\varphi/2}$, 并且对于给定的 $z \neq 0$, $\varphi = \arg z$ 的值可以选取到差一个 2π 的整数倍. 但是如果与任意 φ 的值同时取 $\varphi + 2\pi$, 则新的根的值 $\sqrt{r}e^{i(\varphi+2\pi)/2} = -\sqrt{r}e^{i\varphi/2}$ 与原来的根差一个符号. 因此当 $z \neq 0$ 时 $\sqrt{z}$ 有两个值, 从而不是个函数. 在附加一些条件后, 可以在某个区域中

从 $\sqrt{z}$ 的值中选出一个函数, 使它能够保证对于所有 $z \in D$ 的 $\varphi = \arg z$ 值的单值选取. 如果这样的函数在 D 中连续, 则称它为在这个区域中的一个根分支.

例如, 我们考虑圆盘 $U_0 = \{|z-1| < 1\}$, 在其上的根分支

$$w = f_0(z) = \sqrt{r}e^{i\varphi/2}, \tag{3}$$

它所挑选的条件为 $-\pi/2 < \varphi < \pi/2$. 因为反函数 $z = w^2$ 是单值的, 故 f_0 在 U_0 上互为单值 (单叶的), 从而我们可以利用反函数的微分法则[①]. 按此法则, 在每个点 $z \in U_0$ 存在 $f_0'(z) = \frac{1}{\frac{dz}{dw}} = \frac{1}{2f_0(z)}$.

因此, 函数 f_0 在 U_0 中全纯 (我们有在 U_0 中 $f_0 \neq 0$).

我们现在通过扩张 $\varphi = \arg z$ 的变化区域并留意使 φ 的选取保持单值, 来解析延拓函数 f_0 (于是, 按照前面那样, 函数从而也保持了全纯). 如果我们向 φ 增大的一侧扩张该区域, 则, 譬如, 在圆盘 $U = \{|z+1| < 1\}$ 中由条件

$$f(z) = \sqrt{r}e^{i\varphi/2}, \quad \pi/2 < \varphi < 3\pi/2 \tag{4}$$

定义的函数 f (图 48).

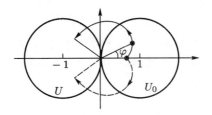

图 48

如果我们朝 φ 减小的方向走 (图 48 中的虚线), 则得到在同一圆盘中的函数

$$g(z) = \sqrt{r}e^{i\varphi/2}, \quad -3\pi/2 < \varphi < -\pi/2. \tag{5}$$

在同一个点 $z \in U$ 上, $\varphi = \arg z$ 的第二个值比第一个小了 2π, 因而 $f(z)$ 与 $g(z)$ 的值差一个符号 (例如, 点 $z = -1$ 在第一个延拓方式下需写成 $\varphi = \pi$, 从而表明 $f(-1) = e^{i\pi/2} = i$, 而在第二个方式下, $\varphi = -\pi$, 故而 $g(-1) = e^{-\pi/2} = -i$). 因此, 在 f_0 的解析延拓的不同方式下, 我们得到了在圆盘 U 中两个**不同**的函数 f 和 g.

对在上述例子中所描述现象能够有清晰地了解是与 19 世纪中叶的两位杰出的德国数学家的名字紧密相关联的, 他们就是**魏尔斯特拉斯**和**黎曼**. 我们在这里集中注意于其中一位的生平概述 (对于黎曼, 我们将在后面的第 40 小节谈及).

[①]事实上, 由于单值性, 映射 $z \to w$ 当 $\Delta z \neq 0$ 时我们有 $\Delta w \neq 0$, 因而

$$\frac{\Delta w}{\Delta z} = \frac{1}{\Delta z/\Delta w}. \tag{*}$$

由于这个映射的连续性, 当 $\Delta z \to 0$ 时有 $\Delta w \to 0$, 于是如果存在 $\lim_{\Delta w \to 0} \frac{\Delta z}{\Delta w} = z'(w) \neq 0$, 则在 $(*)$ 中取当 $\Delta z \to 0$ 时的极限, 我们便得到, $\lim_{\Delta z \to 0} \frac{\Delta w}{\Delta z}$ 存在且等于 $w'(z) = 1/z'(w)$.

历史注记

　　魏尔斯特拉斯 (K. Weierstrass) 在 1815 年生于一个官员之家. 1834 年在他父亲的坚持下他进入了波恩大学法律系. 但他对那些课程不予理睬, 不参加考试, 取而代之地是独立地专心研究数学. 在 1839 年, 魏尔斯特拉斯转到了明斯特学院, 为当一个数学老师做准备. 在那里他听了古德曼 (Ch. Gudermann) 教授的课 (成为他的唯一听课人), 并在 1841 年到 1842 年完成了他的第一次四项学术工作, 特别他证明了在圆环全纯的函数用正幂和负幂级数表示的可能性. 但是这个被称为明斯特笔记只是到了 1894 年才出版.

　　在明斯特的一年见习期之后他得到了一所外省城市的初级文科中学的教师职位, 教植物, 地理, 习字, 甚至体操课. 尽管每周有 30 小时的教学负担, 他仍努力地从事了数学研究, 发表了几篇文章. 在 1854 年, 魏尔斯特拉斯的状况得到急剧地改变: 他的结果受到了赞扬, 他不经答辩便得到了博士学位, 还有了一年的假期.

　　在 1856 年魏尔斯特拉斯成了柏林大学的教授及柏林科学院院士. 他在柏林大学的授课, 除因生病而间断外, 持续了 30 年. 他的讲课和学术活动使他赢得了国际声誉, 也因此有了许多学生. 特别在 1864 年他被选为彼得堡科学院的通讯院士 (由布尼亚科夫斯基 (В. Я. Буняковский) 和索莫夫 (П. П. Сомов) 为其代表人), 并在 1870 — 1874 年给予柯瓦列夫斯卡娅 (С. В. Ковалёвская)[①] 私人授课, 在他一生中始终保持了与她的友谊.

魏尔斯特拉斯 (Karl Theodor Weierstrass)

(1815—1897)

　　魏尔斯特拉斯对于科学工作的特点是逻辑的严格性与系统性. 他发表的工作并

----

①柏林大学的学术委员会不允许妇女旁听.

不是非常多, 但却得到了在实分析与复分析、微分方程理论、变分法以及几何中的一系列基础性结果.

魏尔斯特拉斯在 1861 年开始从事解析延拓的问题. 希望能避开与多值函数相关的无定义性及不便之处, 他在他自己的理论基础上建立了相互以特殊方式关联的幂级数体系. 就是说, 魏尔斯特拉斯考虑了以 a 为圆心的圆盘 U 上全纯的函数, 它由其泰勒展开式给出

$$f(z) = \sum_{n=0}^{\infty} c_n(z-a)^n, \tag{6}$$

与其一起的还有这个级数的所有可能的以 $z-b$ 的幂的重新展开, 其中的 $b \in U$:

$$f_b(z) = \sum_{n=0}^{\infty} \frac{f^{(n)}(b)}{n!}(z-b)^n. \tag{7}$$

级数 (7) 在以 b 为圆心的一个圆盘 U_b 上收敛, 而在交集 $U \cap U_b$ 中函数 $f \equiv f_b$.

圆盘 U_b 肯定能达到 U 边界, 而且在一些情形下会超出它的范围之外 (图 49), 于是函数 f_b 便将 f 解析延拓到圆盘 U_b[①]. 重复这个解析延拓的步骤, 我们可能 (像上面所考察的例子那样) 走到与出发的圆盘 U 相交的圆盘 V (甚至就与 U 重合), 但在 U 与 V 的公共点上所得函数与 f 不同. 魏尔斯特拉斯为了在这个过程中与多值函数不相关联, 需要一直关注的不但是函数, 而且还有在其上给出了这些函数的圆盘.

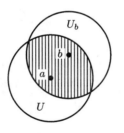

图 49

大约在此的十年后, **黎曼**概述了研究多值函数的几何方法. 他建议将在解析延拓过程中得到的新的值 (譬如, 如果用前面的记号, 即在圆盘 V 中的值) 不再指派给老的点 z, 而是给新的, 位于它上面的点 (例如, 假定圆盘 V 位于圆盘 U 的上方). 这样可得到位于复平面上方的多叶曲面, 在位于每点 z 上面有多少叶, 所考察的多值函数在该点便取多少个值. 在这个曲面上 (现在称之为黎曼面) 多值函数现在便成为**单值**函数了. 稍后我们将要更仔细地谈及这个曲面.

那么, 黎曼和魏尔斯特拉斯所引进的构建多值函数的主要思想在于, 与函数一

[①]例如, 按幂 $z+1/2$ 重新展开收敛于圆盘 $\{|z|<1\}$ 中的函数 $1/(1-z)$ 的几何级数 $1+z+z^2+\cdots$, 则新的级数在圆盘 $\{|z+1/2|<3/2\}$ 中收敛, 圆盘的半径等于从圆心 $a=-1/2$ 到点 $z=1$ 的距离, 在此点函数不再全纯.

起的还必须考虑一个新的对象, 即由函数 (单值的) 及它在上有定义的区域所组成的偶对. 解析延拓过程中的这种偶对构成了可能是多值的解析函数. 转向严格的定义.

定义 1. 称由圆盘 $U = \{|z - a| < R\}$ 和函数 f 组成的偶对 $F = (U, f)$ 为典范元或简称元是指, 其中的 U 是以 a 为圆心的使 f 在其上为全纯的最大圆盘. 称点 a 为元 F 的中心, 而 U 为其圆盘; 称在点 $z \in U$ 的值 $f(z)$ 为元 F 在该点的值.

如果 $a \in \mathbb{C}$, 则 f 由泰勒级数 (5) 表示, U 便是它的收敛圆盘. 如果 $a = \infty$, 则它的展开式在圆盘 $U = \{|z| > R\}$ 上具有形式

$$f(z) = \sum_{n=0}^{\infty} \frac{c_{-n}}{z^n} \tag{8}$$

(参看第 25 小节).

有时考虑这样的偶对 $F = (U, f)$ 要方便一些, 其中的 f 在 U 上全纯, 但 U 并不是以给定点 c 为中心的最大全纯性圆盘. 简单地称这样的偶对为元, 但如果需要强调这一点时, 便称其为非典范元.

定义 2. 称元 $F = (U, f)$ 和 $G = (V, g)$ 为互为直接解析延拓是指, 如果圆盘 U 和 V 有非空交, 并在其上 $f \equiv g$.

如果元 G 的中心 b 属于 U, 则 g 经由 f 由 (7) 表达, 即由 f 的级数重新按 $(z - b)$ 的幂展得到的 g 的展开式, 但在一般情形 b 可能不会属于 U. 然而当 U, f, V 给定时, 函数 g 便被一一地决定, 这是因为它在交集 $U \cap V$ 与 f 重合 (22 小节的唯一性定理).

定义 3. 称元 $F = (U, f)$ 与 $G = (V, g)$ 互为解析延拓(没有 "直接" 二字) 是说, 如果存在元 $F_\nu = (U_\nu, f_\nu)$, $\nu = 1, \cdots, l$ 的有限长的链 (图 50), 使得 F_1 为 F 的直接解析延拓, F_l 是 G 的直接解析延拓, 每一个 F_ν 是 $F_{\nu-1}$ $(\nu = 2, \cdots, l)$ 的直接解析延拓.

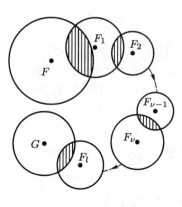

图 50

例. 元 $F_0 = (U_0, f_0)$, 其中 $U_0 = \{|z-1| < 1\}$, f_0 是在 (3) 中定义的 $\sqrt{z}$ 的那个根分支, 而 $F = (U, f)$, 其中 $U = \{|z+1| < 1\}$, f 为在 (4) 中定义的那个根分支, 它们两个都是典范的元, 这是因为在它们的边界上有 f_0 与 f 不能解析延拓的点 $z = 0$ (导数 $f_0'(z) = \frac{1}{2f_0}$ 及相似的 $f'(z)$, 当 $z \to 0$ 时无限地增大). 它们不是互为解析延拓的, 这是由于它们的圆盘甚至都不相交. 然而元 $F_1 = (U_1, f_1)$, 其中 $U_1 = \{|z-i| < 1\}$, 以及

$$f_1(z) = \sqrt{r}e^{i\varphi/2}, \quad 0 < \varphi < \pi, \tag{9}$$

显然既是 F_0 的也是 F 的直接解析延拓, 从而 F_0 与 F 互为解析延拓.

类似地, 元 $F_{-1} = (U_{-1}, f_{-1})$, 其中 $U_{-1} = \{|z+i| < 1\}$ 以及 $f_{-1}(z) = \sqrt{r}e^{i\varphi/2}$, $-\pi < \varphi < 0$ (图 51), 为 F_0 与 (5) 中定义的 G 的直接解析延拓. 所以链 F, F_1, F_0, F_{-1}, G 的存在表明元 F 和 G 相互解析延拓; 它们的圆盘重合, 但它们对应的函数差一个符号.

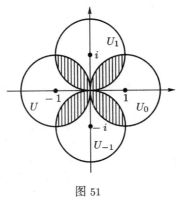

图 51

28. 单值性定理

我们还有必要了解沿一条道路进行解析延拓的概念. 不失一般性, 我们将假定, 对于这里所考虑的所有道路, 其参数都在区间 $I = [0, 1]$ 中变化.

定义 1. 典范元 $F_0 = (U_0, f_0)$ 在以这个元的中心 $a = \gamma(0)$ 为起点的沿道路 $\gamma : I \to \mathbb{C}$ 的延拓是说, 如果存在一族以 $a_t = \gamma(t)$ 为中心和非零半径的元

$$F_t = (U_t, f_t), \quad t \in I, \tag{1}$$

它们满足以下条件: 如果 $u(t_0) \subset I$ 表示 $t_0 \in I$ 的一个连通邻域, 使得对于所有的 $t \in u(t_0)$ 有 $\gamma(t) \in U_{t_0}$ (由道路的连续性, 存在这样的邻域), 则对于任意 $t \in u(t_0)$, 元 F_t 是 F_{t_0} 的直接解析延拓 (图 52).

在这个定义中, 只有 t **靠近** t_0 时, F_t 才是 F_{t_0} 的直接解析延拓, 这一点是本质性的; 如果在圆盘 U_{t_0} 中有远离 t_0 的那种点, 则尽管它的圆盘也与 U_{t_0} 相交, 它的元不必具有这些性质.

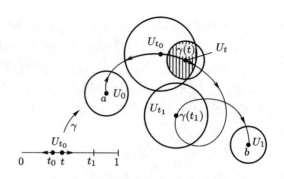

图 52

如果元 F_0 可沿 γ 延拓, 则称族 (1) 的元 F_1 (以道路的终点 $b = \gamma(1)$ 为中心) 是由 F_0 沿 γ 解析延拓得到.

首先证明沿道路延拓的**唯一性**. 为此我们约定, 两个典范元 $F = (U, f)$ 和 $G = (V, g)$ 相等 $(F = G)$ 是指, 如果 $U = V$ 且在此圆盘上 $f \equiv g$.

定理 1. 如果典范元 F_0 可沿道路 γ 延拓, 则作为它沿该道路解析延拓的结果所得到的是一个完全确定的元, 它不依赖于实现这个延拓的族的选取.

证明. 设元 F_1 与 G_1 都是由 F_0 沿 γ 得到的: 第一个是通过元的族 F_t 而第二个通过了族 G_t $(F_0 = G_0, t \in I)$. 考虑集合 $E = \{t \in I : F_t = G_t\}$; 因为它包含了点 $t = 0$ 故非空.

这个集合为开 (在 I-拓扑下). 事实上, 设 $t_0 \in E$, 即 $F_{t_0} = G_{t_0}$; 由道路的连通性, 存在邻域 $u(t_0) \subset I$ 使得对所有的 $t \in u(t_0)$, 点 $\gamma(t)$ 属于元 F_{t_0} 与 G_{t_0} 的公共收敛圆盘. 根据定义 1, 对所有 $t \in u(t_0)$, F_t 与 G_t 由相等的元 $F_{t_0} = G_{t_0}$ 的直接解析延拓得到, 从而它们重合 (它们的函数由按 $z - \gamma(t)$ 的幂重新展开 f_{t_0} 的级数得到. 参看前一小节的公式 (7)). 因此 $u(t) \subset E$.

然而 E 同时还是闭的. 事实上, 设 $t_0 \in I$ 为 E 的极限点, 而 $u(t_0)$ 为那样的邻域, 使得对于所有的 $t \in u(t_0)$ 点 $\gamma(t)$ 属于元 F_{t_0} 和 G_{t_0} 的收敛邻域中较小的那个 (记以 W). 在 $u(t_0)$ 中存在点 $t_1 \in E$, 且在此点 $F_{t_1} = G_{t_1}$. 因为 $\gamma(t_1) \in W$, 故 F_{t_1} 与 G_{t_1} 是相等元 F_{t_0} 与 G_{t_0} 的直接解析延拓. 因此在 W 与 F_{t_0} 与 G_{t_0} 的收敛圆盘的交上有 $f_{t_0} \equiv g_{t_0}$, 但这时根据 22 小节的唯一性定理知在 W 上处处有 $f_{t_0} \equiv g_{t_0}$, 从而 $F_{t_0} = G_{t_0}$, 即 $t_0 \in E$.

因此, 非空子集 $E \subset I$ 既开又闭. 由此得到 (第 4 小节) $E \equiv I$, 特别, $F_1 = G_1$.

$\square$

现在我们希望证明, 沿道路的延拓总能在有限步中实现, 也就是说, 可作为上一小节的意义下的解析延拓.

引理. 定义在沿道路 γ 解析延拓的族 (1) 中典范元 F_t 的半径 $R(t)$ 是 t 的在

区间 I 上的连续函数, 否则则恒等于无穷.

证明. 如果对于某个点 $t_0 \in I$ 有 $R(t_0) = \infty$, 则对应的函数 f_{t_0} 是个整函数, 根据唯一性定理, 于是所有的函数 f_t 全都为整函数, 即 $R(t) \equiv \infty$. 为了证明在另一种情形下的引理, 我们注意到, 两个相互为直接解析延拓的典范元 F_{t_0} 与 F_{t_1} 的圆盘之间不可能紧闭包含. 事实上, 如果, 譬如说, $U_t \Subset U_0$, 则 f_t 就在中心在 $\gamma(t)$ 的比 U_t 更大的圆盘中全纯, 至少在以此为中心而内切于 ∂U_{t_0} 的圆盘中全纯. 因此圆 ∂U_{t_0} 与 U_{t_1} 至少应有一个公共点, 并由在图 53 中所画的三角形 (如果 U_t 内切于 ∂U_{t_0}, 它退化为线段), 我们得到

$$|R(t) - R(t_0)| \leqslant |\gamma(t) - \gamma(t_0)|. \tag{2}$$

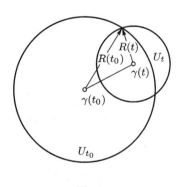

图 53

由沿道路延拓的定义, 如果 $t \in u(t_0)$, 则元 F_t 是 F_{t_0} 的直接解析延拓, 这里的 $u(t_0)$ 是在定义中提到的那个邻域. 因此 (2) 对于所有 $t_0 \in I$ 和所有 $t \in u(t_0)$ 成立; 接下来利用函数 γ 在 I 上的连续性即可.　　□

定理 2. 如果元 G 是通过 F 沿道路 γ 的解析延拓得到, 则 G 是第 27 小节的意义下的解析延拓.

证明. 设 F_t, $t \in I$ 为定义了沿 γ 延拓的元族. 如果 $R(t) \equiv \infty$, 则定理的断言平凡. 在另外的情形则由引理知, 元素 F_t 的半径 $R(t)$ 在 I 上连续, 从而存在 $\varepsilon > 0$ 使得对于所有的 $t \in I$ 有 $R(t) \geqslant \varepsilon$. 由于函数 γ 在 I 上的一致连续性, 可以选取有限个点 t_ν: $t_0 = 0 < t_1 < \cdots < t_n = 1$, 使得对于任意 $t', t'' \in [t_{\nu-1}, t_\nu]$, $\nu = 1, \cdots, n$ 有 $|\gamma(t') - \gamma(t'')| < \varepsilon$. 由沿道路延拓的定义得到, 元 $F^{(\nu)} = F_{t_\nu}$ 为元

$$F^{(\nu-1)} = F_{t_{\nu-1}} \quad (\nu = 1, \cdots, n)$$

的直接解析延拓然而 $F^{(0)} = F$, $F^{(n)} = G$, 因此 G 是元 F 的解析延拓.　　□

最后我们来证明沿道路的解析延拓对于此道路的同伦形变的**不变性**.

定理 3. 设 γ_0 与 γ_1 为具公共端点的道路, 且在保持端点不动下同伦而元 F 沿

定义了同伦 $\gamma_0 \sim \gamma_1$ 的道路 γ_s $(s \in I)$ 可解析延拓, 于是得到的 F 沿道路 γ_0 和沿道路 γ_1 的延拓结果相等.

证明. 设 $\gamma : I \times I \to \mathbb{C}$ 为定义了同伦 $\gamma_0 \sim \gamma_1$ 的函数 (参看第 7 小节), 因而 $\gamma_s(t) = \gamma(s, t)$.

以元族 G_t^s 表示 F 沿道路 γ_s 的解析延拓, 而以 $G^s = G_1^s$ 表示这个延拓的结果. 我们来证明, 在定理的条件下, G^s 在 s 的充分小的改变时不变, 因此由区间 I 的连通性得到 G^s 不依赖于 s, 即 $G^0 = G^1$, 从而得到所要求的.

由于函数 γ 在 $I \times I$ 上的一致连续性, 所有元 G_t^s 的半径均不小于某个 $\varepsilon > 0$. 由同一个理由, 对于任意的 $s_0 \in I$ 可以找到邻域 $u(s_0) \subset I$, 使得对于每个 $s \in u(t_0)$ 及所有的 $t \in I$ 有

$$|\gamma(s, t) - \gamma(s_0, t)| < \varepsilon/2. \tag{3}$$

进而, 像在定理 2 中那样, 可以找到点 $t_\nu \in I$, $(\nu = 0, \cdots, n)$ 使得对于所有 $t', t'' \in [t_{\nu-1}, t_\nu]$ 和所有的 $s \in u(s_0)$ 有

$$|\gamma(s, t') - \gamma(s, t'')| < \varepsilon/2, \tag{4}$$

并记 $z_\nu^0 = \gamma(s_0, t_\nu)$, $z_\nu = \gamma(s, t_\nu)$ (图 54). 为简便计, 记 $G_{t_\nu}^s = G_\nu^s$, $G_{t_\nu}^{s_0} = G_\nu^{s_0}$.

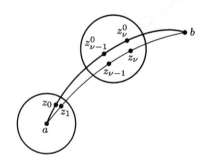

图 54

显然, $G_1^{s_0}$ 和 G_1^s 相互为直接解析延拓: 由 (4) 我们有 $|z_1^0 - a| < \varepsilon/2$ 及 $|z_1 - a| < \varepsilon/2$, 使得由 F 得到的这两个元, 像上一小节所说的那样重新展开级数. 进行归纳论证, 我们假设 $G_{\nu-1}^{s_0}$ 和 $G_{\nu-1}^s$ 相互为直接解析延拓; 于是, 因为由 (3) 有 $|z_{\nu-1} - z_{\nu-1}^0| < \varepsilon/2$, 故 $G_{\nu-1}^s$ 也由 $G_{\nu-1}^{s_0}$ 重新展开级数得到. 由构造, $G_\nu^{s_0}$ 和 G_ν^s 分别是元 $G_{\nu-1}^{s_0}$ 和 $G_{\nu-1}^s$ 的直接解析延拓. 然而由 (3) 和 (4) 我们有 $|z_\nu^0 - z_{\nu-1}^0| < \varepsilon/2$ 和 $|z_\nu - z_{\nu-1}^0| \leqslant |z_\nu - z_\nu^0| + |z_\nu^0 - z_{\nu-1}^0| < \varepsilon$, 因此 $G_\nu^{s_0}$ 和 G_ν^s 由 $G_{\nu-1}$ 经由重新展开级数得到, 就是说, 它们相互是直接解析延拓. 于是由归纳, 所有的元 $G_\nu^{s_0}$ 和 G_ν^s $(\nu = 1, \cdots, n)$ 相互均为直接解析延拓, 而因为 $G_n^{s_0}$ 与 G_n^s 还有公共的中心 (点 b), 故它们相等. □

注. 如果即便沿定义同伦 γ_0 和 γ_1 的 γ_s 中有一条道路元 F 不能延拓, 则它沿

γ_0 和 γ_1 延拓的结果可能就是不同的. 事实上, 设 γ_0 和 γ_1 为 $\{|z| = 1\}$ 的上半圆和下半圆. 它们显然是同伦的, 而它们的同伦可由通过点 ± 1 的圆弧 γ_s, $0 \leqslant s \leqslant 1$ 实现 (图 55). 设为确定起见, 以 $\gamma_{1/2}$ 表示线段 $[1, -1]$.

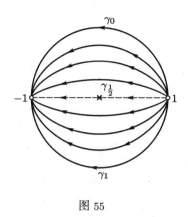

图 55

元 $F_0 = (U_0, f_0)$ 为在第 27 小节中考察过的例子, 其中 $U_0 = \{|z - 1| < 1\}$, 而 f_0 为满足条件 $-\pi/2 < \arg z < \pi/2$ 的 $\sqrt{z}$ 的分支, 它沿着任意弧 γ_s, $s \neq 1/2$ (如上面所说, 对于这样的延拓只要 $\arg z$ 沿该弧连续变化即可). 沿线段 $\gamma_{1/2}$ 则不能解析延拓, 这是因为它包含了点 $z = 0$ (参看 27 小节末尾的例子). 由于这个原因, 定理 3 不能使用, 而沿 γ_0 和 γ_1 的延拓实际上导出了不同的元: 在 27 小节末尾的例子中表出的 F 和 G. 事实上, 沿所有道路 γ_s, $0 \leqslant s < 1/2$ 都导出元 F, 而对所有道路 γ_s, $1/2 < s \leqslant 1$ 则都导出 G.   #

在单连通区域 D, 任意具公共端点的道路都同伦. 因此有定理 3 特别可以推出

定理 4. 如果元 F_0 沿单连通区域 D 任一条道路均可解析延拓 (起点在 F_0 的中心), 则它沿 D 中道路延拓的结果不依赖于道路的选取, 而由道路的终点唯一决定.

通常称这个定理为单值性定理(希腊文 δρομος: 赛跑的地方). 也可以称它为狭义的单值性定理, 而把不加修饰词的留给更一般的定理 3.

§9. 解析函数

上一节所描述的解析延拓的理论, 让我们能够摆脱模糊不清和纠结的状态, 清晰地引进多值函数的概念; 我们在前面已经说过这件事了. 作为一个基础概念的解析函数, 从现代观点看来, 它不是很合适的一个词汇, 因为它描述的并不是一个函数, 而完全是另外一个对象, 即相互为解析延拓的元的集合.

29. 解析函数的概念

我们采用

定义 1. 解析函数的是个典范元的集合 $\mathscr{F}$, 其中的这些典范元是由某一个元 $F = (U, f)$ 沿由元 F 的中心 a 出发的全部道路的所有可能的解析延拓得到的.

显然, 这个概念不依赖于初始元 F 的选取. 事实上, 设 $G = (V, g)$ 为属于解析函数 $\mathscr{F}$ 的任一个元. 于是 G 由 F 经沿一条道路 γ 解析延拓得到. 然而, F 也由 G 通过沿道路 γ^- 的解析延拓得到, 而任意其他的由 F 通过沿道路 λ 解析延拓得到的元 H, 也可以由 G 通过沿道路 $\gamma^- \cup \lambda$ (道路连接的定义可参看 15 小节) 的解析延拓得到.

据此, 只要把解析函数的元直接列举出来就可以给出这个解析函数了: $\mathscr{F} = \{F_\alpha\}_{\alpha \in A}$, 其中 A 是个任意的指标集合. 有时称在定义 1 中引进的那个对象为完全的解析函数, 而解析函数则指 $\mathscr{F}$ 的元的任意一个子集; 它的意义在于, 这个子集的任意两个元可相互解析延拓.

定义 2. 两个解析函数被认为是相等的是说, 如果它们具有至少一个公共元. (由沿道路延拓的唯一性定理, 于是它们所有相应的元相互相等.)

属于解析函数 $\mathscr{F}$ 的元的圆盘的并 $D = \bigcup_{\alpha \in A} U_\alpha$ 是一个区域. 事实上, D 的开性质是显然的, 而连通性可如下得到: 对于任意两个点 z', $z'' \in D$, 考虑 $F_{\alpha'}$ 与 $F_{\alpha''}$ (使得 z' 和 z'' 分别属于它们的圆盘); 按照第 28 小节的定理 2, 那些实现了元 $F_{\alpha'}$ 和 $F_{\alpha''}$ 的链中元的圆盘的并中, 有连接 z' 和 z'' 的折线.

如果区域 D 是**单连通**的, 且某个元 $F_0 = (U_0, f_0)$, $U_0 \subset D$ 沿 D 中所有道路均可解析延拓, 则所有由 F_0 沿 D 中道路的解析延拓组成了一个解析函数 $\mathscr{F}$; 按照上一小节的单值性定理, 它就是通常 D 中的全纯函数: 在每个点 $z \in D$, 所有其圆盘包含了 z 的元 $F \in \mathscr{F}$ 是恒同的. 而在一般情形, 并不满足单值性定理的条件, 故就不再如此: 属于解析函数 $\mathscr{F}$ 的不同元在同一点的值可以不相同 (多次讨论过的前面小节的 $\sqrt{z}$ 可以充作例子). 在这时我们说, $\mathscr{F}$ 是在 D 中的多值解析函数.

然而, 即便 $\mathscr{F}$ 在 D 中多值, 也可以有子区域 $G \subset U$, 使得沿 G 中的道路 $\mathscr{F}$ 的元的延拓给出单值, 从而是 G 中的全纯函数[①]. 称这样的函数为解析函数 $\mathscr{F}$ 的一个分支. 例如, 如果存在沿着 G 中整条道路延拓的元 $F \in \mathscr{F}$, 其中 $G \subset D$ 是一个任意的单连通子区域, 则分支 $\mathscr{F}$ 可以按单值化定理被分离出来(特别的, 该分支可以在元 $(U, f) \in \mathscr{F}$ 的任意圆盘中被分离出, 即函数 f).

对于多值函数, 有那样的点, 它属于该函数的元的不同圆盘, 而这些元在这个点有不同的值. 在一个固定点, 一个解析函数可以取多少个值? 以下定理给出了这个问

[①]我们注意, 沿那些越出 G 范围的道路的延拓可以引向在点 $z \in G$ 的不同的值. 参看前面小节的例子.

题的回答.

定理 1 (庞加莱–沃尔泰拉)[①]. 解析函数在一个固定点最多是以该点为中心的一个可数的不同元集合.

证明. 设此解析函数由初始元 F_0 定义, 其中心为 a, 而 z 为区域 D 中的任一点, 其中 D 由从 F_0 的延拓得到的元的圆盘形成. 根据 28 小节的定理 2, 任何属于这个函数的中心在点 z 的元 F 可以通过中心在 $a, z_1, \cdots, z_{n-1}, z$ 的有限个元的链得到, 在其中, 每个后面的元都是前一个的直接解析延拓.

不失一般性, 可以假设点 z_ν, $(\nu = 1, \cdots, n-1)$ 为有理点 (即 $\mathrm{Re}\, z_\nu$ 和 $\mathrm{Im}\, z_\nu$ 为有理数). 事实上, 设开始时元 F'_ν 的中心 z'_ν $(\nu = 1, \cdots, n-1)$ 为任意. 在每点 z'_ν 的适当小的邻域中取有理点 z_ν, 并替换 F'_ν 为它的中心在 z_ν 的直接解析延拓 F_ν. 显见 (参看 28 小节的定理 3 的证明), 当 $|z'_\nu - z_\nu|$ 充分小时, 沿新的链的延拓结果与老的相同.

还需注意到, 元 F 的中心在有理点的所有可能的直接解析延拓 F_1 的集合是可数的, 而且元 $F_2, \cdots, F_{n-1}$ 的这种集合也同样如此. 因为给出了 F_{n-1} 和点 z 便一一地确定了元 F (虽然不同的 F_{n-1} 可以给出同一个 F), 故所有可能的元 F 的集合最多可数.　　□

我们将在下一小节引进一个解析函数的例子, 它与区域 D 的点相关联的值的集合是 (可数) 无穷的.

在研究解析函数时, 将上面采用的元的概念加以推广是有用的. 就是说, 对于解析函数 $\mathscr{F}$ 的元, 可理解为偶对 $F = (D, f)$, 其中 $D \subset \overline{\mathbb{C}}$ 为任一区域, 而 f 是 $\mathscr{F}$ 在这个区域中的一个分支中的全纯函数 (当然, 假定在 D 中全纯分支存在). 直接称任一个偶对 (D, f), $f \in \mathcal{O}(D)$ 为解析元. 我们说两个这样的元 (D, f) 和 (G, g) 相互直接解析延拓是指, 如果交 $D \cap G \neq \varnothing$, 且至少在此交的一个连通分支中 $f \equiv g$ (在交的其他连通分支中, 如果有的话, 函数 f 和 g 不必相等; 见图 56).

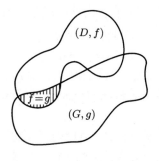

图 56

①这个定理于 1888 年由庞加莱和意大利数学家沃尔泰拉 (V. Volterra, 1860—1940) 独立发表.

对于元的圆盘, 解析延拓 (没有 "直接" 二字) 也同样要定义; 参看 27 小节的定义 3.

另一方面, 引进摆脱具体区域选取的概念是有用的. 为此, 引进

定义 3. 称两个在它们的区域中都包含了点 $a \in \overline{\mathbb{C}}$ 的元 (D, f) 和 (G, g) 为在点 a 等价是说, 如果存在该点的邻域, 在其中有 $f \equiv g$[①]. 称在点 a 等价于 (D, f) 的元的集合为它在此点一个解析函数芽, 记为 $\boldsymbol{f}_a$.

芽的概念的意义在于它是元概念的**局部化**: 不是考虑一个固定的元, 而是考虑等价于它的所有元的类 (在其中, 它们的区域可以任意地小), 从而我们突出的是, 更广泛地将等价的元联合在一起. 因此, 芽特征地刻画了函数在所考虑的点上的局部性质. 显然, 芽 $\boldsymbol{f}_a$ 可恒等于复数 $f^{(k)}(a)$ 的全体, 它们刻画了 f 在点 a 的泰勒展开式的系数.

按照所给出的解析函数的芽 $\boldsymbol{f}_a$, 则可以完全决定这个函数: 只要取代表 $\boldsymbol{f}_a$ 的任一个元 (D, f) 就可以了, 并也可以由它实现它的所有可能的解析延拓. 反之, 每个在任意点 z 的解析函数连同属于它的元的区域可以等同于芽 $\boldsymbol{f}_z$ 的集合: 这些元在点 z 的等价类 (根据定理 2, 这个集合不大于可数). 因此, 解析函数可以看作属于它的芽的那个集合 (它的更详细的情形可参看本章末尾).

在固定点 z 上的解析函数的芽可进行通常的分析运算. 那么, 对于芽 $\boldsymbol{f}_z$ 的导数 $\boldsymbol{f}'_z$ 可理解为等价于 (D, f') 的元的类, 其中 (D, f) 是类 $\boldsymbol{f}_z$ 的任一个代表元 (显然, $\boldsymbol{f}'_z$ 不依赖于代表元的选取). 相似地, 可定义和 $\boldsymbol{f}_z + \boldsymbol{g}_z$ 与积 $\boldsymbol{f}_z \cdot \boldsymbol{g}_z$ (例如 $\boldsymbol{f}_z + \boldsymbol{g}_z$ 是等价于 $(U, f + g)$ 的元的类, 其中 (D, f) 与 (G, g) 分别代表了 $\boldsymbol{f}_z$ 和 $\boldsymbol{g}_z$, 使得 $D \cap G$ 包含了邻域 $U \ni z$). 分式 $\boldsymbol{f}_z / \boldsymbol{g}_z$ 不总是有定义: 它对于那些在点 z 取 0 的芽 $\boldsymbol{g}_z$ 没有定义.

因此, 在固定点 z 的解析函数的芽在代数上是个环. 我们将它以同样的符号 $\mathcal{O}_z$ 表示, 它是一个在点 z 的全纯函数的环 (参看第 6 小节): 本质上它们是同一个对象.

对于解析函数 (而不是它们的芽) 这些运算并不总有定义; 例如考虑两个解析函数的加法运算. 首先必须要有可能选出这些函数的具有公共定义区域的元, 设为 (D, f) 和 (D, g). 属于这些元的全纯函数 f 和 g 是所考虑的在区域 D 的解析函数的分支: 这时便可以进行加, 并记为元 $(D, f + g)$. 由 $(D, f + g)$ 通过所有可能的解析延拓得到的元的集合, 构成了新的解析函数, 自然可以将其认为是原来两个解析函数的和. 但是这样的定义应该不是**合理的**, 即不依赖于初始元的选取, 而这个条件不是总能满足的.

举例来说, 上面所考虑的函数 $\sqrt{z}$, 按照单值性定理, 容许在任一不包含 $z = 0$ 的单连通区域 $D \subset \mathbb{C}$ 上分出两个分支, 而这两个分支 f_1 和 f_2 只相差一个符号. 对于作为元的和 $\sqrt{z} + \sqrt{z}$ 的分支的不同选取, 我们可以得到 $(D, 2f_1)$, $(D, 2f_2)$ 和 $(D, 0)$,

---

①显然, 这个关系满足通常的等价性公理.

并且如果头两个元将给出同一个解析函数, 则可以用 $2\sqrt{z}$ 表示它, 那么第三个元则给出了另一个函数, 它恒等于 0. 所以运算 $\sqrt{z} + \sqrt{z}$ 应该是没有定义的.

我们注意到, 如果解析函数加全纯函数或乘以它们, 则合理性的要求肯定可以得到满足. 全纯函数复合上解析函数仍具有合理性, 譬如, 定义了诸如 $e^{\sqrt{z}}$ 或 $\cos\sqrt{z}$ 之类的解析函数 (容易看出, 后面的那个甚至是个全纯函数).

30. 初等函数

这里我们将考虑重要的多值解析函数的例子.

1. 根式. 对于 z 的 n 次根式 (n 为自然数), 我们理解为解析函数

$$w = \sqrt[n]{z}, \tag{1}$$

它用以下方式定义. 在去掉负半轴的平面 $\overline{\mathbb{C}}$, 即 $D_0 = \mathbb{C} \setminus \mathbb{R}_-$ 上考虑函数

$$f_0(z) = \sqrt[n]{r}\, e^{i\frac{\varphi}{n}}, \quad -\pi < \varphi < \pi \tag{2}$$

(我们令 $z = re^{i\varphi}$). 它在 D_0 连续并相互一一地将 D_0 映射到复平面 $w = \rho e^{i\psi}$ 的扇形 $D_0^* = \{-\pi/n < \psi < \pi/n\}$ 上 (图 57). 因为 $w^n = z$, 故根据反函数的微分法则, 对于所有 $z \in D_0$ 存在导数

$$f_0'(z) = \frac{1}{n\{f_0(z)\}^{n-1}} \tag{3}$$

(参看 27 小节的第一个脚注). 所以偶对 $F_0 = (D_0, f_0)$ 是个解析元. 称通过这个元的解析延拓得到的解析函数为 z 的 n 次根式.

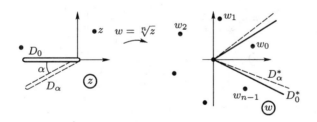

图 57

这样的延拓可以用, 譬如, 以下的方式描述. 考虑区域 $D_\alpha = \{-\pi + \alpha < \varphi < \pi + \alpha\}$ 以及在其上的全纯函数

$$f_\alpha(z) = \sqrt[n]{r}\, e^{i\varphi/n}, \quad -\pi + \alpha < \varphi < \pi + \alpha. \tag{4}$$

显然, 元 $F_\alpha = (D_\alpha, f_\alpha)$ 对于所有的 $\alpha \in \mathbb{R}$ 是元 (D_0, f_0) 的解析延拓 (对 $|\alpha| < \pi$ 为直接延拓). 这些元 F_α 的集合描述了我们的函数.

取这些元的区域的并 $D = \bigcup_{\alpha \in \mathbb{R}} D_\alpha$, 显然, 可作为去掉点 $z = 0$ 和 $z = \infty$ (它是唯一属于所有 D_α 的边界而不属于任一个 D_α 的点) 的平面 $\overline{\mathbb{C}}$.

可以借助于典范元定义这个函数. 我们取中心在点 $z = 1$ 圆盘 $U = \{|z-1| < 1\}$

作为初始元 G_0, 而在其上的全纯函数

$$g_0(z) = \{1 + (z-1)\}^{1/n} = \sum_{k=0}^{\infty} \frac{1}{k!} \cdot \frac{1}{n}\left(\frac{1}{n}-1\right)\cdots\left(\frac{1}{n}-k+1\right)(z-1)^k \tag{5}$$

(我们曾注意到, 对正的 $z = x$, 函数 $g_0(x) = \sqrt[n]{x}$, 可以利用这个实函数的二项式展开并拓展这个展开从线段 $(0, 2)$ 到圆盘 U).

元 $G_0 \sim F_0$, 这是因为当 $z = x \in (0, 2)$, 我们有 $r = x$, $\varphi = 0$, 从而 $f_0(x) = g_0(x) = \sqrt[n]{x}$, 而因为两个函数 f_0 与 g_0 都在 U 中全纯, 故由唯一性定理, 对于所有 $z \in U$ 有 $f_0(z) = g_0(z)$. 根据前一小节的定义 2, 由元 F_0 与 G_0 定义的解析函数相同.

解析函数 $w = \sqrt[n]{z}$ 对于每个点 $z_0 \in D$ 正好具有 n 个不同的值. 事实上, 所有属于元 F_α 的全纯函数 (我们的解析函数的分支) 均由公式

$$w = \sqrt[n]{r_0}e^{i\frac{\varphi_0 + 2k\pi}{n}} \tag{6}$$

定义, 其中 $r_0 = |z_0|$, φ_0 是 $\arg z_0$ 的可能的值中的一个, 而 k 为任一整数. 令 $w_0 = \sqrt[n]{r_0}e^{i\frac{\varphi_0}{n}}$. 我们看出, w 的所有其他的值与 w_0 相差一个因子 $e^{i\frac{2\pi}{n}k}$, 而这些因子 (1 的 n 次根) 可由向量 1 旋转 $\frac{2\pi}{n}$ 的倍数角得到, 即具有 n 个不同的值. 因此, 在 (6) 的值中间只有 n 个不同的值 $w_0, w_1, \cdots, w_{n-1}$, 它们由在 (6) 中令 $k = 0, 1, \cdots, n-1$ 得到. 这些值被安排在中心在点 $w = 0$ 的正 n 边形的顶点上, 它的顶点之一作为了点 w_0 (参看图 58).

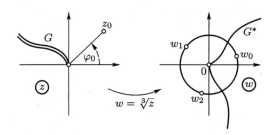

图 58

最后对于解析函数 $\sqrt[n]{z}$ 的分支, 即属于它的元 (不一定出自 $\mathscr{F}_\alpha$) 的全纯函数说几句话.

根据单值性定理 (28 小节), $\sqrt[n]{z}$ 的分支可在不包含点 $z = 0$ 和 $z = \infty$ 的单连通域 G 中分离出来. 具有连接着两个点的任意切口的平面可以作为这样的例子 (区域的边界应是连通的). 在图 58 上显示了那样的一个区域 G 及其在 $\sqrt[3]{z}$ 的一个分支的映射下的像 G^*; 其他的两个分支将 G 映到了区域 $e^{\frac{2\pi i}{3}}G^*$ 和 $e^{\frac{4\pi i}{3}}G^*$, 即由 G^* 旋转角 $\frac{2\pi}{3}$ 和 $\frac{4\pi}{3}$ 得到.

一般来说, $\sqrt[n]{z}$ 的分支可以在任一不包含围绕点 $z = 0$ 的闭道路的区域中挑出来. 事实上, 绕这样的也只有这样的道路时, $\arg$ 的量改变了 2π 的倍数, 从而任意元

沿它们的解析延拓才可以产生出其他的元. 在满足上述条件的区域中, 可以挑出我们的解析函数的 n 个不同分支. 这样的分支的每一个都相互差一个因子 $e^{i2\pi k/n}$, 并完全被所指出的它被定义的区域和在此区域中一个点的取值刻画 (举例来说, 可以谈及 $\sqrt[3]{z}$ 的定义在切去负半轴的平面 $\mathbb{C}$, 并在点 $z=1$ 等于 1 的那个分支; $\sqrt[3]{z}$ 的其他的两个分支在此区域当 $z=1$ 分别取值 $e^{\frac{2\pi i}{3}}$ 和 $e^{\frac{4\pi i}{3}}=e^{-\frac{2\pi i}{3}}$).

对于根式可以进行在上一小节末尾所谈及到的那种意义下的运算. 特别, 可合理地定义导数

$$\left(\sqrt[n]{z}\right)' = \frac{1}{n(\sqrt[n]{z})^{n-1}} = \frac{\sqrt[n]{z}}{nz}, \tag{7}$$

它也是个解析函数.

习题 1. 证明, $\sqrt{(1-z^2)(1-k^2z^2)}$, $0<k<1$ 在 $\bar{\mathbb{C}}\setminus[-1/k,1/k]$ 上可以挑出分支. 考虑在 $z=x>1/k$ 取正值的那个分支; 它在切口 $[-1/k,1/k]$ 的上和下边以及在射线 $(-\infty,-1/k)$ 取什么样的值?

习题 2. 将第 2 小节一个脚注中的邦贝利关系做出更准确的解释. #

2. 对数. 复变量 z 的对数

$$w = \operatorname{Ln} z \tag{8}$$

可以定义为一个初始元的解析延拓, 这个初始元是由区域 $D_0 = \{-\pi < \varphi < \pi\}$ 及在它上给出的函数

$$w = \ln z = \ln r + i\varphi, \quad -\pi < \varphi < \pi \tag{9}$$

组成, 称这个初始函数为对数的主分支 (与前面一样, 我们令 $z = re^{i\varphi}$). 函数 (9) 几何地将 D_0 映射成带状区域 $D_0^* = \{w : -\pi < \operatorname{Im} w < \pi\}$ (图 59), 而因为由指数函数的性质 (13 小节) 得出 $e^w = e^{\ln r} \cdot e^{i\varphi} = z$, 即函数 (9) 逆于指数函数, 故而由反函数的微分法则, 在点 $z_0 \in D_0$ 存在

$$\frac{d}{dz}(\ln z) = \frac{1}{e^w} = \frac{1}{z}. \tag{10}$$

因此, 元 $F_0 = (D_0, \ln z)$ 是解析的.

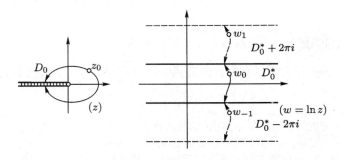

图 59

元 F_0 的解析延拓, 像前面一样, 可以借助于一族元 F^α ($\alpha \in \mathbb{R}$) 来定义, 它们由区域 $D_\alpha = \{-\pi+\alpha < \varphi < \pi+\alpha\}$ 以及在它上面的全纯函数 $f_\alpha(z) = \ln r + i\varphi$, $-\pi+\alpha < \varphi < \pi+\alpha$ 组成. 像前面那样, 将这些元的区域做并集, 成为去掉点 $z = 0$ 和 $z = \infty$ 的 $\overline{\mathbb{C}}$ 平面.

也可借助于典范元定义 $\mathrm{Ln}\, z$. 作为起始元可以取圆盘 $U = \{|z-1| < 1\}$ 以及在它上全纯的函数

$$\ln z|_U = \sum_{n=1}^{\infty} (-1)^{n-1} \frac{(z-1)^n}{n} \tag{11}$$

(它由实函数

$$\ln x = \ln\{1 + (x-1)\} = \sum_{n=1}^{\infty} (-1)^{n-1} \frac{(x-1)^n}{n}$$

在直径为 $(0, 2)$ 圆盘 U 上的解析延拓得到的). 元 $(D_0, \ln z)$ 与 $(U, \ln z|_U)$ 等价.

解析函数 $\mathrm{Ln}\, z$ 在每个点 $z_0 \in D = \cup D_\alpha$ 具有一个值的可数集合, 它们由公式

$$w = \ln r_0 + i(\varphi_0 + 2k\pi) \tag{12}$$

定义, 其中 $r_0 = |z_0|$, φ_0 为 $\mathrm{Arg}\, z_0$ 的可能值中的一个, 而 k 为任意的整数. 它们全都不同并位于竖直直线 $\mathrm{Re}\, w = \ln r_0$, 相互距离为 2π 的整数倍 (参看图 59). 所有这些数都可认为是数 z_0 的对数; 因此, 除了 $z = 0$, 每个有限的复数都有无限多个对数.

像 $\sqrt[n]{z}$ 一样, 可以在不包含任何围绕点 $z = 0$ 的闭道路的区域 G 中挑出解析函数 $\mathrm{Ln}\, z$ 的分支. 事实上沿这样的也只有这样的道路的延拓才可能将典范元转变为其他具有同一中心的而不同于原来的元. 在每个满足所说条件的区域 G, 可以挑出 $\mathrm{Ln}\, z$ 的无穷多个分支, 它们相互相差一些常数项, 即 $2\pi i$ 的整数倍. 因此, 像 $\sqrt[n]{z}$ 那样, $\mathrm{Ln}\, z$ 的分支一一地由指出所要考虑的分支的区域, 以及在它中间一个点的取值决定[1].

对于对数可以进行在第 29 小节中的那种意义的运算. 特别, 对数的导数

$$(\mathrm{Ln}\, z)' = 1/z \tag{13}$$

原来是个在区域 D 上的全纯函数 (对数的所有分支具有同一个导数). 函数

$$e^{\mathrm{Ln}\, z} \equiv z \tag{14}$$

全纯. 其意义可以解释为, 对数是逆于指数的函数[2].

习题. 证明, 任意不具有零点的整函数可以有形如 $f = e^g$ 表示, 其中 g 是某个整函数. #

---

[1]这并不对所有的解析函数都对. 例如, 解析函数 $e^{\sqrt{z}}$ 在点 $z_0 = -\pi^2$ 有两个不同的分支, 它们分别对应两个值 $\sqrt{z_0} = \pm\pi i$; 但这两个分支在 z_0 的值 $e^{\pm\pi i}$ 相同.

[2]更准确地说, 在 (14) 的右端是个限制在区域 D 上的函数, 这是因为左端在点 $z = 0$ 和 $z = \infty$ 没有定义.

对于对数的代数运算情形就不是这样满意了. 举例来说, "恒等" 式

$$\operatorname{Ln} z + \operatorname{Ln} z = 2\operatorname{Ln} z$$

是不正确的! 事实上, 这个等式的左端没有定义 (参看第 29 小节).

我们将在提及一场关于对数问题的争论来结束处理对数的这一段落. 这场争论激烈地发生在 1712 年到 1713 年, 这出现在当时的两位著名的数学家约翰. 伯努利和莱布尼茨[①] 之间关于负数的对数的通信里. 伯努利断言它们是实数, 并且 $\ln(-x) = \ln x$. 这里是他给出这个断言的一个理由: 由等式 $(-x)^2 = x^2$ 得到, $2\ln(-x) = 2\ln x$. 莱布尼茨则断言负数的对数是个虚数, 并且等式 $\ln(-x) = \ln x$ 不成立, 特别, $\ln(-1) \neq 0$. 这里是莱布尼茨用到这个断言上的理由之一: 如果在展开式

$$\ln(1 + x) = x - \frac{x^2}{2} + \frac{x^3}{3} - \cdots$$

中代入 $x = -2$, 则得到等式

$$\ln(-1) = -1 - \frac{1}{2} - \frac{1}{3} - \cdots,$$

其中的项全为负, 从而 $\ln(-1) \neq 0$.

在 1749 年, 欧拉加入了这场争论. 他发表文章, 在其中他断言, 争论的任何一方都不对. 特别他对伯努利的论证做了如下反驳. 由等式 $(x\sqrt{-1})^4 = x^4$ 使用相似的方法可以得出结论: $\ln x + \ln \sqrt{-1} = \ln x$, 即有 $\ln \sqrt{-1} = 0$. 但就是伯努利自己却发现了 $\frac{\ln \sqrt{-1}}{\sqrt{-1}} = \frac{\pi}{2}$, 而后面的等式是不容置疑的, 欧拉写道. 这是因为 " 有充分的理由表明这个发现是最可靠的分析工具". 对于莱布尼茨的上述理由, 欧拉也认为是不可信的. 他给出了下面的例子: 如果在展开式

$$\frac{1}{1 + x} = 1 - x + x^2 - x^3 + \cdots$$

中一次令 $x = -3$, 而另一次令 $x = 1$, 并将结果相加. 则得到等式 $0 = 2 + 2 + 10 + 26 + \cdots$, 在它的左端等于 0, 然而, 如欧拉所写, "右端表明不为零".

在上面提到的那篇文章里, 欧拉提出了所争论问题的一个正确解答: 负数 (其他还有复数) 的对数是个无穷多个值的集合. 他的论证是很有趣的. 值 $y = \ln x$ 由方程 $x = e^y = (1 + \frac{y}{i})^i$ 定义, 其中 i 为. "无穷大的数"(欧拉的用词). 由此得到 $y = i(x^{1/i} - 1)$, 而数 $x^{1/i}$ 是 " 具有无穷大指数的根", 从而具有无穷多个值, 一般来说, 是复数.

同样有趣的是, 在 1761 年达朗贝尔在这场争论中站在了伯努利一边, 反对莱布尼茨和欧拉.

3. 反三角函数. 它可以通过根式和对数简单地表达. 譬如, 我们来求对于反余弦的这样的表达式. 解方程 $\cos w = z$, 或者 $\frac{1}{2}(e^{iw} + e^{-iw}) = z$, 或者, 最后为

$$e^{2iw} - 2ze^{iw} + 1 = 0.$$

[①]关于这方面的更详细的情形可以阅读 А. И. Маркушевич 的书《解析函数论的历史概述》(М.–Л.: Физматгиз, 1951); 我们在这里使用了他的叙述.

这个对于 e^{iw} 的二次方程, 我们求出

$$e^{iw} = z + \sqrt{z^2 - 1}$$

(我们在这里没有写出通常的符号 ±, 这是因为根据我们的平方根定义, 故而具有两个值). 还要注意, 由后面的这个等式得到

$$w = \operatorname{Arccos} z = i \operatorname{Ln}(z + \sqrt{z^2 - 1}) \tag{15}$$

(我们将 i 而不是像似乎应该地那样将 $1/i$ 放在对数之前, 是由于有关系式 $\frac{1}{z+\sqrt{z^2-1}} = z - \sqrt{z^2-1}$, 对数前的符号改变归结为在根号前的符号改变, 而后者同样具有这两个值).

对于其他的反三角函数成立类似的表达式, 例如

$$\operatorname{Arcsin} z = -i \operatorname{Ln}(iz + \sqrt{1 - z^2}),$$

$$\operatorname{Arctan} z = \frac{1}{2i} \operatorname{Ln} \frac{1 + iz}{1 - iz}. \tag{16}$$

公式 (15) 和 (16) 使我们想起了熟悉的反双曲函数的公式, 这并不奇怪, 因为在复分析中, 三角函数与双曲函数是直接相关的 (参看第 14 小节).

反三角函数是解析函数, 并且在公式 (15) 和 (16) 中, 运算必须像上面通常那样 (借助于分支) 来理解; 它们的定义是合理的.

4. 广义的幂函数. 这是指 $w = z^a$, 其中 a 是任意的复数, 它由关系式

$$w = z^a = e^{a \operatorname{Ln} z} \tag{17}$$

定义, 是一个解析函数. 对于**实的**指数 $a \in \mathbb{R}$, 可以区分为三种情形:

(a) a 为整数. 在这种情形, 函数 (17) 为单值: 对数函数的多值性被指数函数的周期性消去. 所以该函数当 $a > 0$ 在 $\mathbb{C}$ (去掉点 $z = 0$) 上全纯, 而当 $a < 0$ 在 $\overline{\mathbb{C}} \setminus \{0\}$ (去掉点 $z = \infty$) 上全纯.

(b) $a = p/q$ 为有理数 (我们假设其为既约的). 这里对数的多值性部分地被指数函数的周期性消去, 函数 (17) 对于每个点 $z \neq 0, \neq \infty$ 给出相应的 q 个不同的值. 它们等同于解析函数 $w = \sqrt[q]{z^p}$.

(c) a 为无理数. 这里相互之间相差 $2a\pi i$ 整数倍的 $a \operatorname{Ln} z$ 对应于 $e^{a \operatorname{Ln} z}$ 的不同值. 在前面情形所观察到的消去情形不再发生, 而函数 (17) 对于每个 $z \neq 0, \neq \infty$ 给出相应的可数个值的集合.

现在设 $a = \alpha + i\beta$, $\beta \neq 0$, **不是实数**. 简单地表示为

$$z^a = e^{(\alpha + i\beta)[\ln r + i(\varphi + 2k\pi)]} = e^{\alpha \ln r - \beta(\varphi + 2k\pi)} e^{i[\beta \ln r + \alpha(\varphi + 2k\pi)]}$$

(其中令 $z = re^{i\varphi}$, 而 k 为任意整数). 这表示, 在这种情形下对于每个复数 $z \neq 0, \neq \infty$, 这个函数具有可数个值的集合, 它们的模 $r^\alpha e^{-\beta\varphi} e^{-2k\pi\beta} = \rho_0 e^{-2k\pi\beta}$ 构成双向无穷的几何级数, 公比为 $q = e^{-2\pi\beta}$, 而幅角 $\beta \ln r + \alpha\varphi + 2k\pi\alpha = \psi_0 + 2k\pi\alpha$ 当 $\alpha \neq 0$ 时是双向无穷的算术级数, 公差 $d = 2\pi\alpha$; 当 $\alpha = 0$ 时, 幅角都相等.

例如[1],

$$i^i = e^{i \operatorname{Ln} i} = e^{i(i\frac{\pi}{2} + 2k\pi i)} = e^{-(\frac{\pi}{2} + 2k\pi)} \quad k = 0, \pm 1, \cdots. \tag{18}$$

5. 广义的指数函数. 它是 $w = a^z$, 其中 $a \neq 0, \neq \infty$ 为任意复数, 由关系式

$$w = a^z = e^{z \operatorname{Ln} a} \tag{19}$$

定义. 这里采用了在某些地方**不甚合适**的词汇. 事实上, (19) 不是在通常语义下的函数, 这是因为 $\operatorname{Ln} a = \ln |a| + i \arg a + 2k\pi i$ $(k = 0, \pm 1, \cdots)$ 取无穷多个值, 因而 a^z (对 z 非整数) 为多值, 但它不是解析函数, 这是因为, 如果从对数的值中选出一些给它, 得到的一些元将不是相互解析延拓的.

因此, a^z 应该作为不同的 (整) 函数

$$e^{z(\ln |a| + i \arg a)} e^{2k\pi z} \quad (k = 0, \pm 1, \cdots)$$

的集合来考虑.

习题. 证明, 对于正的 x, 由公式 $f(x) = x^x$ 给出的函数可全纯延拓到去掉射线 $(-\infty, 0)$ 的平面 $\mathbb{C}$ 上; 求值 $f(i)$ 和 $f(-i)$. #

31. 奇点

在第 25 小节我们考察了全纯函数的奇点 (仍称它们为单值性奇点). 然而, 举例来说, 点 $z = 0$ 是解析函数 $w = \sqrt{z}$ 的奇点, 不属于第 25 小节所引进的类别. 因此我们在这里要引进解析函数的奇点概念, 从而提出了推广这个分类的任务. 如同在 25 小节中那样, 我们仅限于孤立奇点的简单情形.

定义 1. 称点 $a \in \overline{\mathbb{C}}$ 为某个解析函数的**孤立奇点**是说, 如果存在点 a 的有孔邻域 V', 使得属于这个函数的某个元 $F = (U, f)$ 可以沿任意道路 $\gamma \subset V'$ 解析延拓.

对于解析函数 $\sqrt[n]{z}$ 和 $\operatorname{Ln} z$, 点 $z = 0$ 和 $z = \infty$ 便是这样的例子 (作为这两个点的 V' 可取作圆环 $\{0 < |z| < \infty\}$). 对于函数 $\frac{1}{1 + \sqrt{z}}$, 点 $z = 0$ 和 $z = \infty$ 的奇性由 $\sqrt{z}$ 的奇性所规定, 而 $z = 1$ 的奇性由具有极点的该函数的一个分支 (对于 $\sqrt{z}$ 的当 $z = 1$ 时等于 -1 的分支) 所规定 (另一个分支, 对于它当 $z = 1$ 是等于 1, 在此点为正常).

对于解析函数的孤立奇点的分类, 我们将按照它们沿闭道路 $\gamma \subset V'$ 的解析延拓的元的行为来进行.

引理. 设 a 是某个解析函数 $\mathscr{F}$ 的孤立奇点, V' 是如定义 1 中的那个有孔邻域. 如果元 $F_0 \in \mathscr{F}$ 在沿某个闭道路 $\gamma_0 \subset V'$ 绕圈时不变[2], 则由 F_0 延拓到 V' 得到的任意元 F 在通过任意在 V' 中同伦于 γ_0 的道路 γ 延拓时也不变.

---

[1]这个有点生造的例子肯定让人非常吃惊: 我们把虚数 $i = \sqrt{-1}$ 提高成 $\sqrt{-1}$ 的虚幂从而得到了无穷多个值, 但它们竟然全是实数!

[2]或者被等价于起始元的元所替换 (如果所考察的元不是典范的).

证明. 设 λ 为 V' 中由 F_0 转移到 F 的道路, $\tilde{\gamma} = \lambda^- \cup \gamma_0 \cup \lambda$ (沿顺序 λ^-, γ_0, λ 进行; 参看 15 小节).

在 V' 内的连续形变由以逐渐变化的 λ 为终结和 λ^- 为起始的切口组成 (在图 60 上画出了一段切口), 我们可以将 $\tilde{\gamma}$ 形变为 γ_0, 即 $\tilde{\gamma} \sim \gamma_0$ (闭道路 $\tilde{\gamma}$ 与 γ_0 在 V' 中同伦). 根据条件 $\gamma \sim \gamma_0$, 因而有 $\gamma \sim \tilde{\gamma}$. 进一步设 $\tilde{\gamma}$ 与 γ 有共同的起点与终点 (因两条道路都闭, 它们重合), 而元 F 沿 V' 中任意道路延拓. 所以由一般的单值性定理 (28 小节的定理 3), F 沿 γ 与沿 $\tilde{\gamma}$ 的延拓结果重合. $\qquad\square$

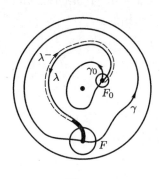

图 60

由这个引理得出, 沿在 V' 中同伦于零的闭道路的延拓不改变元 (因为这样的道路可收缩为在任一个元的圆盘内的道路, 而沿后者的延拓显然不改变元). 因此在我们的研究中只对沿在 V' 中不同伦于零的道路的延拓有兴趣.

定义 2. 设 a 为某个解析函数的孤立奇点, V' 为在定义 1 中那样的有孔邻域, 且 $\gamma_0 \subset V'$ 为包含了点 a 为内点的闭若尔当道路. 分为两种情形:

(I) 如果沿 γ_0 绕圈不改变原来的函数元, 则称 a 为单值性奇点;

(II) 如果沿 γ_0 绕圈导出了与原来不同的元, 则称 a 为多值性奇点, 或者分支点.

在情形 (I), 初始元沿任意道路 $\lambda \subset V'$ 的延拓给出了同一个元, 其中这些道路均引向固定点 $z \in V'$. 事实上, 如果存在两条道路 λ_1 和 λ_2 给出不同的元, 则闭道路 $\gamma = \lambda_1^- \cup \lambda_2 \subset V'$ 使元有了改变. 然而道路 γ 或者同伦于零, 从而按照上面所做的注释这时不可能改变元, 或者同伦于绕 (按正或负方向) 数次的道路 γ_0, 而根据引理, 也不改变元. 这个相反的情形证明了所作的论断.

由此得到, 在情形 (I), 初始元沿属于 V' 的道路的延拓给出了单值的, 即在 V' 全纯的函数 f, 它是所考虑的解析函数的一个分支[1]. 点 a 是第 25 小节意义下 f 的孤立奇点. 按照趋向于 a 时 f 的行为, 这个点可能是可去点, 极点, 或本性奇点. (但

---

[1]起始元沿不属于 V' 的延拓可能给出具同样中心的另外的元, 使得所考虑的解析函数可能不是单值的. 解析函数 $1/(1+\sqrt{z})$ 任意元沿属于 $V' = \{0 < |z-1| < 1\}$ 的道路的延拓给出了单值函数 $(1/(1+\sqrt{z})$ 的两个分支之一), 但是沿绕点 $z = 0$ 的闭道路则将属于一个分支的元转变成了属于另一个分支的元.

是, 如果初始元是典范的, 则应排除可去点情形, 这是因为这时元的收敛圆盘包含了点 a.)

在情形 (II), 初始元沿属于 V' 的道路的延拓的解析函数不能在 V' 中挑出分支[1]. 我们将情形 (II) 分为两个子类.

(IIa) 存在整数 $n \geqslant 2$ 使得在沿同一方向经过绕 γ_0 n 圈给出了原来的元. 这时称 a 为有限阶分支点, 而称具有上述性质的这些数 n 的最小者为分支的阶.

不难看出, 如果将 γ_0 换作任意在 V' 同伦于 γ_0 的道路 γ 时, 分支的阶不变. 事实上, 我们以 $k\gamma$ 代表按同一方向绕 γ k 次得到的道路 (如果 $k > 0$, 同于 γ 的方向, 如果 $k < 0$ 则相反); 如果 $\gamma \sim \gamma_0$, 则 $k\gamma \sim k\gamma_0$, 并且根据前面引理所证明的, 绕 $k\gamma$ 和 $k\gamma_0$ 或者两者同时改变或同时不改变原来的元. 留给读者去证明, 如果任一条闭道路 $\gamma \subset V'$ 不改变原来的元, 则这条道路同伦于整倍数 (正, 负, 或零) 的道路 $n\gamma_0$, 其中 n 为点 a 的分支阶.

(IIb) 不存在像情形 (IIa) 中这样的整数 n, 即按同一个方向围着 γ_0 绕圈, 总给出了一个个新的元. 这时称 a 为无穷阶分支点, 或者对数型分支点.

例.

1. 函数 $\sqrt[n]{z}$ 在点 $z = 0$ 和 $z = \infty$ 有 n 阶分支点. 函数 $\operatorname{Ln} z$ 在这两点有对数型分支点.

2. 函数 $\dfrac{\sin \sqrt{z}}{\sqrt{z}}$ 在点 $z = 0$ 有可去奇点, 而在点 $z = \infty$ 为本性奇点; 它是个整函数 (这可由在圆环 $V' = \{0 < |z| < \infty\}$ 中成立的展开式

$$\frac{\sin \sqrt{z}}{\sqrt{z}} = 1 - \frac{1}{3!}z + \frac{1}{5!}z^2 - \cdots$$

看出).

3. 函数 $\sqrt{e^{z^2} + 1}$ 在方程 $e^{z^2} + 1 = 0$ 的所有根, 即 $z_k = \sqrt{\operatorname{Ln}(-1)} = \pm\sqrt{\pi i + 2k\pi i}$ 上有 2 阶分支点; 点 ∞ 是它的非孤立奇点.

4. 函数 $1/\operatorname{Ln} z$ 在点 $z = 0$ 和 $z = \infty$ 具有对数型分支点; 当 $z = 1$ 时, 在圆环 $\{0 < |z| < 1\}$ 中的一个分支 (主分支) 具有一阶极点, 其他的分支在此点为全纯.

5. 我们来仔细分析一下解析函数

$$w = \sqrt{1 + \sqrt{z}}$$

的例子. 里面的根式在点 $z = 0$ 具有 2 阶分支点. 如果在邻域 $U' = \{0 < |z| < 1\}$ 我们选取圆盘 $U = \{|z - \frac{1}{2}| < \frac{1}{2}\}$, 则在 U 中可分出这个函数的 4 个不同的分支 f_ν, 它们被两个根式的不同的符号所刻画. 设 f_1 为其中一个分支; 元 $F_1 = (U, f_1)$ 在沿圆 $\{\gamma_0 : z = \frac{1}{2}e^{it}, 0 \leqslant t \leqslant 2\pi\}$ 的延拓后, 转换为元 $F_2 = (U, f_2)$, 其中 f_2 为另一个分支, 这是因为当这样绕一圈时, 里面的那个根式改变了符号. 再次绕 γ_0 一圈时则重新给出了元 F_1, 这是因为绕 γ_0 不改变外面那个根式的符号, 它的分支点在 $z = 1$. 完全

---

[1] 但是在 V' 还是有可能存在所考虑函数的那样的分支, 它们是由初始元沿越出 V' 的道路延拓得到的 (参见下面的例 5).

在同一个关系中, 其他两个分支有: $f_3 = -f_1$ 和 $f_4 = -f_2$. 因此, 在点 $z = 0$, 所考虑的函数有两个 2 阶分支点.

转而研究点 $z = 1$. 在该点对于里面的根式的一个值, 外面的根式表达式化为零. 设 $V' = \{0 < |z - 1| < 1\}$, $V = \{|z - \frac{1}{2}| < \frac{1}{2}\}$, 以及 g_ν 为我们的函数在圆盘 V 中的 4 个分支. 设 g_1 和 g_2 $(g_2 = -g_1)$ 为那些分支, 它们对于 $z = 1$ 时里面的根式取值等于 -1. 绕圆 $\{\gamma_1 : z = 1 + \frac{1}{2}e^{it}, 0 \leqslant t \leqslant 2\pi\}$ 不改变里面的根式的分支, 但改变了外面根式的符号 (当 z 走过圆 γ_1 时, 点 $\zeta = 1 + \sqrt{z}$ 走过 ζ 平面上的一条以点 $\zeta = 0$ 为内点的若尔当闭道路, 这里 $\zeta = 1 + \sqrt{z}$ 的根式是已选定的那个分支), 所以在这样的绕圈后, 元 (V, g_1) 转换为元 (V, g_2). 第二次绕圈 γ_1 又一次改变了外面根式的符号, 从而重新给出了元 (V, g_1). 对于另外的两个分支 g_3 和 g_4 $(g_4 = -g_3)$, 对于它们来说, 里面的根式在 $z = 1$ 等于 1, 当绕圈 γ_1 时它们没有改变 (这时, 具选定了的根式分支的点 $\zeta = 1 + \sqrt{z}$ 画出了一条包围了点 $\zeta = 2$ 而没有包围点 $\zeta = 0$ 的若尔当闭道路), 因此, 那样的绕圈将元 (V, g_3) 和 (V, g_4) 转换到自己. 这样, 在点 $z = 1$, 所考虑的函数便具有一个 2 阶分支点以及两个正常的非分支的点[①].

为了研究这个函数在点 $z = \infty$ 的情形, 需要取有孔邻域 $W' = \{1 < |z| < \infty\}$ 即在它中间的圆盘, 譬如, 圆盘 $W = \{|z - 2| < 1\}$. 设 (W, h_1) 为该函数在圆盘 W 的 4 个分支中的一个. 绕圆 $\{\gamma_3 : z = 2e^{it}, 0 \leqslant t \leqslant 2\pi\}$ 既给出里面根式也给出外面根式的符号改变 (这时, 点 $\zeta = 1 + \sqrt{z}$ 对于任意选取的根式的一个分支都描绘出围绕点 $\zeta = 0$ 的闭道路), 于是它给出了另一个元 (W, h_2). 第 2 次绕 γ_3 则给出了第 3 个元 (W, h_3), 第 3 次则给出第 4 个元 (W, h_4), 而只有第 4 次绕 γ_3 回到了原来的元 (W, h_1). 因此, 在点 $z = \infty$ 所考虑的函数具有 4 阶分支点.

$\overline{\mathbb{C}}$ 中剩下的点都是这个解析函数的正常点了.

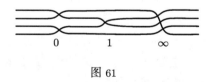

$$0 \qquad 1 \qquad \infty$$

图 61

在图 61 中显示了我们的研究结果的图示. #

我们将把注意力放在有限阶的分支点的更详细的情形上. 我们要证明, 在这样的点 $a \in \overline{\mathbb{C}}$ 的邻域中, 解析函数可以用 $z - a$ 的分式幂的级数来表示, 它是洛朗级数的推广, 称之为皮瑟级数[②].

定理. 在一个 n 阶的分支点的一个有孔邻域 $V' = \{0 < |z - a| < R\}$ 中的解析

[①] 元 (U, g_3) 和 (U, g_4) 不是典范的, 这是因为它们的收敛圆盘大于 U.

[②] 皮瑟 (Vector Puiseux, 1820—1883), 法国数学家; 他关于级数的工作出现在 1850 年.

函数①可以用形如

$$w = \sum_{k=-\infty}^{\infty} c_k (z-a)^{k/n} \qquad (1)$$

展开式表示.

证明. 令 $z - a = \zeta^n$; 当点 ζ 在 ζ 平面描绘一个充分小的圆 $\lambda : \zeta = \rho e^{i\tau}$, $0 \leqslant \tau \leqslant 2\pi$ 时, 对应的点 $z = a + \zeta^n$ 则描绘了圆 $\gamma_0 : z = a + \rho^n e^{it}$, $(0 \leqslant t \leqslant 2\pi)$ n 圈. 因为所考虑的解析函数的初始元在这样的绕圈中不变, 故对应的被考虑为依赖于变量 ζ 的函数 w 的元在绕 λ 一圈时也不变.

由此得到, $\zeta = 0$ 是这个函数的单值性奇点, 这意味着, 在点 $\zeta = 0$ 的一个邻域中它可以洛朗级数

$$w = \sum_{k=-\infty}^{\infty} c_k \zeta^k. \qquad (2)$$

表示. 在这里代入 $\zeta = \sqrt[n]{z-a} = (z-a)^{1/n}$, 便得到了展开式 (1). $\qquad \square$

该定理对于情形 $a = \infty$ 仍然成立, 这只需取 $V' = \{R < |z| < \infty\}$, 并在公式 (1) 中令 $a = 0$ 即可.

例. 利用二项式级数不难对前面考察过的例 5 中的解析函数写出它的皮瑟展开式. 在圆环 $V' = \{0 < z < 1\}$ 我们有

$$\sqrt{1 + \sqrt{z}} = \pm\left(1 + \frac{1}{2}\sqrt{z} - \frac{1}{8}z + \frac{1}{16}z\sqrt{z} - \cdots\right),$$

在圆环 $W' = \{1 < |z| < \infty\}$ 中有,

$$\sqrt{1 + \sqrt{z}} = \sqrt[4]{z}\left(1 + \frac{1}{\sqrt{z}}\right)^{1/2} = \sqrt[4]{z}\left(1 + \frac{1}{2\sqrt{z}} - \frac{1}{8z} + \frac{1}{16z\sqrt{z}} - \cdots\right),$$

而在圆环 $V' = \{0 < |z-1| < 1\}$ 则有

$$\sqrt{1 + \sqrt{z}} = \sqrt{1 \pm (1+(z-1))^{1/2}} = \begin{cases} \dfrac{\sqrt{z-1}}{i\sqrt{2}}\left\{1 + \dfrac{1}{8}(z-1) + \cdots\right\}, \\[2mm] \pm\sqrt{2}\left\{1 + \dfrac{1}{8}(z-1) + \cdots\right\}. \end{cases} \qquad \#$$

依照解析函数的分支的皮瑟展开式的 "主部" 的情形, 分支的性态当 $z \to a$ 时各不相同. 对于 $a \in \mathbb{C}$, 如果在展开式 (1) 中没有负 k 的项, 则这些分支在 a 连续 (如 $\sqrt{z}$ 和 $e^{\sqrt{z}}$ 在点 $z = 0$); 如果那些项为有限个, 则分支趋向于无穷 (如 $\frac{1}{\sqrt{z}}$ 当 $z \to 0$); 如果这些项有无穷多个, 则当 $z \to a$ 时这些分支不趋向任何极限 (如 $e^{1/\sqrt{z}}$ 和 $\sin\frac{1}{\sqrt{z}}$ 在 $z \to 0$ 时). 当 $a = \infty$ 时, 分支的性态依赖于具正 k 的首项.

当解析函数的分支在逼近有限阶分支点时趋向于有限或无穷极限, 我们则称此点为函数的代数奇点. 将解析函数分支的极点作为这种点对待也有方便之处. 称解

---

①更准确地说, 是属于这个函数的元的集合, 它们是从某个元沿所有可能的道路 $\gamma \subset V'$ 的延拓得到的.

析函数其他的孤立奇点 (即无穷阶的分支点, 以及在它们的邻域中分支的行为不确定的有限阶的分支点, 还有分支的本性奇点) 为超越奇点. (例如, 对于函数 $e^{1/(\sqrt{z+1})}$, 点 $z=0$ 和 $z=\infty$ 是代数奇点, 而在点 $z=1$ 对于使 $\sqrt{1}=-1$ 的分支是超越的.)

习题.

1. 全纯函数 f 的每个零点必定是 $\sqrt{f(z)}$ 的分支点吗?
2. 求出解析函数 $e^{\sqrt{z \sin z}}$ 的所有奇点; 它们中哪些是代数的? #

§10. 黎曼面的概念

解析函数可以赋予平面区域的点几个 (甚至可数个) 值. 在这一节里, 我们不去看平面区域而去考察多叶曲面, 它们可以看作是展开在平面区域上的, 并在点 z 上方所具有的 "叶数" 与该解析函数在这点具有的值的个数一样多. 因此在这样的曲面上解析函数可以看作这个词的通常意义下的函数 (即作为**单值函数**).

32. 基础方法

我们从最简单的例子着手. 考虑区域 D, 它是在平面 $\mathbb{C}$ 沿负半轴切开得到的; 在其上解析函数

$$w = \sqrt{z} \tag{1}$$

有两个分支 f_1 和 f_2. 设 f_1 由条件 $f_1(1)=1$ 刻画, 而 f_2 则由 $f_2(1)=-1$ 刻画; 显然对于所有 $z \in D$ 我们有 $f_2(z)=-f_1(z)$. 这些分支将 D 分别一一和共形地映射到 w 的右半和左半平面, 我们以 D_1^* 和 D_2^* 分别表示它们.

取区域 D 的两个拷贝, 并将它们安排得像在图 62(a) 中表示的那样, 一个在另一个之上. 在图 62 上也指出了在区域 D 中切口的两侧及 w 平面的一段虚轴: 相对应的部分以同样的图形标出.

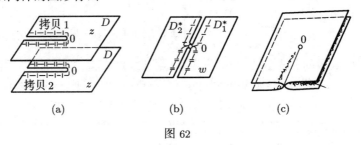

图 62

将区域 D 的第一个拷贝的切口的上侧与第二个拷贝的切口的下侧粘合, 并相应于此, 我们沿上半轴粘合 D_1^* 和 D_2^* (这些部分全都用图形 $-|-|-|-$ 标出). 然后再粘合剩余的还未粘合的 D (以及 D_1^* 和 D_2^*) 的切口的另一侧, 它们以图形 $-\|-\|-$ 标出 (在三维空间中, 第二个粘合不可避免会自交, 但我们约定那些经过标出的不同

曲面的自交部分的半直线是不重合的).

称所得到的双叶曲面 (它显示在图 62 (c) 上) 为解析函数 $\sqrt{z}$ 的黎曼面. 这个根式可以看成是在它上面的函数, 在这里的函数这个词是指通常意义下的, 这是因为我们对于该根式在每个点 $z_0 \neq 0, \neq \infty$ 所给出的两个值可指派给在 z_0 上面的曲面的两个不同的点. 负半轴 $\mathbb{R}_- = (-\infty, 0)$ 的点也没有被排除, 这是因为它们中的每个也位于该曲面的两个点上 (实际上, 我们已约定属于曲面自交线上不同叶的点不重合). 只在点 $z = 0$ 和 $z = \infty$ 根式仅与一个值相关联, 所以我们认为在 $z = 0$ 与 $z = \infty$ 上面只有曲面的一个点. 在这些点我们曲面的两叶连接在一起; 称他们为该曲面的分支点.

完全一样地, 可建立解析函数

$$w = \sqrt[n]{z} \tag{2}$$

的黎曼面. 它是 n 叶的曲面; 在每一点 $z \neq 0, \neq \infty$ 上有此曲面的 n 个点 (称它们为它的普通点), 而在 $z = 0$ 和 $z = \infty$ 上只有一个点. 在图 63 的 (a),(b) 上显示了位于函数 $\sqrt[3]{z}$ 的正常点和奇点的邻域上方曲面的相应部分; 负半轴上方的曲面的部分没有被排除; 在这些点的邻域上方曲面的部分显示在图 63 (c) 中. 因为我们不考虑曲面的自交, 故曲面的这一部分从拓扑上来看与图 63(a) 之间没有差别: 所考察的部分由三个互不连通圆盘组成.

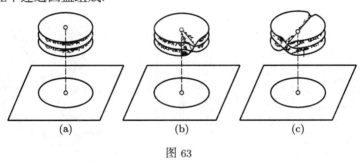

图 63

对数

$$w = \mathrm{Ln}\, z \tag{3}$$

的黎曼面是个无穷叶的曲面. 它的结构显示在图 64 上. 我们再次选区域 D 为带有沿负半轴的切口的平面 $\mathbb{C}$, 并在其上选取对数的主分支为

$$w = f_0(z) = \ln|z| + i \arg z \quad (-\pi < \arg z < \pi).$$

这个函数单叶和共形地将 D 映射到带形区域

$$D_0^* = \{-\pi < \mathrm{Im}\, w < \pi\}$$

上; 切口的两侧和带形的边界如图 64 所示.

对数在区域 D 中具有无穷多个分支

$$w = f_k(z) = f_0(z) + 2k\pi i \quad (k = 0, \pm 1, \cdots),$$

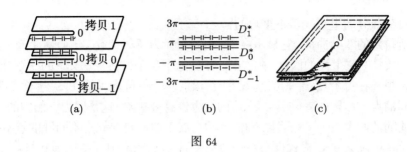

图 64

它将 D 映射到带形 D_k^*, 而它则可以 $2\pi i$ 的整倍数的比例平移到 D_0^*. 有鉴于此, 我们取可数个区域 D 的拷贝, 并将在第 0 个拷贝的切口上侧与第 1 个拷贝的切口的下侧相粘合, 而第 0 个的切口下侧与第 -1 个拷贝的切口上侧相粘合 (图 64). 然后对于剩余还未粘合的切口, 我们分别地将第 2 个拷贝的切口下侧与第 -2 个拷贝的切口上侧相粘合, 等等.

　　在每个点 $z \neq 0$, $\neq \infty$ 的邻域的上方有由可数个分离的圆盘组成的集合; 我们对于每个圆盘指派了一个标有相应序号的在此邻域上有效的对数的分支 (负半轴的点未被排除). 因此对数可以看作为在所构造的黎曼面上的通常意义下的函数. 在点 $z = 0$ 和 $z = \infty$ 上, 对数没有定义, 因此我们可以认为它的黎曼面在 $z = 0$ 和 $z = \infty$ 上没有点.

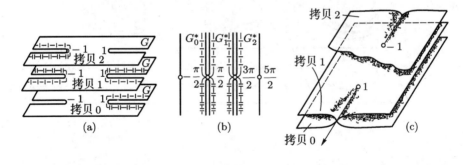

图 65

　　作为更加复杂的例子, 我们考察反正弦函数

$$w = \operatorname{Arc\,sin} z \tag{4}$$

的黎曼面.

　　我们已在第 14 小节看到, 函数 $z = \sin w$ 单叶且共形地将半带形 $\{-\pi/2 < \operatorname{Re} w < \pi/2,\ \operatorname{Im} w > 0\}$ 映射到 z 的上半平面. 可清楚看到, 在这个映射下, 整个带形 $\{-\pi/2 < \operatorname{Re} w < \pi/2\}$ 映到带有沿射线 $(\infty, -1]$ 和 $[1, \infty)$ 的切口的 z 平面上.

　　我们以 G 表示后面这个区域, 并以 $w = g_0(z)$ 表示那个将 G 映射到带形 $G_0^* = \{-\pi/2 < \operatorname{Re} w < \pi/2\}$ 的反正弦的分支 (这个分支也可由条件 $g_0(0) = 0$ 刻画). 因为反正弦具有可数的分支集合, 故对于其黎曼面的构造我们应该取区域 G 的拷贝的可

数集合. 对于第 k 个拷贝 $(k = \pm 1, \cdots)$ 我们指派给它反正弦的第 k 个分支 $w = g_k(z)$, 它将 G 映射到带形 $G_k^* = \left\{-\frac{\pi}{2} + k\pi < \operatorname{Re} w < \frac{\pi}{2} + k\pi\right\}$ (它也可由条件 $g_k(0) = k\pi$ 刻画).

要继续做的是, 在它们不同的拷贝的区域间按照它们的像 G_k^* 的粘合那样进行粘合. 从图 65 可清楚看到所做的.

最后得到了一个无穷叶的黎曼面, 它在点 $z = \pm 1$ 上方有一个可数个分支点的集合, 在点 $z = \infty$ 上它具有两个对数型分支点 (一个是区域 G 的偶数号的拷贝构成, 另一个则为奇数号的). 通过反正弦的对数表达式

$$\operatorname{Arc\,sin} z = -i \operatorname{Ln}(\sqrt{1 - z^2} + iz)$$

的研究也可得到同样的结论.

33. 一般的方法

在这里我们要引进作为抽象的豪斯多夫拓扑空间的黎曼面的一般概念[①].

我们考虑以偶对

$$A = \{a, f_a(z)\}, \tag{1}$$

为点的集合 $\mathfrak{R}$, 其中点 $a \in \overline{\mathbb{C}}$, 而函数

$$f_a(z) = \begin{cases} \displaystyle\sum_{n=0}^{\infty} c_n (z - a)^n, & \text{如果 } a \in \mathbb{C}, \\ \displaystyle\sum_{n=0}^{\infty} \dfrac{c_n}{z^n}, & \text{如果 } a = \infty, \end{cases} \tag{2}$$

在某个具中心 a 的圆盘 U_a 中全纯; 为了确定性, 假定 U_a 为对应的级数 (2) 的收敛圆盘. 我们在 $\mathfrak{R}$ 中以如下方式引进拓扑: 对于点 $A \in \mathfrak{R}$ 的 ε-邻域 $\widetilde{U}(A)$, 我们理解为点 $B = \{b, f_b(z)\}$ 的集合, 使得 (1) b 属于点 a 的 ε-邻域 (即, 如果 $a \in \mathbb{C}$ 则为 $\{|z - a| < \varepsilon\}$), 而如果 $a = \infty$, 则为 $\{|z| > \frac{1}{\varepsilon}\}$), (2) 元 (U_b, f_b) 是元 (U_a, f_a) 的直接解析延拓.

可以将点 A 表示为在 32 小节所叙述的在基础意义下的位于 $a \in \overline{\mathbb{C}}$ 上的黎曼面的点. 我们对函数 f_a 所加以的解释等于是解释了该点所属于的那个曲面叶. 邻域 $\widetilde{U}(A)$ 由同一叶的其投影在点 a 的那个邻域中的点 B 组成 (图 66); 另外叶上的投影也在同一个邻域中的点 (像在图 66 中的 B'), 不算属于 $\widetilde{U}(A)$.

不难看出, 所描述的这个拓扑在 $\mathfrak{R}$ 上引进了豪斯多夫空间的结构. 我们来验证分离公理: 如果 $A \neq B$, 则或者 $a \neq b$, 或者 $a = b$, 但 $f_a \neq f_b$. 为了在第一种情形中构造不相交的 $\widetilde{U}(A)$ 和 $\widetilde{U}(B)$, 只要选取在 $\mathbb{C}$ 中 a 和 b 的不相交的邻域即可, 而在第二种情形, 选取 ε 充分小, 使得点 a 的 ε 邻域属于两个级数 f_a 和 f_b 的收敛圆盘, 构造 $\widetilde{U}(A)$ 为包含了所有那些点 (c, f_c), 使 (U_c, f_c) 为 (U_a, f_a) 的直接延拓, 而 $\widetilde{U}(B)$

[①] 称拓扑空间 X 为豪斯多夫的是指, 如果它的邻域满足如下的分离公理: X 的任意两个不同点存在有不相交的邻域.

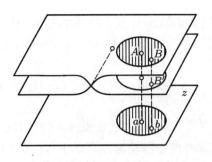

图 66

则为包含了所有那些点 (c, f_c), 使得 (U_c, f_c) 为 (U_b, f_b) 的直接延拓 (邻域 $\widetilde{U}(A)$ 和 $\widetilde{U}(B)$ 不相交, 否则元 (U_b, f_b) 就会和 (U_a, f_a) 重合).

可以定义空间 $\mathfrak{R}$ 到 $\overline{\mathbb{C}}$ 的投射为映射

$$\pi : \{a, f_a(z)\} \to a. \tag{3}$$

这个映射整体上不是相互一一的, 这是因为在 $\mathfrak{R}$ 上可能存在无限多个点具有同一个投射像. 然而局部地, 它是相互一一的. 事实上, 如果点 b 属于 f_a 的收敛圆盘, 则元 (U_a, f_a) 的直接解析延拓 (U_b, f_b) 被完全确定, 从而在充分小的邻域 $U(A)$ 中只存在一个点的投影为 b. 显然 (3) 还有其逆映射连续, 因此该投射是局部同胚.

该投射将 $U(A)$ 变换为平面 $\overline{\mathbb{C}}$ 的一个圆盘; 实行一个将此圆盘变到单位圆盘 $\{|\zeta| < 1\}$ 的附加的分式线性映射, 则可假定在 $U(A)$ 中定义了一个同胚

$$T_U : U(A) \to \{|\zeta| < 1\}. \tag{4}$$

每个点 $B \in U(A)$ 一一地被它自己的投影 b 所刻画, 从而被单位圆的点 $\zeta = T_U(B)$ 所刻画. 所以 ζ 可以看作是作用于邻域 $U(A)$ 中的局部参数.

如果两个邻域 $U, V \subset \mathfrak{R}$ 相交, 则在参数圆盘的对应于这个交的部分区域上有相互间的映射:

$$\omega = \varphi_{UV}(\zeta) = T_V \circ T_U^{-1}(\zeta); \tag{5}$$

称它为邻接关系 (图 67). 因为邻接关系是分式线性映射的复合, 故而它们也是分式线性, 即共形.

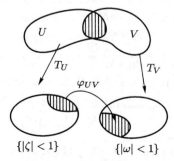

图 67

定义 1. 设一个豪斯多夫空间被一个开集系所覆盖, 其中每个开集同胚于圆盘, 并且这些同胚生成的所有邻接关系均是共形映射, 则称这样的空间为 (一维) 复流形.

因此我们证明了

定理 1. 空间 $\mathfrak{R}$ 是一个一维复流形.

我们将在本书的第二卷中考察高维的复流形.

空间 $\mathfrak{R}$ 显然不是连通的. 但当它的点 $\{a, f_a(z)\}$ 是使 f_a 为一个解析函数的分支时所形成的任意子集 $\mathfrak{R}_0$ 则为连通的. 事实上, 如果点 $A = \{a, f_a\}$ 和 $B = \{b, f_b\}$ 属于 $\mathfrak{R}_0$, 则元 (U_a, f_a) 和 (U_b, f_b) 可相互通过沿某条道路 $\gamma : [\alpha, \beta] \to \mathbb{C}$ 的延拓得到. 于是对于任意 $t \in [\alpha, \beta]$ 有 $A_t = [a_t, f_{a_t}] \in \mathfrak{R}_0$. 实际上, 连续映射 $[\alpha, \beta] \to \mathfrak{R}_0$ 定义了 $\mathfrak{R}_0$ 一条连接点 A 与 B 的道路. 因此, $\mathfrak{R}_0$ 甚至是道路连通的 (参看 4 小节). 除此以外, $\mathfrak{R}_0$ 在每个点 A 含有某个邻域 $U(A)$, 即一个开集. 故 $\mathfrak{R}_0$ 是空间 $\mathfrak{R}$ 的一个区域.

我们已证明, 每个解析函数对应了空间 $\mathfrak{R}$ 的一个区域. 显然, 相反, $\mathfrak{R}$ 的每个区域对应了某个解析函数[①]. 因此我们证明了

定理 2. 在解析函数与空间 $\mathfrak{R}$ 的区域之间有相互一一的对应.

定义 2. 设空间 $\mathfrak{R}$ 的区域 $\mathfrak{R}_0$ 满足条件: 属于它的点 $A = \{a, f_a(z)\}$ 的全纯函数 f_a 是一个解析函数的分支, 则称这个区域 $\mathfrak{R}_0$ 为这个函数的黎曼面.

我们已经进入到黎曼面的一般性概念了. 这个概念的思想在于, 我们可以将每一个解析函数看作是在它的黎曼面上的一个通常意义下的函数 (即单值的函数). 事实上, 按照黎曼面的构造, 有多少个点 A 被投射成点 a, 该解析函数就有多少个以 a 为中心的不同元 (U_a, f_a), 即构成解析函数在这点 a 的多少个不同的值.

因此, 解析函数 $\mathscr{F}$ 是在它的黎曼面上的点的函数:

$$F : A = \{a, f_a\} \mapsto f_a \tag{6}$$

(但不是平面上点 a 的函数).

在复流形上, 就像在黎曼面上那样, 可以引进全纯函数的概念, 那么解析函数在它自己的黎曼面上也就是全纯的了 (参看第二卷 §5).

在前一小节所考虑的基础意义下的黎曼面, 可以看作为一般性黎曼面的一个模型. 我们注意到, 在函数论中还考察了其他的模型. 例如可以不从多值函数而从单值函数出发来构造黎曼面, 使得这些函数在它们上为相互单值: 这时, (多值的) 反函数将 (单值地) 将平面区域映射到所构造的曲面上.

譬如, 我们来构造一个曲面, 在其上指数函数 $w = e^z$ 是与它相互一一的. 我们知道, 它将那些也只有那些相互之间相差 $2\pi i$ 整数倍的点变换成一个点 (13 小节).

[①] 为证此, 我们可利用在 $\mathfrak{R}$ 上任意区域均是道路连通的这个事实 (请证明).

因此, 为了我们的目的自然将点 $a + 2k\pi i$ 视为等同, 这里的 $k = 0, \pm 1, \cdots$ 是任意整数.

换句话说, 设 G 为平面 $\mathbb{C}$ 以 $2\pi i$ 整数倍的向量平移

$$S : z \to z + 2k\pi i \quad (k = 0, \pm 1, \cdots) \tag{7}$$

的集合. 显然, G 构成一个群 (相对于复合运算, 即变换的相继作用), 它是所有分式线性变换的群 (参看第 8 小节) 的子群 Λ. 我们以 $[a]_G$ 表示点 $a \in \mathbb{C}$ 关于群 G 的等价类, 即所有点 $S(a)$ 的集合, 其中 $S \in G$ (也即是说所有点 $a + 2k\pi i$, $k = 0, \pm 1, \cdots$ 的集合). 我们以 $\mathbb{C}/G$ 表示这样的等价类的集合; 后面这个集合的元素可以看成将点 $a + 2k\pi i$ ($k = 0, \pm 1, \cdots$) 等同形成的.

现在在集合 $\mathbb{C}/G$ 上引进拓扑. 为此对于点 $[a]_G$ 的邻域我们约定为点 $[z]_G$ 的集合, 其中 $z \in \mathbb{C}$ 为等价类 $[a]_G$ 的任一代表元 a 的邻域 (在 $\mathbb{C}$ 拓扑下) 中的点. 因此, $\mathbb{C}/G$ 转换成了拓扑空间.

这个空间可以直观地以以下方式表示. 选取等价类 $[z]_G$ 的代表元, 使得它们位于带形 $\{0 \leqslant \operatorname{Im} z < 2\pi\}$ 内. 对于 $0 < \operatorname{Im} z_0 < 2\pi$ 的点 z_0 的邻域可表示为以 z_0 为中心的充分小的圆盘, 而对于 $\operatorname{Im} z_1 = 0$ 的点 z_1 的邻域则是两个半圆盘的集合 (图 68). 如果我们从这个带形粘合成像在图 68 所显示的圆柱, 则所有的点的邻域都是圆柱上的自然的邻域.

图 68

这样, 所考虑的具有所引进的拓扑的空间 $\mathbb{C}/G$ 便成了三维空间中的一个圆柱. 这个圆柱可以看作为指数函数的黎曼面 (对数函数将去掉坐标原点的平面 $\mathbb{C}$ 相互一一地映射到它上).

我们再考察一个例子. 在第 43 小节我们将引进一个亚纯函数: 椭圆正弦 $w = \operatorname{sn} z$, 它具有两个周期: 一个实的 ω_1 和一个纯虚的 $i\omega_2$; 在矩形 $\{0 \leqslant \operatorname{Re} z < \omega_1, 0 \leqslant \operatorname{Im} z < \omega_2\}$ 中它是单叶的. 因此, 为了构造它的黎曼面只要将点 $a + k_1\omega_1 + k_2 i\omega_2$ 等同即可, 其中的 k_1 和 k_2 为整数. 换句话说, 需要考虑运动群 $T : z \to z + k_1\omega_1 + ik_2\omega_2$, 并考虑空间 $\mathbb{C}/T$, 以点 $a \in \mathbb{C}$ 关于群 T 的等价类 $[a]_T$ 作为它的元. 在此空间就像上一个例子中那样引进拓扑: 点 $[a]_T$ 的邻域是那些等价类 $[z]_T$ 的集合, 其中的 $z \in \mathbb{C}$ 是类 $[a]_T$ 的任一个代表元的邻域 (在 $\mathbb{C}$ 的拓扑下) 中的任意点. 这个拓扑的引进将 $\mathbb{C}/T$ 转换成了通常的环面 (图 69), 它可以看作为椭圆正弦的黎曼面.

在这一章的最后, 我们想描述空间 $\mathfrak{R}$ 的另一种处理方法. 为了进行这样的处理, 我们首先注意到, 在 $\mathfrak{R}$ 的点是作为偶对 $\{a, f_a\}$ 来定义的, 其中的 f_a 在点 $a \in \mathbb{C}$ 的

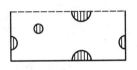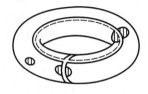

图 69

某个邻域中全纯, 而这样的邻域选取不是本质的. 因此可以认为 $\mathfrak{R}$ 的点是该解析函数的**芽** f_a. 在给定的点 a 上的所有芽的集合以符号 $\mathcal{O}_a$ 表示. 因此, 集合 $\mathfrak{R}$ 可以看作是集合 $\mathcal{O}_a$ 的按所有 $a \in \overline{\mathbb{C}}$ 的逐元 (不交) 并:

$$\mathfrak{R} = \bigcup_{a \in \overline{\mathbb{C}}} \mathcal{O}_a.$$

另外, 在集合 $\mathfrak{R}$ 上可借助于邻域引进拓扑, 而这些邻域可以用芽的语言按如下方式描述: 芽 f_a 的邻域 $\widetilde{U}$ 由所有那些芽 f_b 组成, 其中 b 属于某个邻域 U_a, 并存在 U_a 中的全纯函数 f, 使得元 (U_a, f) 是两个芽 f_a 和 f_b 的代表元. 如我们所见, 这个拓扑将 $\mathfrak{R}$ 变成了豪斯多夫空间. 在此拓扑下, 映射

$$\pi : \mathfrak{R} \to \overline{\mathbb{C}}$$

将每个芽 f_a 相应地变成点 a, 并且它是个**局部同胚**.

称空间 $\mathfrak{R}$ 连同它的映射 π 为解析函数的**芽层**. 这个概念反映了对于解析函数概念的局部方法. 但它也允许整体的处理. 事实上, 考虑任意的区域 $D \subset \overline{\mathbb{C}}$ 及在它上面的全纯函数 f. 这个函数定义了映射 $f : D \to \mathfrak{R}$, 它将每个点 $z \in D$ 对应到由这个函数在点 z 生成的芽 f_z. 映射 f 显然在 $\mathfrak{R}$ 的拓扑下连续, 而复合 $\pi \circ f$ 是区域 D 上的恒等映射.

称这样的映射 f 为层 $\mathfrak{R}$ 在区域 D 上的一个**截影**. $\mathfrak{R}$ 在 D 上的所有截影的集合构成了一个环, 并且对于它们的代数运算与在任意点 $z \in D$ 上的芽的运算一致.

在这里我们只限于这些描述. 层的概念的一般定义我们将在本书的第二卷中进行 (参看第 28 小节).

习题

1. 设在单位圆盘中的函数 f 以泰勒级数 $\sum c_n z^n$ 表示, 其系数非负且收敛半径为 1. 证明, 此时 $z = 1$ 是 f 的奇点 (普林斯海姆 (Pringsheim) 定理).

2. 证明, 函数 $f(z) = \sum_{n=0}^{\infty} \frac{z^{2^n}}{2^n}$ 在闭单位圆盘连续, 然而不能解析延拓到其范围之外.

3. 考察级数 $\sum_{n=1}^{\infty} \frac{a_n}{z - e^{i\alpha_n}}$, 其中 $\{\alpha_n\}$ 为区间 $[0, 2\pi)$ 中所有有理点的集合, 而 a_n 为满足 $\sum_{n=1}^{\infty} |a_n| < \infty$ 的复数. 证明, 当 $|z| < 1$ 和 $|z| > 1$ 时分别收敛于全纯函数 f_1 和 f_2, 而它们不是相互的解析延拓.

4. 构造一个函数的例子, 它在圆盘 $U = \{|z| < 1\}$ 中全纯在 $\overline{U}$ 上连续, 并使得它可全纯地延

拓到一个在圆 $\{|z|=1\}$ 上某一个点具有本性奇点的函数. [**答案**: $f(z) = (z-1)e^{1/(z-1)}$]

5. 设 D 为具光滑若尔当边界 γ 的区域; 指出在 γ 上的函数 f 全纯延拓到 D 中的条件. [**提示**: 参照第二章的习题 3.]

6. 设区域 D 与实轴 $\mathbb{R}$ 相交. 证明, 如果函数 f 在 $D \setminus \mathbb{R}$ 全纯且有界, 并且当 $z \to D \cap \mathbb{R}$ 时 $|f(z) - f(\bar{z})| \to 0$, 则 f 可全纯地延拓到 D 中.

7. 证明, $\sin z$ 是个 $\zeta = z(\pi - z)$ 的 (单值) 函数.

8. 证明, 函数 $z^\alpha (1-z)^\beta$, 其中 α 和 β 为实数, 当 $\alpha + \beta$ 为整数时, 可以在 $\mathbb{C} \setminus [0,1]$ 中挑出全纯分支.

9. 求函数 $e^{1/(1+\sqrt{z})}$ 的分支在点 $z = 1$ 的留数.

10. 设函数 f 在切口 $\mathbb{R}_+ = [0, \infty)$ 之外全纯, 并可连续地延拓到切口的边缘, 函数 f 在这些边缘的极限值满足关系 $f(x+i0) - f(x-i0) = g(x)$, $x \in \mathbb{R}_+$, 其中 g 为整函数, $g(0) = 0$. 证明, 此时有 $f(z) = -\frac{g(z)}{2\pi i} \ln z + h(z)$, 其中 $\ln$ 为对数在 $\mathbb{C} \setminus \mathbb{R}_+$ 的全纯分支, 而 h 为整函数.

11. 设函数 f 像在第 18 小节定理 5 中那样, 在多连通区域 D 的闭包中全纯. 证明, 沿在 D 中两条具有公共端点的道路的对它的积分仅相差 $\sum m_\nu \Gamma_\nu$, 其中 m_ν 为整数, 而

$$\Gamma_\nu = \int_{\gamma_\nu} f \, dz \quad (\nu = 1, \cdots, n).$$

12. 证明, 在区域 D 的闭包中, 像在习题 11 中的那样, 解析函数 $\mathscr{F}$ 具有单值的实部当且仅当 (a) 导数 $\mathscr{F}'(z)$ 在 $\overline{D}$ 全纯, 及 (b) 所有的积分 $\int_{\gamma_\nu} \mathscr{F}'(z) dz$ 为虚数.

13. 证明, 任何在圆环 $\{r < |z| < R\}$ 中具有单位模的解析函数 $\mathscr{F}$ 有形式 $\mathscr{F}(z) = z^\alpha f(z)$, 其中 f 是在此圆环内的全纯函数, 而 α 为实常数.

14. 设函数 f 在单连通区域 D 全纯且异于零. 证明, 对于任意整数 $n > 0$ 可以找到在 D 中全纯的函数 g 使得 $g^n = f$ 在 D 中处处成立; 举例说明, 该断言对于多连通区域不成立.

15. 描述逆于 $w = \tan z$ 的函数 $w = \operatorname{Arc} \tan z$ 的奇点与黎曼面. [**提示**: 通过对数求它的表达式].

16. 构造环面

$$x = (R + r \cos \psi) \cos \varphi, \ y = (R + r \cos \psi) \sin \varphi, \ z = r \sin \psi$$

到叠合了对边的矩形的映射[①]. [**提示**: 环面的弧长微分为

$$ds = \sqrt{(R + r \cos \varphi)^2 d\varphi^2 + r^2 d\psi^2};$$

令 $\xi = \varphi$, $\eta = \int_0^\psi \frac{r \, dt}{R + r \cos t}$, 我们得到 $ds = (R + r \cos \psi) \times \sqrt{d\xi^2 + d\eta^2}$. 因此 $(\varphi, \psi) \mapsto (\xi, \eta)$ 给出了所需要的映射.]

---

①在后面的章节中我们将看到这样的矩形可以共形地映射到在平面上的双叶曲面 (参看第四章习题 18), 因此知道, 环面共形等价于在基础意义下的黎曼面.

第四章　几何理论的基础

这一章要带领读者进入复变函数的几何理论. 在此将要考察共形映射的基本问题, 还有所谓的几何原理, 它与全纯函数的一般性质紧密相关.

§11. 几何原理

34. 幅角原理

设函数 f 在点 $a \in \mathbb{C}$ 的有孔邻域 $\{0 < |z-a| < r\}$ 中全纯, 并在那里不取零. 我们称这个函数在点 a 的对数导数

$$\frac{f'(z)}{f(z)} = \frac{d}{dz} \operatorname{Ln} f(z) \tag{1}$$

的留数为函数 f 在点 a 的对数留数.

除了孤立奇点 (单值性的) 外, 函数 f 也可能在它的零点处有异于零的对数留数. 设 $a \in \mathbb{C}$ 为函数 f 的 n 阶零点, 且 f 在点 a 全纯; 这时在某个邻域 U_a 有 $f(z) = (z-a)^n \varphi(z)$, 其中 φ 在 U_a 上全纯, 并不等于零. 所以在 U_a 上有

$$\frac{f'(z)}{f(z)} = \frac{n(z-a)^{n-1}\varphi(z) + (z-a)^n \varphi'(z)}{(z-a)^n \varphi(z)} = \frac{1}{z-a} \cdot \frac{n\varphi(z) + (z-a)\varphi'(z)}{\varphi(z)},$$

其中的第二个因子在 U_a 中全纯, 从而可在 U_a 中展开为泰勒级数, 并且这个展开式的自由项等于 n (该因子在 $z = a$ 的值). 因此, 在 U_a 中有

$$\frac{f'(z)}{f(z)} = \frac{1}{z-a}\{n + c_1(z-a) + c_2(z-a)^2 + \cdots\} = \frac{n}{z-a} + c_1 + c_2(z-a) + \cdots, \tag{2}$$

由此看出, 全纯函数的对数导数在其 n 阶零点处具有留数为 n 的一阶极点; 在零点的对数留数等于这个零点的阶数.

如果 a 为函数 f 的 p 阶极点, 于是 $1/f$ 在这点有 p 阶零点, 而因为

$$\frac{f'(z)}{f(z)} = -\frac{d}{dz} \operatorname{Ln} \frac{1}{f(z)},$$

故考虑到 (2), 我们得到在 p 阶极点, 函数的对数导数具有留数为 $-p$ 的一阶极点: 在极点处的对数留数等于这个极点的阶数反号.

所做的这个注解给出了计算亚纯函数零点和极点数目的一个方法. 当计算时我们采取了一个以后也总保持的**约定**: **每个零点和极点是多少, 该零点或极点的个数就计算多少次.** 成立

定理 1. 设函数 f 在区域 $D \subset \mathbb{C}$ 上为亚纯①, 并且 $G \Subset D$ 是边界 ∂G 为连续曲线的区域; 又设 ∂G 不包含 f 的任何零点和极点. 在这些条件下, 在区域 G 中设 N 和 P 分别表示 f 在这些零点和极点的总数, 于是

$$N - P = \frac{1}{2\pi i} \int_{\partial G} \frac{f'(z)}{f(z)} dz, \tag{3}$$

其中 ∂G 为定向边界.

证明. 因为 $G \Subset D$, 故 f 在 G 中只有有限个零点 $a_1, \cdots, a_l$ 及有限个极点 $b_1, \cdots, b_m$, 而因为 ∂G 既不包含零点又不包含极点, 故 $g = \frac{f'}{f}$ 在 ∂G 的邻域上全纯. 应用柯西留数定理, 我们有

$$\frac{1}{2\pi i} \int_{\partial G} \frac{f'}{f} dz = \sum_{\nu=1}^{l} \operatorname{res}_{a_\nu} g + \sum_{\nu=1}^{m} \operatorname{res}_{b_\nu} g. \tag{4}$$

但是根据我们在上面所做的注解, 有

$$\operatorname{res}_{a_\nu} g = n_\nu \qquad \operatorname{res}_{b_\nu} g = -p_\nu,$$

其中 n_ν 和 p_ν 分别为零点 a_ν 的阶和极点 b_ν 的阶; 将这些代入 (4) 并考虑到所采取的计算零点和极点的约定 (据此, $N = \sum n_\nu$ 和 $P = \sum p_\nu$), 我们便得到了 (3). □

习题. 设函数 f 满足在区域 G 上定理 1 的条件, 而函数 g 在 $\overline{G}$ 上全纯. 证明这时有

$$\frac{1}{2\pi i} \int_{\partial G} g(z) \frac{f'(z)}{f(z)} dz = \sum_{k=1}^{l} g(a_k) - \sum_{k=1}^{m} g(b_k), \tag{5}$$

其中的第一个和取遍 f 在 G 中的所有零点, 第二个和取遍 f 在 G 中的所有极点. 这推广了定理 1: 当 $g \equiv 1$ 时, 从 (5) 就得到 (3) (每个零点和极点所取的次数等于它的阶数). #

所证明的这个定理可给予一个几何的陈述. 我们以道路 $z = z(t)$, $\alpha \leqslant t \leqslant \beta$ 表示 ∂G, 并以 $\Phi(t)$ 表示 $\frac{f'}{f}$ 沿这条道路的原函数; 根据牛顿–莱布尼兹公式有

$$\int_{\partial G} \frac{f'}{f} dz = \Phi(\beta) - \Phi(\alpha). \tag{6}$$

但显然, $\Phi(t) = \ln f[z(t)]$, 其中 $\ln$ 代表了对数的任一分支, 它沿道路 ∂G 连续地变化. 因为 $\operatorname{Ln} f = \ln|f| + i\operatorname{Arg} f$, 且函数 $\ln|f(z)|$ 单值, 故为了挑出这个分支只要挑出分支 $\arg f$ 就可以了, 而它也沿着 ∂G 连续地变动. $\ln|f|$ 沿闭道路 ∂G 的增量为零, 所

①我们回忆一下: 称函数 f 在区域 D 亚纯是说, 如果除了可能有一些极点外它在 D 上为全纯.

以

$$\Phi(\beta) - \Phi(\alpha) = i\{\arg f[z(\beta)] - \arg f[z(\alpha)]\}.$$

记其右端在 i 后的因子为 $\Delta_{\partial G} \arg f$, 它是所挑出的幅角的分支的增量, 于是我们可以改写 (6) 为形式

$$\int_{\partial G} \frac{f'}{f} dz = i\Delta_{\partial G} \arg f.$$

因此, 定理 1 可赋予如下形式:

定理 2 (幅角原理). 在定理 1 的条件下, 函数 f 在区域 G 的零点个数 N 与极点个数 P 的差等于这个函数绕区域的定向边界一周时它的幅角增量除以 2π:

$$N - P = \frac{1}{2\pi}\Delta_{\partial G} \arg f. \tag{7}$$

显然, (7) 的右端几何地表示了当 z 沿道路 ∂G 绕一圈时向量 $w = f(z)$ 绕点 $w = 0$ 的圈数. 以 ∂G^* 表示道路 ∂G 在映射 f 下的像, 即道路 $w = f[z(t)]$, $\alpha \leqslant t \leqslant \beta$; 于是这个数等于向量 w 绕道路 ∂G^* 时的圈数 (图 70). 称这个圈数为道路 ∂G^* 关于点 $w = 0$ 的指标, 记为 $\mathrm{ind}_0 \partial G^*$. 现在幅角原理可读成

$$N - P = \frac{1}{2\pi}\Delta_{\partial G^*} \arg w = \mathrm{ind}_0 \partial G^*. \tag{8}$$

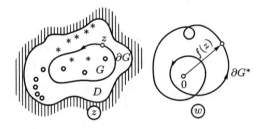

图 70

注 1. 替代函数 f 的零点可以考虑它的 a-点, 即方程 $f(z) = a$ 的根; 为此只要将我们讨论中的函数 f 换作 $f - a$ 即可. 如果 ∂G 不包含函数 f 的 a-点 (如前, 还有极点), 则

$$N_a - P = \frac{1}{2\pi i} \int_{\partial G} \frac{f'(z)}{f(z) - a} dz = \frac{1}{2\pi}\Delta_{\partial G} \arg\{f(z) - a\}, \tag{9}$$

其中 N_a 为 f 在区域 G 中总的零点数. 转向平面 $w = f(z)$, 并引进道路 ∂G^* 关于点 a 的指标概念, 则可将 (9) 重写为

$$N_a - P = \frac{1}{2\pi}\Delta_{\partial G^*} \arg(w - a) = \mathrm{ind}_a \partial G^*. \tag{10}$$

注 2. 公式 (7) 的右端是函数的幅角沿道路的增量, 对于任意沿此道路不为零的连续函数 f 它也是有意义的 (但它的最初的定义与积分相关, 且与导数 f' 相关联, 即要求函数的全纯性). 这个与道路的像 ∂G^* 的指标相等的量具有**拓扑**的特性: 它

在 z 和 w 的拓扑变换下不变. 人们发现, 可以引进关于有零点和极点阶的对于拓扑不变的定义 (与导数或展成级数无关). 于是幅角原理具有拓扑特性: 它对于所有拓扑等价的亚纯函数 (即经上述变量的拓扑变换下得到的函数) 成立. 对这些问题感兴趣的读者可以在斯托伊洛夫 (С. Стоилов) 的书《解析函数的拓扑理论讲义》(М.: ИЛ, 1964) 中找到对它们的详细叙述. #

我们来举幅角原理的应用例子:

定理 3 (鲁歇[①]). 设函数 f 和 g 在闭区域 $\overline{G}$ 上全纯, 且边界 ∂G 为连续曲线, 又设对于所有 $z \in \partial G$

$$|f(z)| > |g(z)|. \tag{11}$$

于是, 函数 f 和 $f+g$ 在 G 中有相同个数的零点.

证明. 由 (11) 看出, f 和 $f+g$ 在 ∂G 上不等于零[②], 所以可对它们应用幅角原理. 因为在 ∂G 上 $f \neq 0$, 故 $f+g = f\left(1+\frac{g}{f}\right)$ 亦如此, 从而在适当选取的幅角值下, 我们有

$$\Delta_{\partial G} \arg(f+g) = \Delta_{\partial G} \arg f + \Delta_{\partial G} \arg\left(1+\frac{g}{f}\right). \tag{12}$$

但因为在 ∂G 上 $\left|\frac{g}{f}\right| < 1$, 故在 $z \in \partial G$ 的变化下, 点 $\omega = \frac{g}{f}$ 不会越出圆盘 $\{\omega| < 1\}$. 因此, 向量 $w = 1 + \omega$ 不可能进行绕点 $w = 0$ 变动, 从而关系式 (12) 的第二项等于 0. 故而 $\Delta_{\partial G} \arg(f+g) = \Delta_{\partial G} \arg f$, 由此, 根据幅角原理得到了定理的结论. □

鲁歇定理在计算全纯函数上有用. 特别, 从它可非常简单地得到多项式的基本性质:

定理 4. 任意一个 $\mathbb{C}$ 上的 n 次多项式 P_n 正好有 n 个根.

证明. 因为 P_n 只在无穷远有极点, 故它的所有的根均在某个圆盘 $\{|z| < R\}$ 中. 设 $P_n = f + g$, 其中 $f = a_0 z^n$ $(a_0 \neq 0)$, 而 $g = a_1 z^{n-1} + \cdots + a_n$; 有必要时可增大 R, 故可设在圆 $\{|z| = R\}$ 上有 $|f| > |g|$, 这是因为 $|f| = |a_0| R^n$, 而 g 为次数不超过 $n-1$ 的多项式. 根据鲁歇定理, P_n 在圆盘 $\{|z| < R\}$ 中具有和 $f = a_0 z^n$ 一样多个的根, 即正好 n 个. □

习题.

1. 求在圆环 $\{1 < |z| < 2\}$ 中多项式 $z^4 + 10z + 1$ 的根的个数.

2. 证明, 任意具实系数的多项式可以分解为具同样实系数的线性式与二次式的乘积. #

[①]鲁歇 (E. Rouché), 1832—1910, 法国数学家.

[②]事实上, 在 ∂G 上, $|f| > |g| \geqslant 0$ 以及 $|f+g| \geqslant |f| - |g| > 0$.

35. 保区域原理①

它说的是以下的重要定理:

定理 1②. 如果 f 在区域 D 上全纯且不恒等于常数, 则像 $D^* = f(D)$ 也是个区域.

证明. 需要证明集合 D^* 为连通和开. 设 w_1 和 w_2 为 D^* 中任意两个点; 我们以 z_1 代表在 D 中 w_1 的逆像中的任一点, 而分别地, 以 z_2 代表 w_2 的逆像中任一点. 因为集合 D 为 (道路) 连通, 故存在连接点 z_1 和 z_2 的道路 $\gamma : [\alpha, \beta] \to D$. 由函数 f 的连续性, 像 $\gamma^* = f \circ \gamma$ 为连接点 w_2 和 w_2 的道路; 显然, 它由 D^* 中的点组成. 于是, 集合 D^* 连通.

设 w_0 为 D^* 中任一点, 而 z_0 为其在 D 中逆像的任一点. 因为 D 为开, 故存在圆盘 $\{|z - z_0| < r\} \Subset D$. 必要时可减小 r, 可假定 $\{|z - z_0| \leqslant r\}$ 不含有除去 z_0 外其他的 w_0-点 (因为 $f \neq$ 常数, 故根据 22 小节的唯一性定理, 它的 w_0-点在 D 中孤立). 我们以 $\gamma = \{|z - z_0| = r\}$ 表示这个圆盘的边界; 又设

$$\mu = \min_{z \in \gamma} |f(z) - w_0|. \tag{1}$$

显然, $\mu > 0$, 这是因为连续函数 $f(z) - w_0$ 在 γ 上达到模的极小值, 那么如果有 $\mu = 0$, 则在 γ 就会存在函数 f 的 w_0-点, 与我们圆盘的构造矛盾.

我们现在证明 $\{|w - w_0| < \mu\} \subset D^*$. 事实上, 设 w_1 为此圆盘中的任一点, 即 $|w_1 - w_0| < \mu$. 我们有

$$f(z) - w_1 = f(z) - w_0 + (w_0 - w_1), \tag{2}$$

而且由于 (1), 在 γ 上有 $|f(z) - w_0| \geqslant \mu$. 因为我们有 $|w_0 - w_1| < \mu$, 故由鲁歇定理 $f(z) - w_1$ 在 γ 的内部的零点的个数与函数 $f(z) - w_0$ 在那里的零点的个数相同, 即至少有一个零点 (点 z_0 可能是函数 $f(z) - w_0$ 的多重零点). 因此, 函数 f 在 γ 内部取值 w_1, 即 $w_1 \in D^*$. 然而 w_1 是属于圆盘 $\{|w - w_0| < \mu\}$ 任意点, 于是, 整个圆盘属于 D^*. D^* 的开性得证. $\quad\square$

注. 我们已经看到, 集合 D^* 的连通性质要求函数 f 的连续性, 而在证明开性质时则利用了唯一性定理和鲁歇定理, 这些是在上面对于全纯函数建立的定理. 对于任意的连续函数关于像的开性质的断言并不成立, 以下的例子可证实它. 设 $f = x^2 + iy$, 而 $D = \{|z| < 1\}$; 于是 $D^* = f(D)$ 不是个开集, 这是因为 D 的竖直直径上的点 (是该圆盘的内点) 变成了 D^* 的边界点了.

但是可以证明, 保区域原理 (同样还有它所基于的唯一性定理和鲁歇定理) 具有拓扑特性, 也就是说, 对于所有拓扑等价于全纯函数的所有函数都成立. #

---

①这一般被称为 "开映射定理". —— 译注
②此定理可追溯到黎曼 (1851 年).

习题.

1. 无须任何计算, 请解第 6 小节的公式 (12) 下边的习题 (2).

2. 设函数 f 在 $\{\operatorname{Im} z \geqslant 0\}$ 全纯, 并在实轴上取实的值而且有界; 证明 $f \equiv$ 常数.

　　　　　　　　　　　　　　　　　　　　　　　　　　　　　　　　　　#

　　类似的, 然而却更加细致一点的考察可给出关于全纯函数**局部逆问题**的解. 该问题可表述如下.

　　已知函数 $w = f(z)$ 在点 z_0 全纯; 要求找出在点 $w_0 = f(z_0)$ 解析的函数 $z = g(w)$, 使得 $g(w_0) = z_0$ 并且在 w_0 的某个邻域中有 $f \circ g(w) \equiv w$.

　　在解这个问题时应该分成两种情形:

　　I. 点 z_0 不是临界点: $f'(z_0) \neq 0$ 像在证明保区域原理时那样, 我们选取除中心外的其他任何 w_0-点的圆盘 $\{|z - z_0| \leqslant r\}$, 并根据公式 (1) 定义 $\mu > 0$. 设 w_1 为圆盘 $\{|w - w_0| < \mu\}$ 中的任意点; 则同样的讨论 (应用公式 (2) 和鲁歇定理) 表明函数 f 在圆盘 $\{|z - z_0| < r\}$ 中取值 w_1 的次数与取 w_0 的一样多. 但在圆盘 $\{|z - z_0| < r\}$ 上只在点 z_0 取值 w_0, 并且又由于条件 $f'(z_0) \neq 0$ 知其为单重.

　　因此, 函数 f 作用圆盘 $\{|z - z_0| < r\}$ 上可从圆盘 $\{|w - w_0| < \mu\}$ 中取任意值, 而且只取一次. 换句话说, 函数 f 在点 z_0 局部可逆.

　　于是在圆盘 $\{|w - w_0| < \mu\}$ 定义了函数 $z = g(w)$ 使得 $g(w_0) = z_0$ 和 $f \circ g(w) \equiv w$. 由 f 的单叶性得到, 当 $\Delta z \neq 0$ 时有 $\Delta w \neq 0$, 由此, 显然, 推导出在圆盘 $\{|w - w_0| < \mu\}$ 中的任意点导数的存在性:

$$g'(w) = \frac{1}{f'(z)}, \tag{3}$$

即在这个圆盘的全纯性[①].

　　II. 点 z_0 是临界点: $f'(z_0) = \cdots = f^{(p-1)}(z_0) = 0$, $f^{(p)}(z_0) \neq 0$ $(p \geqslant 2)$. 再一次重复我们的讨论, 现在则选取圆盘 $\{|z - z_0| < r\}$ 使得在其中除了中心外, 没有任何其他 w_0-点, 也没有导数 f' 的其他零点 (我们再次应用了唯一性定理). 像以前那样, 我们选取 $\mu > 0$, 并从圆盘 $\{|w - w_0| < \mu\}$ 中取任意点 w_1, 证实在其中 f 取值 w_1 的次数与取 w_0 的次数一样. 由所考虑情形的条件得到, 值 w_0 在 z_0 被取了 p 重; 因为我们在 $\{0 < |z - z_0| < r\}$ 上还有 $f'(z) \neq 0$, 故任意满足 $0 < |w_1 - w_0| < \mu$ 的值 w_1 只被函数 f 在圆盘 $\{|z - z_0| < r\}$ 中取在 p 个不同的点上. 因此, 函数 f 在圆盘 $\{|z - z_0| < r\}$ 中的 p 个点取同一个值.

　　我们来解释在这种情形下局部逆问题解的解析特性. 在点 z_0 的一个邻域中我们有

$$w = f(z) = w_0 + (z - z_0)^p \varphi(z), \tag{4}$$

[①]由 (3) 可看出, 对于导数 g' 的存在还需要使 $f' \neq 0$. 由于 f' 的连续性以及 $f'(z_0) \neq 0$, 故可认为在圆盘 $\{|z - z_0| < r\}$ 上没有临界点, 当然, 如有必要还可使 r 变小.

其中 φ 全纯且异于零. 由此得到

$$\sqrt[p]{\varphi(z)}(z-z_0) = (w-w_0)^{1/p}, \tag{5}$$

其中 $\sqrt[p]{\varphi}$ 表示在所考虑的邻域中的该根式的任一全纯分支. 这个分支在此刻展开为以 z_0 为中心的泰勒级数, 且其自由项不为零, 因此对于 $\psi(z) = \sqrt[p]{\varphi(z)}(z-z_0)$ 有 $\psi'(z) \neq 0$. 又令 $(w-w_0)^{1/p} = \omega$, 我们改写 (5) 为形式 $\psi(z) = \omega$, 并应用上面考虑过的情形 I, 由此发现 z 是 ω 的全纯函数: $z = \sum_0^\infty d_n \omega^n$. 在这个展开式中代入 $\omega = (w-w_0)^{1/p}$, 便得到了逆于 f 的函数的皮瑟级数的展开式

$$z = g(w) = \sum d_n (w-w_0)^{n/p}. \tag{6}$$

由此显见, g 是在圆盘 $\{|w-w_0| < \mu\}$ 中的解析函数并且 w_0 是它的 p 阶分支点 (参看第 31 小节).

有所进行的分析, 特别得到

定理 2. $f'(z_0) \neq 0$ 是全纯函数 f 在点 z_0 为局部单叶的充分必要条件.

注 1. 这个条件的充分性也可以从实分析关于隐函数的一般性定理 (映射 $(x,y) \to (u,v)$ 的雅可比 $J_f(z) = |f'(z)|^2$ 在所考虑的点上不为零) 得到. 但是对于在实分析意义下的任意可微的映射, 条件 $J_f(z) \neq 0$ 对于单叶性不是必要的. 这可从映射的例子 $f = x^3 + iy$ 看出, 它的雅可比在点 $z = 0$ 等于 0, 但它是单叶的.

注 2. 对于所有 $z \in D$ 有 $f'(z) \neq 0$ 的局部单叶条件对于函数在整个区域 D 为整体单叶是不够的. 这譬如说, 可从函数 $f(z) = e^z$ 的例子看出, 它在 $\mathbb{C}$ 每个点为局部单叶, 但在任意包含了一对使得 $z_1 - z_2 = 2k\pi i$ 的点 z_1 和 z_2 的区域都不是单叶的, 其中 $k \neq 0$ 为整数. #

我们在上面叙述了局部逆问题的定性解. 最后, 我们注意到, 解析函数论的方法给予了这个问题的有效的数值解. 为简单起见, 考虑 $f'(z_0) \neq 0$ 的情形.

像上面一样, 构造圆盘 $\{|z-z_0| \leqslant r\}$ 和 $\{|w-w_0| < \mu\}$, 并在第二个圆盘的任意固定点 w 上考虑函数 $h(\zeta) = \frac{\zeta f'(\zeta)}{f(\zeta)-w}$. 除了点 $z = g(w)$, 其中 g 为函数 f 的逆外, 它在第一个圆盘上处处全纯, 而在此点 (一阶极点) 的留数为 z. 于是, 根据柯西留数定理,

$$z = \frac{1}{2\pi i} \int_\gamma \frac{\zeta f'(\zeta)}{f(\zeta)-w} d\zeta, \tag{7}$$

其中 $\gamma = \{|\zeta-z_0| = r\}$.

右端的积分依赖于 w, 我们得到了反函数 $g(w)$ 的积分表示. 由此, 如同从柯西积分公式得到泰勒展开式那样进行, 可以得到 g 的幂级数展开式. 我们有

$$\frac{1}{f(\zeta)-w} = \frac{1}{f(\zeta)-w_0} \cdot \frac{1}{1 - \dfrac{w-w_0}{f(\zeta)-w_0}} = \sum_{n=0}^\infty \frac{(w-w_0)^n}{[f(\zeta)-w_0]^{n+1}},$$

而且这个展开式在圆 γ 上对于 ζ 一致收敛 (在 γ 上 $|f(\zeta)-w_0| \geqslant \mu$, 而 $|w-w_0| < \mu$).

对此展开式乘以 $\frac{\zeta f'(\zeta)}{2\pi i}$ 并沿 γ 逐项积分, 我们得到

$$z = g(w) = \sum_{n=0}^{\infty} d_n(w - w_0)^n, \tag{8}$$

其中

$$d_n = \frac{1}{2\pi i} \int_\gamma \frac{\zeta f'(\zeta)d\zeta}{[f(\zeta) - w_0]^{n+1}} \quad (n = 0, 1, \cdots).$$

我们显然有 $d_0 = z_0$, 而当 $n \geqslant 1$, 可以用分部积分法变换我们的表达式为

$$d_n = \frac{1}{2\pi i n} \int_\gamma \frac{1}{[f(\zeta) - w_0]^n} d\zeta.$$

被积函数在 γ 内部的点 z_0 具有 n 阶极点; 按照已知公式 (26 小节) 求它们的留数, 我们发现系数的最终表达式为

$$d_0 = z_0, \quad d_n = \frac{1}{n!} \lim_{z \to z_0} \frac{d^{n-1}}{dz^{n-1}} \left(\frac{z - z_0}{f(z) - w_0} \right)^n, \quad n = 1, 2, \cdots \tag{9}$$

称具系数 (9) 的级数 (8) 为比尔曼–拉格朗日级数[1]. 可以对于全纯函数的有效逆问题使用它.

例. 设 $f(z) = ze^{-az}$; 我们来求出这个函数对应于 $z_0 = 0$ 的在点 $w_0 = 0$ 的逆. 由公式 (9) 对于 $n \geqslant 1$ 我们得到

$$d_n = \frac{1}{n!} \lim_{z \to 0} \frac{d^{n-1}}{dz^{n-1}} \left(\frac{z}{f(z)} \right)^n = \frac{(an)^{n-1}}{n!},$$

从而比尔曼–拉格朗日级数具有形式

$$z = g(w) = \sum_{n=1}^{\infty} \frac{(an)^{n-1}}{n!} w^n. \tag{10}$$

可以指出, 也可将比尔曼–拉格朗日级数推广到 $f'(z_0) = \cdots = f^{(p-1)}(z_0) = 0, f^{(p)}(z_0) \neq 0, p \geqslant 2$ 的情形, 但我们不准备在此讲它.

36. 代数函数的概念

这个概念在分析和应用中都起着重要的作用. 我们在这里介绍两个代数函数的定义并证明它们等价. 为了阐述它们中的第一个, 我们回忆, 我们称之为的解析函数的代数奇点是指, 当逼近它的有限阶分支点时分支函数趋向于有限的或无穷的极限, 而且还有它的分支的极点 (第 31 小节).

定义 1. 在 $\overline{\mathbb{C}}$ 上的有限值[2]解析函数, 如果它的奇点的集合 $A = \{a_1, \cdots, a_l\}$ 有限, 而且它们全都是代数的, 则称它为代数函数.

代数函数在 $\overline{\mathbb{C}} \setminus A$ 的每个点上具有相同个数的元. 事实上, 任意两个点 $z', z'' \in$

---

[1]这个级数在拉格朗日 (1770 年) 和 Bürmann (1779 年) 的著作中发现; 他们都没有用积分表示 (7) 及其计算来得到它.

[2]请注意, 函数的有限值性质不能由定义的其他条件推出: 在有限个点 a_j 上可以排列有无穷多个有限阶的分支点.

$\overline{\mathbb{C}} \setminus A$ 可以用不经过 A 的道路 γ 连接, 从而每个属于所考虑的函数的元可沿 γ 解析延拓. 设函数在 z' 和 z'' 分别有 n' 和 n'' 个元; 沿 γ 的延拓将每个在 z' 的元移动为在 z'' 的元, 而且根据唯一性定理, 不同的元不能变到同一个, 因此 $n'' \geqslant n'$, 但由于点 z' 和 z'' 具有同等的地位, 我们也有 $n' \geqslant n''$; 因此 $n' = n''$. 称这个共同的数为此代数函数的次; 几何地看, 它意味着这个函数的黎曼面的叶数 (参看 32 小节).

定理 1. n 次代数函数的值满足代数方程

$$p(z, w) = p_0(z)w^n + p_1(z)w^{n-1} + \cdots + p_n(z) = 0, \tag{1}$$

其中 p_j 为多项式, 它们全体的集合不具有常数以外的公因式.

证明. 当 $n = 1$, 函数为单值从而它的奇点只能是有限个极点; 于是它是有理的 (第 25 小节, 定理 4), 因而是两个多项式的分式: $w = -p_1(z)/p_2(z)$, 这等同于 (1). 对于 $n > 1$, 我们固定点 $z \in \overline{\mathbb{C}} \setminus A$, 并以 $f_1(z), \cdots, f_n(z)$ 表示所考虑函数在它的值. 函数 f_j 在 z 的邻域内全纯并且可沿任意不通过点 $a_k \in A$ 的道路解析延拓.

在沿闭道路绕点 a_k 时, f_j 的值会变化, 但这个变化仅仅在于 f_j 转移到所考虑函数在同一点的另一个值 $f_{j'}$ (实际上, 在点 z 它有 n 个值 $f_1(z), \cdots, f_n(z)$). 因此基本对称函数

$$\sigma_1 = f_1 + \cdots + f_n, \quad \sigma_2 = f_1 f_2 + \cdots + f_{n-1} f_n, \quad \cdots, \quad \sigma_n = f_1 \cdots f_n$$

当绕点 a_k 做圈时不变. 于是, 函数 σ_k 单值并在 A 外全纯, 而在这个集合中的点上它们仅有极点. 根据上面所引述的定理因而得知, 它们全都是有理的.

从代数知道, 值 $f_1(z), \cdots, f_n(z)$ 是方程

$$w^n - \sigma_1(z)w^{n-1} + \cdots + (-1)^n \sigma_n(z) = 0$$

的根.

将 σ_j 表示为多项式的比, 然后将上面这个方程两边乘以所有 σ_j 的分母的最小公倍多项式, 并消去所有分子的 (非常数) 公因子 (如果有的话). 这样我们便得到了形如 (1) 的方程. □

注. 方程式 (1) 左端的多项式 $P(z, w)$ 是不可约的, 即不可能将它表示为两个 z, w 的多项式的乘积, 其中每一个都非常数. 事实上, 设 $P = P_1 P_2$; 于是所考虑的函数在点 $z_0 \notin A$ 一个邻域中的分支 f 满足方程 $P_1(z, f(z)) \times P_2(z, f(z)) = 0$. 至少两个因子之一, 譬如 P_1, 在此邻域中总取无穷次零值, 因此在此邻域 $P_1(z, f(z)) \equiv 0$. 然而可以找到在 $\overline{\mathbb{C}} \setminus A$ 中的闭道路将 $f(z_0)$ 转换为我们的函数的另外一个值 $f_j(z_0)$, 再由解析延拓的唯一性定理, 我们得到, 在所考虑的邻域中有 $P_1(z, f_j(z)) \equiv 0$. 这个恒等式对于我们函数的所有分支都成立, 即多项式 $P_1(z, w)$ 关于 w 有 n 个根, 从而它关于 w 的次数为 n, 于是 P_2 关于 w 为零阶, 即只依赖于 z, 而如果它不是常数的话, 就与方程 (1) 的系数没有非常数公因式矛盾.

考虑到这个注解, 我们便可以证明定理 1 的逆定理.

定理 2. (关于 w 的) 不可约代数多项式

$$P(z,w) = p_0(z)w^n + \cdots + p_n(z) \tag{2}$$

的根是某个代数函数的值.

证明. 我们注意到, 多项式 $p_0(z)$ 的零点, 是在其上方程 $P(z,w) = 0$ 具有在无穷远根的点, 还有多项式 P 的判别式 $D(z)$ 的零点, 是在其上这个方程具有重根的点. 由于不可约多项式 P 的判别式 $D \not\equiv 0$[①], 故而这些例外点的集合 $A = \{a_1, \cdots, a_l\}$ 有限.

固定点 $z_0 \notin A$, 并以 w_0 表示多项式 $P(z_0, w)$ 的根中的一个; 于是 $P(z_0, w_0) = 0$, 而导数 $P'_w(z_0, w_0) \neq 0$.

我们选取邻域 $\overline{V} = \{|w - w_0| \leqslant r\}$, 使得在其中不包含 $P(z_0, w)$ 的其他根, 并记 $\rho = \min_{w \in \partial V} |P(z_0, w)|$, $\rho > 0$. 由于 P 的对全体变量的连续性, 存在邻域 $\overline{U} = \{|z - z_0| \leqslant \delta\}$ 使得当 $(z, w) \in \overline{U} \times \overline{V}$ 时 $|P(z,w) - P(z_0,w)| < \rho$. 于是, 令

$$P(z,w) = P(z_0,w) + (P(z,w) - P(z_0,w)),$$

根据鲁歇定理我们得出结论说, 对于任意固定的 $z \in U$, 函数 $P(z,w)$ 在 V 上正好有一个零点 $w = f(z)$, 并根据在第 35 小节的公式 (7), 有

$$f(z) = \frac{1}{2\pi i} \int_{\partial V} \frac{\omega P'_w(z, \omega)}{P(z, \omega)} d\omega. \tag{3}$$

因为当 $z \in U$ 和 $\omega \in \partial V$, 分母 $P(z,w) \neq 0$, 故而被积函数, 从而意味着函数 f, 在 U 中全纯. 显然, 元 (U, f) 沿任意不通过点 a_j 的道路 γ 可解析延拓, 而根据唯一性定理, 由此延拓得到的函数的值满足方程 $P(z, w) = 0$. 因此, 在这样的延拓下产生的解析函数是有限值的, 而它的奇点只可能是点 a_j, 它们是孤立, 以及至多是有限阶的分支点.

设 a 是那些点中一个; 我们已指出, 我们函数的任何分支在逼近这个点时趋向于有限极限或无穷大. 记 $g = (z - a)^m f$, 其中 m 我们目前选为非负整数. 显然, 函数 g 满足方程

$$g^n + (z-a)^m \frac{p_1}{p_0} g^{n-1} + \cdots + (z-a)^{mn} \frac{p_n}{p_0} = 0,$$

并且, 如果取 m 使得所有的系数 $(z-a)^{mj} p_j(z)/p_0(z)$ 当 $z \to a$ 时趋向于 0 (这样做是可能的, 因为 p_0 是多项式), 故这个方程的所有根 (它们中有函数 g 的值) 当 $z \to a$ 时趋向于 0[②]. 于是当 $z \to a$ 时 $f = g/(z-a)^m$ 趋向于有限或无穷极限, 即 a 是函数的代数奇点.

---

①参看A. И. 柯斯特利金的《代数学引论》(M.: Наука, 1977; 中译本三卷, 分别由张英伯、牛凤文、郭文彬译, 北京: 高等教育出版社, 2006—2008), 也可参看本书的第二卷.

②事实上, 我们考虑方程 $w^n + c_1 w^{n-1} + \cdots + c_n = 0$ 并记 $s = |c_1| + \cdots + |c_n|$. 如果这个方程的根 w 的模 $\leqslant 1$, 则 $|w^n| \leqslant |c_1 w^{n-1} + \cdots + c_n| \leqslant s$, 而如果 $|w| > 1$, 则 $|w^n| \leqslant (|c_1 + \cdots + |c_n|)|w|^{n-1}$. 不管在哪一种情形都有 $|w| \leqslant \max(\sqrt[n]{s}, s)$, 这意味着当 $s \to 0$ 它趋向 0.

因此, 由多项式 (2) 的根的值所建立的解析函数是代数的. 还要证明, 这个函数包含了该多项式的所有的根, 即它是 n-值的. 如果不是这样, 则按照定理 1, 由该函数所构建的多项式 $Q(z, w)$ 就会具小于 n 的次数, 而因为对于固定的 z 多项式 Q 的所有根是 P 的根, 故而 P 被 Q 除尽, 这与 P 的不可约性矛盾.　　□

定理 1 和 2 证明了, 代数函数可以定义为形如 (1) 的方程的解: 这也解释了它们具有的各种各样的应用.

37. 最大模原理和施瓦茨引理

最大模原理可由以下定理表达:

定理 1. *如果函数 f 在区域 D 上全纯, 并且它的模 $|f|$ 在某个点 $z_0 \in D$ 达到 (局部) 极大值, 则 f 为常数.*

证明. 我们利用保区域原理来证明. 如果 $f \neq$ 常数, 则它将 z_0 变换到区域 D^* 中的点 w_0. 存在圆盘 $\{|w - w_0| < \mu\} \subset D^*$, 而在其中可以找到 w_1 使得 $|w_1| > |w_0|$. 于是函数 f 在点 z_0 的某个邻域中取值 w_1, 从而与 $|f|$ 在 z_0 达到极大的假定相反.　　□

考虑到在闭集上连续函数的性质, 最大模原理还可叙述为

定理 2. *如果函数 f 在区域 D 上全纯, 并在 $\overline{D}$ 上连续, 则 $|f|$ 在边界 ∂D 达到极大.*

证明. 如果 $f =$ 常数 (在 D 中, 而又连续性意味着在 $\overline{D}$ 为常数), 断言平凡. 如果 $f \neq$ 常数, 则 $|f|$ 在 D 的点上不能达到极大, 而因为在 $\overline{D}$ 上 $|f|$ 应该达到极大值, 故它在 ∂D 达到.　　□

习题.

1. 设 $P(z)$ 为 z 的 n 次多项式, 且 $M(r) = \max_{|z|=r} |P(z)|$; 证明, $M(r)/r^n$ 为递降函数.

2. 叙述并证明关于全纯函数实部的极大值原理. #

对于极小模的类似断言, 一般说来并不成立. 这可由函数 $f = z$ 在圆盘 $\{|z| < 1\}$ 的例子看出 ($|f|$ 的极小在 $z = 0$ 达到). 但是成立这样的

定理 3. *如果函数 f 在区域 D 全纯, 并在此区域中不取零值, 则 $|f|$ 在 D 内达到它的 (局部) 极小值只能发生在 f 为常数的情形.*

为证明它只要对 $g = 1/f$ 应用定理 1 即可, 因为 $f \neq 0$, 故 g 在 D 中全纯.

所得到的这些结果表明全纯函数的模曲面, 即在空间 (x, y, ρ) 中具方程 $\rho = |f(z)|$ 的曲面 (参看第 5 小节) 具有某些结构上的特点. 这就是说它不可能有局

部极大, 并且如果不处于 $\rho = 0$ 的水平线上也不可能有相对极小 (图 71 的点 a 和 b). 这个曲面的点在且仅在那些两个导数 $\frac{\partial |f|}{\partial x}$ 和 $\frac{\partial |f|}{\partial y}$ 为零的点具有水平切平面, 或等价地, 在且仅在那些两个导数 $\frac{\partial |f|}{\partial z}$ 和 $\frac{\partial |f|}{\partial \bar{z}}$ 为零 (或称驻点). 具有水平切平面简单的计算表明[1]

$$\frac{\partial |f|}{\partial z} = \frac{\bar{f}}{2|f|} f'(z), \quad \frac{\partial |f|}{\partial \bar{z}} = \frac{f}{2|f|} \overline{f'(z)}, \tag{1}$$

由此可知, 函数 f 的驻点或者可以是它的零点 ($|f|$ 在水平面 $\rho = 0$ 的极小点, 就像在图 71 上的点 c), 或者是它的导数 f' 的零点 (模曲面的鞍点, 就像在图 71 上的点 d).

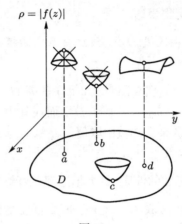

$$\rho = |f(z)|$$

图 71

最大模原理对于函数论有重要应用. 举例说, 借助于这个原理容易解释清楚为什么龙格定理 (第 23 小节) 对多连通区域不成立. 事实上, 在非单连通区域 D 上存在闭的若尔当曲线 r, 其内部至少有一点 $z_0 \notin D$. 如果某个函数被多项式在任一个紧集合 $K \Subset D$ 上一致逼近, 则存在多项式的序列 P_n, 在 γ 上一致收敛于 f. 按照柯西判别法, 对于任意 $\varepsilon > 0$ 可以找到序号 N, 使得对所有 $m, n \geqslant N$, 在任意点 $z \in \gamma$ 有

$$|P_m(z) - P_n(z)| < \varepsilon.$$

根据最大模原理, 这个不等式在由 γ 所包围的区域 G 的任意点上都成立, 由此, 根据同一判别法, 序列 P_n 在 G 上一致收敛. 按照魏尔斯特拉斯定理 (23 小节), $\lim_{n \to \infty} P_n$ 为在 G 上的全纯函数. 但是在 $G \cap D$ 的点上这个极限与 f 相同, 从而 f 可延拓到 G 中, 特别, 可延拓到点 z_0. 因为不是 $\mathcal{O}(D)$ 中的任何函数都具有这个性

---

[1] 公式 (1) 通过对函数 $|f| = \sqrt{f\bar{f}}$ 进行对 z 和 $\bar{z}$ 的形式的微分得到; 其有效性来自显见的公式

$$\frac{\partial |f|}{\partial x} = \frac{uu_x + vv_x}{|f|}, \quad \frac{\partial |f|}{\partial y} = \frac{uu_y + vv_y}{|f|}.$$

质 (譬如, $\frac{1}{z-z_0}$ 便不具有), 故并非 $\mathcal{O}(D)$ 中所有函数可以被多项式一致逼近, 这与龙格定理的断言相背.

习题.

1. 证明, 在 $U = \{|z| < 1\}$ 上全纯并在 $\overline{U}$ 中连续的函数 f, 如果它不取零且在 $|z| = 1$ 时 $|f(z)| = 1$, 则 f 为常数.

2. 设函数 f 和 g 在 U 中全纯并在 $\overline{U}$ 中连续; 证明 $|f(z)| + |g(z)|$ 在 $\{|z| = 1\}$ 达到最大值. [**提示**: 考虑函数 $h = e^{i\alpha}f + e^{i\beta}g$, 其中 α 和 β 是引进的常数.] #

以下是最大模原理的简单推论:

引理 (施瓦茨[①]). 设函数 f 在圆盘 $U = \{|z| < 1\}$ 中全纯, 但其模在那里不超过 1 (即对于所有 $z \in U$, $|f(z)| \leqslant 1$), 并且 $f(0) = 0$. 于是, 对于所有的 $z \in U$ 有
$$|f(z)| \leqslant |z|, \tag{2}$$
另外, 如果等号只要在一个点 $z \neq 0$ 成立, 则它就在 U 中处处成立, 并且在这种情形有 $f(z) \equiv e^{i\alpha}z$, 其中 α 为实常数.

证明. 考虑函数 $\varphi = f(z)/z$; 由于条件 $f(0) = 0$, 它在 U 上全纯. 考虑任意的圆盘 $U_r = \{|z| < r\}$, $r < 1$; 根据定理 2, 函数 $|\varphi|$ 在它的边界 $\gamma_r = \{|z| = r\}$ 上达到它的极大值[②]. 然而在 γ_r 上由条件 $|f| \leqslant 1$, 我们有 $|\varphi| \leqslant 1/r$; 因此在 U_r 处处有
$$|\varphi(z)| \leqslant 1/r. \tag{3}$$
固定 z 并让 r 趋向 1; 由不等式 (3) 在极限得到 $\varphi(z) \leqslant 1$, 即对于所有 $z \in U_r$ 有 $|f(z)| \leqslant |z|$. 因为任一点 $z \in U$ 必落在某个圆盘 U_r, $r < 1$ 中, 从而不等式 (2) 得证.

如果在任一点 $z_0 \in U$, (2) 的等号成立, 则 $|\varphi|$ 达到它的极大值, 即 1. 于是 φ 为常数, 其模显然为 1, 即 $\varphi(z) \equiv e^{i\alpha}$ 从而 $f(z) \equiv e^{i\alpha}z$. □

由施瓦茨引理推出, 在从圆盘 $\{|z| < 1\}$ 到圆盘 $\{|w| < 1\}$ 的, 将中心变到中心的全纯映射 f 下, 任意圆 $\{|z| = r\}$ 的像都在圆盘 $\{|w| < r\}$ 内部 (图 72). 这时

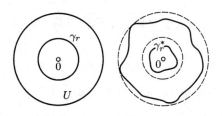

图 72

$\{|z| = r\}$ 的像与 $\{|w| = r\}$ 有公共点只能发生在当 f 成为绕点 $z = 0$ 的旋转的情形.

习题.

1. 证明, 在施瓦茨引理的条件下有 $|f'(0)| \leqslant 1$, 并且等式成立当且仅当 $f(z) \equiv e^{i\alpha}z$.

2. 设 $f \in \mathcal{O}(U)$, $f : U \to U$ 且 $f(0) = \cdots = f^{(k-1)}(0) = 0$; 证明对于所有 $z \in U$ 有 $|f(z)| \leqslant |z|^k$. #

§12. 黎曼定理

在区域 D 上的任意全纯且单叶的函数 f 可以实现为这个区域的一个共形映射, 这是因为根据在第 35 小节从单叶性所证明的得出, 在 D 中没有 f 的临界点. 我们在前面已多次考虑过由给出的函数所实现的映射. 在这里我们要考虑更难和更重要的具有实用目的的反问题:

给出两个区域 D_1 和 D_2; 要求找出从其中一个到另一个的 (单叶的) 共形映射 $f : D_1 \to D_2$.

38. 共形同构和自同构

定义. 从区域 D_1 到 D_2 上的 (单叶的) 共形映射 f 也被称为 (共形) 同构, 而称这个映射涉及的两个区域为同构 (或共形等价). 区域到自己的同构称为 (共形) 自同构.

容易看出, 任意区域 D 的自同构 $\varphi : D \to D$ 的集合构成一个群, 成为这个区域的自同构群, 记为 $\mathrm{Aut}\, D$. 取复合 $\varphi_2 \circ \varphi_1$ 作为群的运算, 恒等映射 $e : z \mapsto z$, 作为单位元, 而 $w = \varphi(z)$ 的逆元是逆映射 $z = \varphi^{-1}(w)$.

区域上自同构群的丰富内涵可以预先判断出从其他区域到它的全纯映射的丰富内涵. 这可理解为

定理 1. 如果 $f_0 : D_1 \to D_2$ 为任一固定的同构, 则 D_1 到 D_2 上的所有同构的集合可由公式

$$f = \varphi \circ f_0 \tag{1}$$

表达. 其中 $\varphi \in \mathrm{Aut}\, D_2$ 是区域 D_2 的任意自同构.

证明. 任意自同构 $\varphi \in \mathrm{Aut}\, D_2$, 复合 $\varphi \circ f_0$ 显然是 D_1 到 D_2 的共形映射. 另一方面, 设 $f : D_1 \to D_2$ 为任一同构; 于是 $\varphi = f \circ f_0^{-1}$ 是 D_2 到自己的共形映射, 即 D_2 的自同构, 由此公式得到了 (1).   □

我们在后面仅限于考虑**单连通的**区域 D. 我们从中挑出三个我们称之为典型区域的: 闭平面 $\overline{\mathbb{C}}$, 开平面 $\mathbb{C}$, 以及单位圆盘 $U = \{|z| < 1\}$. 在第 10 小节, 我们曾计算

过这些区域的分式线性自同构群. 然而成立

定理 2. 这些典型区域的任何共形自同构都是分式线性的.

证明. 设 φ 是 $\overline{\mathbb{C}}$ 的任一自同构; 存在一个在 φ 下对应于无穷远点的唯一的点 $z_0 \in \overline{\mathbb{C}}$, 因此函数 φ 在除去 z_0 的 $\overline{\mathbb{C}}$ 上处处全纯, 而在 z_0 为极点. 在 $n \geqslant 2$ 阶极点的邻域中函数是非单叶的, 故而 φ 在 z_0 有一阶极点. 根据第 25 小节定理 4 可得出结论说, 当 $z_0 \neq \infty$ 时 φ 具有形式 $\varphi(z) = \frac{A}{z - z_0} + B$, 而在 $z_0 = \infty$ 则为 $\varphi(z) = Az + B$ (A 和 B 为常数), 因而, φ 是个分式线性函数. 对于开平面 $\mathbb{C}$ 的情形可做类似考虑.

设 φ 为单位圆盘的任一自同构; 记 $\varphi(0) = w_0$, 并构造圆盘 U 的一个分式线性自同构

$$\lambda : w \to \frac{w - w_0}{1 - \overline{w}_0 w},$$

它将点 w_0 变到 0. 复合 $f = \lambda \circ \varphi$ 也是 U 的自同构, 并且 $f(0) = 0$. 另外, 因为对于所有 $z \in U$ 有 $|f(z)| < 1$, 故将上一小节的施瓦茨引理用于函数 f, 从而对于所有的 $z \in U$ 有

$$|f(z)| \leqslant |z|.$$

然而逆映射 $z = f^{-1}(w)$ 满足这同一个引理的条件, 因此对于所有 $w \in U$ 有 $|f^{-1}(w)| \leqslant |w|$, 由此, 令 $w = f(z)$, 我们便得到, 对所有的 $z \in U$ 有

$$|z| \leqslant |f(z)|.$$

因此, 我们对于所有的 $z \in U$ 有 $|f(z)| \equiv |z|$, 并且根据施瓦茨引理最后得到 $f(z) = e^{i\alpha} z$. 这样, $\varphi = \lambda^{-1} \circ f = \lambda^{-1}(e^{i\alpha} z)$ 便是个分式线性映射. □

考虑到第 10 小节的结果, 我们得到了对于典型区域的全部 (共形) 自同构的完全描述.

(I) 闭平面:

$$\operatorname{Aut} \overline{\mathbb{C}} = \left\{ z \to \frac{az + b}{cz + d}, \quad ad - bc \neq 0 \right\}. \tag{2}$$

(II) 开平面:

$$\operatorname{Aut} \mathbb{C} = \{ z \to az + b, \quad a \neq 0 \}. \tag{3}$$

(III) 单位圆盘:

$$\operatorname{Aut} U = \left\{ z \to e^{i\alpha} \frac{z - a}{1 - \overline{a}z}, \quad |a| < 1, \ \alpha \in \mathbb{R} \right\}. \tag{4}$$

容易看出, 不同的典型区域互不同构. 事实上, 闭平面 (球面) $\overline{\mathbb{C}}$ 甚至与 $\mathbb{C}$ 和 U 都不同胚, 从而不能够全纯地在这些区域间共形映射. 区域 $\mathbb{C}$ 和 U 同胚, 但譬如说到 $\mathbb{C}$ 到 U 上的共形映射则是不存在的, 理由是, 这样的映射应该以整函数 f 来实现, 而它又处处有 $|f(z)| < 1$, 于是由刘维尔定理, $f \equiv$ 常数.

边界为空集的区域恒同于 $\overline{\mathbb{C}}$. 边界只由一个点构成的区域是去掉一个点的平面 $\overline{\mathbb{C}}$, 显然共形地 (甚至分式线性地) 同构于 $\mathbb{C}$. 作为这一节的基本结果的黎曼定理是

说, 任何边界多于一个点的单连通区域 D (从而为无穷多个点, 这是因为这时的边界是连通的) 同构于单位圆盘 U.

我们稍后再证明这个存在性的定理, 在这里我们先来证明这种共形映射的**唯一性定理**:

定理 3. 如果区域 D 同构于单位圆盘 U, 则所有 D 到 U 上的共形映射的集合依赖于三个实参数. 特别, 存在从区域 D 到 U 上的唯一的共形映射 f, 它被如下条件标准化:

$$f(z_0) = 0, \quad \arg f'(z_0) = \theta, \tag{5}$$

其中 z_0 是 D 中一个任意点, 而 θ 为一任意实数.

证明. 第一个断言来自定理 1, 其理由是在公式 (4) 中 $\operatorname{Aut} D$ 依赖于三个实参数: 点 a 的两个坐标以及 α.

为证明第二个论断我们假定有两个从区域 D 到 U 上的这样的映射 f_1 和 f_2, 并且它们均满足标准化条件 (5). 于是 $\varphi = f_1 \circ f_2^{-1}$ 是 U 的一个自同构, 还满足 $\varphi(0) = 0$ 以及 $\arg \varphi'(0) = 0$. 从公式 (4) 我们得到 $a = 0$ 及 $\alpha = 0$, 即 $\varphi(z) \equiv z$ 或者 $f_1(z) \equiv f_2(z)$. $\quad \Box$

习题. 证明存在不多于一个的从 D 到单位圆盘 U 上的共形映射, 使它在 $\overline{D}$ 上连续并满足以下标准化条件之一: (a) 给定了 D 的一个内点和一个边界点的像; (b) 给定了 D 的三个边界点的像. #

为了证明黎曼定理还需发展出一些工具, 而它们在复分析的其他的问题中也有用.

39. 紧性原理

定义 1. 称在区域 D 上给出的函数族 $\{f\}$ 为局部一致有界是说, 如果对于任意集合 $K \Subset D$, 存在常数 $M = M(K)$ 使得对于所有 $z \in K$ 和所有 $f \in \{f\}$ 有

$$|f(z)| \leqslant M. \tag{1}$$

称族 $\{f\}$ 为局部等度连续是说, 如果对于任意 $\varepsilon > 0$ 以及任意集合 $K \Subset D$, 可以找到 $\delta = \delta(\varepsilon, K)$ 使得对于所有满足 $|z' - z''| < \delta$ 的 $z', z'' \in K$ 以及所有的 $f \in \{f\}$ 都有

$$|f(z') - f(z'')| < \varepsilon. \tag{2}$$

定理 1. 如果在区域 D 中全纯的函数族 $\{f\}$ 为局部一致有界, 则它也为局部等度连续.

证明. 设 $K \Subset D$; 我们以 2ρ 记不相交的闭集合 $\overline{K}$ 和 ∂D 之间的距离, 即对于

所有 $z \in K$ 和所有 $\zeta \in \partial D$ 取的 $\inf |z - \zeta|$[①], 并以

$$K^{(\rho)} = \bigcup_{z_0 \in K} \{z : |z - z_0| < \rho\}$$

为集合 K 的 ρ-拉开. 因为 $K^{(\rho)} \Subset D$, 可以找到常数 M 使得对所有的 $z \in K^{(\rho)}$ 和所有的 $f \in \{f\}$ 有 $|f(z)| \leqslant M$. 设 z', z'' 为 K 中任意两个满足 $|z' - z''| < \rho$ 的点. 因为圆盘 $U_\rho = \{|z - z'| < \rho\} \subset K^{(\rho)}$, 故而对这个圆盘中的所有点 z 有 $|f(z) - f(z')| \leqslant 2M$. 映射 $\zeta = \frac{1}{\rho}(z - z')$ 将 U_ρ 变换到圆盘 $\{|\zeta| < 1\}$, 而函数 $g(\zeta) = \frac{1}{2M}\{f(z' + \zeta\rho) - f(z')\}$ 则满足了施瓦茨引理的条件.

根据此引理有, 对于所有满足 $|\zeta| < 1$ 的 ζ 有 $|g(\zeta)| \leqslant |\zeta|$, 或者写成, 对于所有的 $z \in U_\rho$ 有

$$|f(z) - f(z')| \leqslant \frac{2M}{\rho}|z - z'|. \tag{3}$$

当给出 $\varepsilon > 0$ 时, 我们令 $\delta = \min\left(\rho, \frac{\varepsilon\rho}{2M}\right)$, 于是由 (3) 得到, 如果 $|z' - z''| < \delta$, 则对于所有 $f \in \{f\}$ 有 $|f(z') - f(z'')| < \varepsilon$. □

定义 2. 称在某个区域 D 中给出的函数族 $\{f\}$ 为紧[②]是说, 如果这个族中函数 f_n 形成的每个序列中可以找出子序列 f_{n_k} 使得它在任意 $K \Subset D$ 上一致收敛.

定理 2 (蒙泰尔)[③]. 如果在区域 D 中的全纯函数族 $\{f\}$ 局部一致有界, 则它在 D 上紧.

证明. (a) 我们先证明, 如果序列 $f_n \subset \{f\}$ 在某个集合 $E \subset D$ 的每点收敛, 其中 E 在 D 中处处稠密, 则它在每个 $K \Subset D$ 上一致收敛. 固定一个 $\varepsilon > 0$ 和一个集合 $K \Subset D$; 利用族 $\{f\}$ 的等度连续性, 我们将 D 分割为正方形, 其边平行于 z 平面的坐标轴, 并且其边长如此之小, 使得对于属于同一个正方形的任意两个点 z', $z'' \in K$ 及任意的 $f \in \{f\}$, 成立不等式

$$|f(z') - f(z'')| < \varepsilon/3. \tag{4}$$

集合 K 被有限个这种正方形 q_p, $(p = 1, \cdots, P)$ 覆盖; 因为 E 在 D 中处处稠密, 故在每个 q_p 存在点 $z_p \in E$. 因为序列 $\{f_n\}$ 在 E 上收敛, 故可找到一个数 N, 使得对于所有 $m, n > N$ 及所有 z_p, $p = 1, \cdots, P$ 有

$$|f_m(z_p) - f_n(z_p)| < \varepsilon/3. \tag{5}$$

现在设 z 为 K 中一个任意点; 在同一个正方形中存在点 z_p, 对于 z, 及对于所有的 $m, n > N$, 按照不等式 (4) 和 (5), 得到

$$|f_m(z) - f_n(z)| \leqslant |f_m(z) - f_m(z_p)| + |f_m(z_p) - f_n(z_p)| + |f_n(z_p) - f_n(z)| < \varepsilon.$$

[①] 除了 $D = \mathbb{C}$ 或 $\overline{\mathbb{C}}$ 外, 数 ρ 为正和有限, 定理的断言对于它们是平凡的.

[②] 我们将定义在区域 D 上的函数看作是某个空间 $A(D)$ 中的点. 在此空间中引进拓扑, 使得任意序列 f_n 收敛定义为它在每个紧子集 $K \Subset D$ 上一致收敛. 于是函数族 $\{f\}$ 的紧性归结为在空间 $A(D)$ 中相应点集的紧性. 这个注解表明术语的选择是正确的.

[③] P. Montel (1876—1937), 法国数学家.

根据柯西判别法由此得出, 序列 $\{f_n(z)\}$ 对所有的 $z \in K$ 收敛, 而且在 K 上一致收敛.

(b) 现在我们来证明, 从任意序列 $f_n \subset \{f\}$ 可以挑出在一个处处稠密于 D 的集合 $E \subset D$ 上每点都收敛的一个子序列. 作为 E, 我们选取那些点 $z = x + iy \in D$ 的集合, 使它们的两个坐标 x 和 y 为有理数; 显然, 它可数并且处处稠于 D; 设 $E = \{z_\nu\}_{\nu=1}^{\infty}$.

数序列 $f_n(z_1)$ 有界, 因此从它可以挑出收敛子序列 $f_{k1} = f_{n_k} \ (k = 1, 2, \cdots)$. 数序列 $f_{n1}(z_2)$ 也有界, 从而从它可以挑出 $f_{k2} = f_{n_k 1}, \ (k = 1, 2, \cdots)$; 函数序列 f_{n2} 至少在两个点: z_1 和 z_2 上收敛. 从序列 $f_{n2}(z_3)$ 又挑出收敛的子序列 $f_{k3} = f_{n_k 2} \ (k = 1, 2, \cdots)$ 使得 f_{n3} 至少在 3 个点 z_1, z_2 和 z_3 上收敛. 类似的构造可以无限制地继续下去. 下一步取所谓的**对角线**序列

$$f_{11}, f_{22}, \cdots, f_{nn}, \cdots.$$

这个序列在任意的点 $z_p \in E$ 上收敛, 这是因为根据构造, 所有它的从第 p 个开始的项都是从序列 f_{np} 中选出来的, 而 f_{np} 在点 z_p 收敛.

结合在 (b) 和 (a) 所证明的, 我们得到了定理的论断. □

常常称蒙泰尔定理为紧性原理.

习题. 设 $\{f_n\}$ 为在区域 D 中全纯函数组成的任一序列, 且其在 D 上处处有 $\operatorname{Re} f_n \geqslant 0$; 证明, 可以从此序列中抽出一个子序列, 使它或局部一致收敛于全纯函数, 或趋向于 ∞. #

定义 3. 设 $\{f\}$ 为定义在区域 D 上的函数族; 称 $J : \{f\} \to \mathbb{C}$ 从这个族到 $\mathbb{C}$ 的映射为在该函数族上的泛函 (这意味着, 给出了规则, 对每一个函数 $f \in \{f\}$ 对应于一个复数 $J(f)$). 称在 $\{f\}$ 上的泛函 J 为连续是说, 如果对于在任意 $K \in D$ 上一致收敛于 $f_0 \in \{f\}$ 的任意序列 $f_n \in \{f\}$ 有

$$\lim_{n \to \infty} J(f_n) = J(f_0).$$

例. 设 $\mathcal{O}(D)$ 为所有在 D 上全纯的函数 f 的族, 而 a 为 D 中的任一点. 考虑 f 在点 a 的泰勒展开式的第 p 个系数:

$$c_p(f) = \frac{f^{(p)}(a)}{p!}.$$

这是个在族 $\mathcal{O}(D)$ 上的泛函. 我们要指出它是连续的. 如果在每个 $K \in D$ 上一致地 $f_n \to f_0$, 则在取圆 $\gamma = \{|z - a| = r\} \subset D$ 作为一个 K 时, 对于任意的 $\varepsilon > 0$ 可以找到 N 使得对所有的 $n > N$ 和所有的 $z \in \gamma$ 有 $|f_n(z) - f_0(z)| < \varepsilon$. 根据柯西不等式我们于是对于所有 $n > N$ 得到

$$|c_p(f_n) - c_p(f_0)| \leqslant \varepsilon / r^p,$$

而这意味着泛函 $c_p(f)$ 连续.

定义 4. 称紧函数族 $\{f\}$ 为自紧[①]是说, 如果任意序列 $f_n \in \{f\}$ 在每个 $K \Subset D$ 上一致收敛的极限属于族 $\{f\}$.

定理 3. 任意在自紧族 $\{f\}$ 上连续的泛函 J 必有界, 并且达到它的上界, 也就是说, 存在函数 $f_0 \in \{f\}$ 使得对于所有 $f \in \{f\}$ 有

$$|J(f_0)| \geqslant |J(f)|.$$

证明. 令 $A = \sup_{f \in \{f\}} |J(f)|$, 这是一个数, 也可能为 ∞. 按照上 (确) 界的定义, 可以找到序列 $f_n \in \{f\}$, 使得 $|J(f_n)| \to A$. 因为 $\{f\}$ 紧, 故存在子序列 f_{n_k} 在每个 $K \Subset D$ 上一致收敛于某个函数 $f_0 \in \{f\}$. 由所设泛函的连续性, 我们有

$$|J(f_0)| = \lim_{n \to \infty} |J(f_n)| = A;$$

由此我们的结论是: 首先, $A < \infty$, 其次, 对于所有 $f \in \{f\}$ 有 $|J(f_0)| \geqslant |J(f)|$. $\qquad\square$

在下面, 我们将考虑在某个区域 D 上为单叶的函数族. 为了证明这样的函数族的自紧性, 我们要用到

定理 4 (胡尔维茨)[②]. 设在区域 D 上全纯的函数序列 f_n 在任意的 $K \Subset D$ 上一致收敛于不为常数的函数 f. 于是, 如果 $f(z_0) = 0$, 则在任意圆盘 $\{|z - z_0| < r\} \subset D$ 中, 所有从某项开始的 f_n 也有零点.

证明. 根据魏尔斯特拉斯定理, f 在 D 上全纯; 再由唯一性定理, 存在集合 $\{0 < |z - z_0| \leqslant \rho\} \Subset D$ 使得在其上 $f \neq 0$ (可设 $\rho < r$). 记 $\gamma = \{|z - z_0| = \rho\}$ 以及 $\mu = \min_{z \in \gamma} |f(z)|$, 我们有 $\mu > 0$. 因为 f_n 在 γ 上一致收敛, 故可找到 N 使得对于所有的 $z \in \gamma$ 和所有的 $n > N$ 有

$$|f_n(z) - f(z)| < \mu.$$

对于这样的 n, 根据鲁歇定理, 函数 $f_n = f + (f_n - f)$ 在 γ 的内部所具有的零点个数与 f 具有的一样多, 即至少有一个. $\qquad\square$

推论. 在区域 D 上全纯且单叶的函数序列 f_n, 如果在每个 $K \Subset D$ 上一致收敛, 则这个序列的极限函数 f 或者是单叶的, 或者为常数.

证明. 设 $f(z_1) = f(z_2)$ 而 $z_1 \neq z_2$ $(z_1, z_2 \in D)$ 并且 f 不等于常数. 考虑函数序列 $g_n(z) = f_n(z) - f_n(z_2)$ 以及圆盘 $\{|z - z_1| < r\}$, 其中 $r \leqslant |z_1 - z_2|$; 极限函数 $g(z) = f(z) - f(z_2)$, 它在 z_1 取零值, 从而由胡尔维茨定理从某一项开始所有的 $g_n(z)$ 在此圆盘上取零, 但这与函数 f_n 的单叶性矛盾. $\qquad\square$

40. 黎曼定理

黎曼定理. 边界包含多于一个点的任意单连通区域 D 共形等价于单位圆 U.

[①]也称自紧的集合为紧集.

[②]A. Hurwitz (1859—1919), 德国数学家, 魏尔斯特拉斯的学生.

● 证明的思想是这样的: 考虑在 D 上的全纯和单叶的函数 f 的族 S, 其中 f 的模以 1 为界 (即可实现为从 D 到单位圆盘 U 的共形映射). 固定点 $a \in D$, 并在该族中寻找函数使它在点 a 的伸缩系数 $|f'(a)|$ 达到极大. 在族 S 中分出自紧的部分 S_1, 并应用泛函 $J(f) = |f'(a)|$ 的连续性, 我们可以断言, 存在函数 f_0 使它在点 a 具有极大的伸缩 $|f'(a)|$. 最后我们验证, f_0 给出了从 D 到圆盘 U 上的映射 (而不像该族的其他函数给出在 U 内的映射).

这种寻找函数的各种极值性质的变分法在分析中经常使用. #

证明. (a) 我们证明在 D 中存在至少一个全纯和单叶的, 并且模以 1 为界的函数. 根据边界的条件, ∂D 包含了两个不同的点 α 和 β; 二次根式 $\sqrt{\frac{z-\alpha}{z-\beta}}$ 可沿区域 D 中的任意道路解析延拓, 并且因为 D 为单连通, 故根据单值性定理 (第 29 小节), 这个根式可以在 D 中分成两个带有不同符号的分支 φ_1 和 φ_2.

这两个分支中的每一个在 D 上都是单叶的, 这是因为由等式 $\varphi_\nu(z_1) = \varphi_\nu(z_2)$ ($\nu = 1$ 或 2) 可推出等式

$$\frac{z_1 - \alpha}{z_1 - \beta} = \frac{z_2 - \alpha}{z_2 - \beta}, \tag{1}$$

而由于分式线性函数的单叶性, 从它得到等式 $z_1 = z_2$. 这些分支分别将 D 映射到区域 $D_1^* = \varphi_1(D)$ 和 $D_2^* = \varphi_2(D)$; 它们没有公共点, 这是因为如若不然, 可找到点 $z_1, z_2 \in D$, 使得 $\varphi_1(z_1) = \varphi_2(z_2)$, 但是由这个等式再次得到等式 (1), 而由它则得到 $z_1 = z_2$, 即 $\varphi_1(z_1) = -\varphi_2(z_2)$; 因为在 D 中 $\varphi_\nu \neq 0$, 故而引出了矛盾.

区域 D_2^* 包含了某个圆盘 $\{|w - w_0| < \rho\}$, 这意味着, φ_1 在 D 中不从这个圆盘取值. 所以函数

$$f_1(z) = \frac{\rho}{\varphi_1 - w_0} \tag{2}$$

显然在 D 中全纯且单叶也有界: 对于所有 $z \in D$ 我们有 $|f_1(z)| \leqslant 1$.

(b) 我们以 S 表示在 D 上所有全纯, 单叶, 且模以 1 为界的函数的族. 这个族非空, 因为它已含有了 f_1, 并根据蒙泰尔定理它为紧. 族 S 中所有使得在某个固定点 $a \in D$ 上满足

$$|f'(a)| \geqslant |f_1'(a)| > 0 \tag{3}$$

的函数 $f \in S$ 构成了 S 的一个子集 S_1, 它是自紧的. 事实上, 由上一小节的定理 4 的推论知, 收敛于任意 $K \Subset D$ 的函数序列 $f_n \in S_1$ 的极限只能是单叶函数 (从而属于 S_1) 或者常数, 但后一种情形因不等式 (3) 而被排除.

我们考虑在 S_1 上的泛函 $J(f) = |f'(a)|$. 根据在上一小节所证明的, 它连续, 从而存在函数 $f_0 \in S_1$ 达到它的极大值, 即, 对所有的 $f \in S_1$ 有

$$|f'(a)| \leqslant |f_0'(a)|. \tag{4}$$

(c) 因为函数 $f_0 \in S_1$, 故它将 D 共形映射到单位圆盘 U. 我们来证明 $f_0(a) = 0$:

如若不然, 在 S_1 上可以找到函数

$$g(z) = \frac{f_0(z) - f_0(a)}{1 - \overline{f_0(a)}f_0(z)},$$

对于它有 $|g'(a)| = \frac{1}{1-|f_0(a)|^2}|f_0'(a)| > |f_0'(a)|$, 这与函数 f_0 的极值性 (4) 相抵触.

最后我们证明, f_0 将 D 映射到**整个圆盘** U 上. 事实上, 设 f_0 在 D 中没有取到值 $b \in U$; 因为 $f_0(a) = 0$, 故 $b \neq 0$. 然而 $b^* = \frac{1}{b}$ 不属于 D (因为 $|b^*| > 1$), 从而根据单值性定理, 在 D 中可以挑出根式

$$\psi(z) = \sqrt{\frac{f_0(z) - b}{1 - \bar{b}f_0(z)}} \tag{5}$$

的单值分支, 而它属于 S (其单叶性完全像在 (a) 中一样进行验证, 而不等式 $|\psi(z)| \leqslant 1$ 的成立是显然的). 于是函数

$$h(z) = \frac{\psi(z) - \psi(a)}{1 - \overline{\psi(a)}\psi(z)}$$

属于 S, 并对它有 $|h'(a)| = \frac{1+|b|}{2\sqrt{|b|}}|f_0'(a)|$. 然而由于 $|b| < 1$ 故 $1 + |b| > 2\sqrt{|b|}$, 即 $h \in S_1$ 且 $|h'(a)| > |f_0'(a)|$, 这又与函数 f_0 的极值性质相悖. $\qquad \square$

由黎曼定理得到, 任意单连通的, 边界至少包含多于一个点的区域 D_1 和 D_2 共形等价. 事实上, 根据所证, 存在从这些区域到单位圆盘的共形同构 $f_j : D_j \to U$, $(j = 1, 2)$, 于是 $f = f_2^{-1} \circ f_1$ 为 D_1 到 D_2 上的同构. 按照第 38 小节定理 3 的同样方式证明这个同构 $f : D_1 \to D_2$ 由标准化条件

$$f(z_0) = w_0, \quad \arg f'(z_0) = \theta \tag{6}$$

——一地定义, 这里的 $z_0 \in D_1$, $w_0 \in D_2$, 而 θ 为实数.

历史注记

我们以对于贝恩哈德·黎曼的生活与活动的简短描述作为本节的结束. 他是单复变函数的几何理论的奠基人. 像欧拉那样, 他出生在一个外省的牧师家庭. 从小开始就对数学有兴趣. 但当他满 20 岁时, 在他父亲的坚持下进了格丁根大学学习语言学和神学, 同时他还听了数学课程. 他对于数学的热爱得到了胜利, 次年, 1847 年的春天, 黎曼转到了柏林大学, 那里有许多这样的课程. 1849 年他又返回格丁根大学继续三个学期的学习, 听了自然科学和哲学的课, 参加了韦伯 (W. Weber) 的物理-数学讨论班.

1851 年, 黎曼向格丁根大学哲学系提交了自己的博士论文《单复变函数一般理论的基础》, 这是这门学科现代的发展阶段的标志性起点. 首先, 他在文中写出了变量 $w = u + iv$ 和 $z = x + iy$ 的如下微分关系:

$$\frac{dw}{dz} = \frac{1}{2}\left[\left(\frac{\partial u}{\partial x} + \frac{\partial v}{\partial y}\right) + \left(\frac{\partial v}{\partial x} - \frac{\partial u}{\partial y}\right)i\right] + \frac{1}{2}\left[\left(\frac{\partial u}{\partial x} - \frac{\partial v}{\partial y}\right) + \left(\frac{\partial v}{\partial x} + \frac{\partial u}{\partial y}\right)i\right]e^{-2i\varphi},$$

其中 $dz = \varepsilon e^{i\varphi}$, 并清晰地阐述了基本的定义: "称一个变化的复数值 w 是另一个变

化的复数值 z 的函数是说, 如果它随着后者一起变化, 使得微商 $\frac{dw}{dz}$ 的值不依赖于微分 dz 的值"[1]. 因此, 也就是说, 在黎曼那里第一次出现了形式导数 $\frac{\partial f}{\partial z}$ 和 $\frac{\partial f}{\partial \bar{z}}$, 并完全清楚地解释了复可微性条件的作用 (柯西–黎曼条件; 参看第 6 小节).

B. 黎曼 (1826—1866)

在论文中, 黎曼还进一步建议将复变函数看作为从一个平面区域到另一个的映射, 并注意到了, 那样的函数将 "平面的极小的部分变换为与它们相似的部分" (他没有用 "共形映射" 这个词). 与此相关地他给出了复变函数的一系列几何性质, 例如, 这样的函数将区域变到区域, 并在曲线上不能取常数值. 因此在这里第一次出现了以后被更准确阐述并证明了的保区域原理, 最大模原理, 以及唯一性定理.

在同一篇论文中还几何地描述了解析延拓的过程, 而为了考察多值函数引进了后来被人称做的黎曼面的多叶曲面 (我们在前一章已谈到它). 他首次引进了许多对研究它有关的拓扑概念, 诸如连通数等, 他被认为是那时已开始发端的新学科 —— 拓扑学的奠基人之一.

在这一节中我们所涉及这个定理是函数的几何理论的发展中重要的带根本性的一步. 在这篇论文中黎曼是这样描述它的:"两个给定的单连通平坦曲面总可以如此相关联, 使得一个曲面的每个点对应于另一个曲面的一个点, 并同时连续地变动, 而且相应的部分在小处相似; 这时可以对于一个内点和一个边界点任意地选取它们相应的点; 从而对于所有的点这个关系便确定了"[2].

为了证明这个定理, 黎曼借助于与物理学相关的一些概念: 位势与能量. 物理学中出现能量极小而存在平衡态是个显然的事实, 而黎曼便由此推导出了实现所需映

---

[1]见黎曼的文集, 例如俄文的 1948 年版的第 50 页.
[2]见黎曼的文集, 同前, 第 83 页.

射的函数的存在性. 这样的论证在 1870 年受到了魏尔斯特拉斯的批评, 他指出有下界的泛函在所容许的函数类中不总是能够达到极小值的 (例如, 不存在通过三个不共线的点 a, b 和 c 的, 具有最小长的光滑曲线: 达到极小的是折线 abc). 1901 年, 希尔伯特重新给出对于上面的严格证明, 他也基于了变分法, 从这个意义上说, 这恢复了黎曼方法的名誉.

1851 年的论文尽管得到了以后各代数学家们的极高的评价, 但并没有改善当时黎曼所处的较低的位置: 他仍是韦伯讨论班的助手. 在 1854 年提交了第二篇论文《关于函数的三角级数表示》和试验性的演讲《论几何基础中的假设》之后, 他获得了编外副教授的职称. 这篇论文促进了实变函数论的发展; 其中特别证明了现在称之为黎曼积分的一类积分的存在性. 而在那个报告中包含了黎曼几何的基础概念和高维空间的思想. 它的文本直到他死后的 1868 年才发表, 它在微分几何以及相对论的发展中起了杰出的作用.

包含在黎曼各种著作中思想的深度和涉及范围的多样性令人十分吃惊, 特别, 如果考虑到他的科学活动的活跃期没有超过十年这个事实的话更是如此. 计算在紧黎曼面上相互独立的亚纯函数的个数使他得到这样的结果, 而这个结果的改进形式 —— 黎曼–罗赫定理出现在了现代分析和代数中. 他第一个注意到在代数函数的黎曼面的拓扑和分析等价性之间的差异. 它以模簇问题的称呼发展到了现在. 在椭圆函数论 (参看后面的 43 小节) 和微分方程理论中一些基本结果也归功他. 在数论中至今仍然在研究所谓的黎曼 ζ-函数······

在黎曼活着的时候, 他的研究没有得到广泛的承认. 1854 年他自豪地写信给他父亲说, 参加他的讲座有许多的人 —— 8 个! 而他教的函数论课只有 3 个人在听. 黎曼在 1859 年才得到了教授职位, 只过了三年他就染上了重病. 生活了仅仅 40 个年头就去世了.

§13. 边界对应和对称原理

41. 边界的对应

我们不加证明地引进称做边界对应原理的定理:

定理 (卡拉泰奥多里[①]). 设区域 D 和 D^* 的边界为若尔当曲线 ∂D 和 ∂D^*; 于是共形映射 $f: D \to D^*$ 可以延拓到 D 的边界上, 为闭区域 $\overline{D}$ 和 $\overline{D^*}$ 的同胚映射.

对于任意的同胚, 定理自然不会成立. 例如单位圆盘 U 到自己的映射, 它在极坐标 $z = re^{i\varphi}$ 和 $w = \rho e^{i\psi}$ 下由方程

$$\rho = r, \quad \psi = \varphi + \frac{r}{1-r} \tag{1}$$

[①]C. Carathéodory (1873—1950), 希腊裔德国数学家.

给出, 显然是个同胚, 但是在边界圆上不能连续延拓.

完全同样地, 对于边界不是若尔当曲线的区域上的共形映射定理也不成立. 例如, 考虑在图 73 中显示的从圆盘 U 到区域 D 的共形映射 f, D 的边界由曲线 $v = \sin\frac{1}{u}$ 一部分与一段 $\gamma = \{w : u = 0, -1 \leqslant v \leqslant 1\}$ 定义. 可以证明在此映射下, 在 z 平面中由从 U 截出 U_n 的弧 λ_n 对应于由从 D 截出区域 D_n 的弧段 γ_n $(n = 1, 2, \cdots)$, 这些 D_n 闭包的交与 γ 重合, 而 $\bigcap_{n=1}^{\infty} \overline{U_n}$ 与边界上的一个点 $e^{i\varphi}$ 相重合 (图 73). 这表明, 在映射 f 下, 点 $e^{i\varphi}$ 对应于整个线段 γ, 因而 f 不可能连续地延拓到圆盘的闭包 $\overline{U}$.

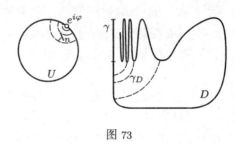

图 73

● 卡拉泰奥多里引进了称作为区域的边界元的对象, 它们是一种已知意义下的这个区域的等价截面的类. 区域与它的边界元合在一起被卡拉泰奥多里称之为紧化. 他证明了, 共形映射建立了这些区域的边界元之间的相互一一对应, 并在某种意义下的连续对应. 因此, 如果用卡拉泰奥多里的紧化代替通常的闭包, 则上面所陈述的定理可推广到非若尔当的区域[①]. #

我们还要不加证明地, 但是更准确地介绍一些关于边界在共形映射下的性态的结果, 这里区域的边界是附加了一些条件的若尔当曲线. 以 ∂D 和 ∂D^* 表示区域的边界, 而 $f : D \to D^*$ 表示共形映射.

I (F. 里斯, M. 里斯, 普里瓦洛夫)[②]. 如果 ∂D 和 ∂D^* 为可求长若尔当曲线, 则 f 可作为弧长的绝对连续函数延拓到 ∂D 上. 导数 f' 几乎在每个点 $\zeta \in \partial D$ (在线性测度的意义下) 都有有限非零的角边界值[③] $f'(\zeta)$, 并且对于任意点集合 $e \subset \partial D$ 的像 $e^* = f(e)$ 的测度等于

$$\operatorname{mes} e^* = \int_e |f'(z)||d\zeta|; \tag{2}$$

特别, 测度零的集合 $e \subset \partial D$ 对应于测度为零的集合 $e^* \subset \partial D^*$.

[①]对此详细的内容可参看, 譬如, 马库舍维奇的《解析函数论》第二卷 (M.: Наука, 1968, (有过中译本)).

[②]普里瓦洛夫 (Иван Иванович Привалов) (1891—1941), 著名的苏联数学家, 复变函数论专家. 这个定理出现在他的学位论文《柯西积分》中, 发表于 1919 年. 里斯 (Riesz) 兄弟的文章发表得更早, 但在那时他并不知道它.

[③]设点 $\zeta \in \partial D$, 其中 ∂D 在该点有切线. 称函数 φ 在点 ζ 的角边界值是指 φ 沿所有以 ζ 为终点的非切道路 $\gamma \in D$ 的公共极限值.

II (林德勒夫 (Lindelöf)). 如果 ∂D 和 ∂D^* 为光滑的若尔当曲线, 则 $\arg f'(z)$ 可延拓为 $\overline{D}$ 中的连续函数, 并且对于所有 $\zeta \in \partial D$ 有

$$\arg f'(\zeta) = \theta^* - \theta, \tag{3}$$

其中 θ 及相应的 θ^* 分别为曲线 ∂D 和 ∂D^* 在点 ζ 和 $\zeta^* = f(\zeta)$ 的切线的倾角.

III (凯洛格 (Kellogg)). 如果除了上面定理的条件和记号外, 角 θ 和 θ^* 分别作为 ∂D 和 ∂D^* 的弧长 s 和 s^* 的函数, 满足利普希茨条件

$$|\theta(s_1) - \theta(s_2)| < K|s_1 - s_2|^\alpha, \quad |\theta^*(s_1^*) - \theta^*(s_2^*)| < k|s_1^* - s_2^*|^\alpha,$$

其中 k 与 $\alpha, 0 < \alpha \leqslant 1$ 为常数, 则导数 f' 可延拓为 $\overline{D}$ 上的非零连续函数 ("共形" 地映射到边界上).

IV (施瓦茨). 如果 ∂D 和 ∂D^* 为解析的若尔当曲线[①], 则 f 可全纯地延拓到 $\overline{D}$ 上.

命题 I~III 的证明可以在 Г. М. Голузин 的书《复变函数的几何理论》(М.-Л.,1967) 中找到; 至于命题 IV, 我们将在下面的小节证明. 在这里我们仅介绍最简单的边界对应的逆原理:

定理. 设给出了两个紧闭属于 $\mathbb{C}$ 的区域 D 和 D^*, 它们均具有若尔当边界 γ 和 γ^*; 如果函数 f 在区域 D 中全纯, 在 $\overline{D}$ 上连续, 并建立了 γ 到 γ^* 上的相互一一的映射, 则映射 $f: D \to D^*$ 相互一一 (即 f 为共形同构).

证明. 设 w_0 为 D^* 上的任一点; 因为 f 在 γ 上只取 γ^* 上的值, 故在 γ 上 $f \neq w_0$, 并且由于连续性, 在区域 D 的边界的一个带形 G 中 $f \neq w_0$. 数量

$$N = \frac{1}{2\pi}\Delta_\gamma \arg\{f(z) - w_0\} \tag{4}$$

(其中 $\arg$ 表示沿道路 γ 连续的幅角分支, 而 Δ_γ 是这个分支在 γ 上的增量) 显然在带形 G 中道路的同伦形变时连续变化. 但因为数量 (4) 只能取整数值, 故它在这样的形变下保持为常值.

根据定理的条件, 映射 $f: \gamma \to \gamma^*$ 为同胚, 因此

$$N = \frac{1}{2\pi}\Delta_{\gamma^*} \arg(w - w_0) = 1,$$

这是因为当沿 γ 绕一周时, 向量 $w - w_0$ 做了一圈旋转 (图 74). 由上面指出的得到, 对于任意在带形 G 中同伦于道路 γ 的 $\tilde{\gamma}$ 有

$$\frac{1}{2\pi}\Delta_{\tilde{\gamma}} \arg\{f(z) - w_0\} = 1.$$

[①]称弧 γ 为解析的是说, 如果可以用 $z = \gamma(t), t \in [\alpha, \beta]$ 给出它, 其中 γ 是在区间 $[\alpha, \beta]$ 上的实变量 t 的解析函数 (即在每个点 $t_0 \in [\alpha, \beta]$ 的某个邻域中可以表示为 $t - t_0$ 的幂级数的函数), 并且在 $[\alpha, \beta]$ 上 $\gamma'(t) \neq 0$. 由海涅–博雷尔定理得出, 这样的函数 γ 可延拓为区间 $[\alpha, \beta]$ 的某个邻域中不变量 t 的一个全纯函数. 因此解析弧是这个区间的全纯像. 称在参数平面上圆 $\{|t| = 1\}$ 的全纯像为闭解析曲线, 其中在该圆上 $\gamma'(t) \neq 0$; 如果映射 $z = \gamma(t)$ 还是相互一一的, 则称 γ 为解析若尔当曲线.

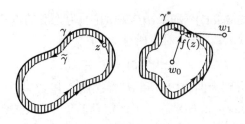

图 74

我们对于以曲线 $\tilde{\gamma}$ 为边界的区域 $\tilde{D} \Subset D$ 应用幅角原理 (第 34 小节), 根据它, 方程式 $f(z) = w_0$ 在 $\tilde{D}$ 中恰恰有一个根 (从而意味着在 D 中正好有一个根, 这是因为在带形 G 中没有 w_0-点).

同样可证明, 对于任一点 $w_1 \notin \overline{D^*}$, 函数 $f(z) - w_1$ 在区域 D 中的零点个数等于

$$N_1 = \frac{1}{2\pi} \Delta_{\gamma^*} \arg(w - w_1);$$

它等于零, 这是因为当绕 γ^* 一圈时向量 $w - w_1$ 没有给出一个完整的绕圈 (图 74). 由保区域原理 (35 小节) 进一步得到, f 不能在 D 中取 γ^* 上的值, 这是因为这时它应该取 $\overline{D^*}$ 的补集的值.

因此, f 在区域 D 上取 D^* 中的任意值 w_0 一次也只有一次, 而且不取其他的任何值, 即 f 相互一一地将 D 映射到 D^* 上. 　　□

注. 在所证明的定理中, D 可以是 $\overline{\mathbb{C}}$ 的任意区域 (具若尔当边界), 而 D^* 必须在 $\mathbb{C}$ 中紧闭, 这是因为函数 f 应该在 $\overline{D}$ 上按照 $\mathbb{C}$ 的意义下连续. 最后这个条件是本质性的: 事实上, 函数 $f(z) = z^3$ 在上半平面 $D = \{\operatorname{Im} z > 0\}$ 全纯并相互一一地将 ∂D (x-轴) 映射到上半平面 $D^* = \{\operatorname{Im} w > 0\}$ 的边界 u-轴上, 但是在区域 D 上映射 f 不是相互一一的.

例. 我们来研究上半平面 $D = \{\operatorname{Im} z > 0\}$ 的一个映射, 它以第一类椭圆积分

$$F(z, k) = \int_0^z \frac{dz}{\sqrt{(1 - z^2)(1 - k^2 z^2)}}[1], \tag{5}$$

来实现, 其中 k, $0 < k < 1$ 为参数, 并且将其中的根式看成是在 x-轴上的区间 $I = [0, 1]$ 上取正值的在 D 中全纯的那个根式分支.

函数 $F(z, k)$ 可连续延拓到 $\overline{D}$ 中, 我们首先解释它是如何变换 ∂D 即 x-轴的. 当 $z = x$ 从左向右走过区间 $[0, 1]$ 时, 积分 (5)

$$F(x, k) = \int_0^x \frac{dx}{\sqrt{(1 - x^2)(1 - k^2 x^2)}}$$

---

[1] 这个积分是由雅可比 (C. G. Jacobi, 1804—1851) 在 1829 年给出, 他是位德国数学家, 彼得堡科学院名誉院士.

取正值 (由于所做的根分支的选取), 从 0 增加到

$$K = F(x, k) = \int_0^1 \frac{dx}{\sqrt{(1 - x^2)(1 - k^2 x^2)}}, \tag{6}$$

就是说, F 建立了从 x-轴上的区间 $[0,1]$ 到 u-轴上的区间 $[0, K]$ 的同胚.

当通过点 $z = 1$ 时, 根式里的四个线性因式中有一个, 即 $1 - x$, 改变了符号. 因为我们考虑了在上半平面 D 全纯的根式分支, 所以我们可认为这个迁移最终是通过沿一个小的半圆 $\gamma \subset D$ (图 75 中的虚线) 绕点 $z = 1$ 实现的. 这样的迁移结果使 $\arg(1 - z)$ 从 0 变到 $-\pi$, 而其他因式的幅角没有改变. 因此在 x-轴上的区间 $II = [1, 1/k]$ 上, 整个根式的幅角等于 $-\pi/2$, 于是 (5) 的积分号内表达式的幅角等于 $\pi/2$; F 在区间 II 上的值因而可表示为形式

$$F(x, k) = \int_0^1 \frac{dx}{\sqrt{(1 - x^2)(1 - k^2 x^2)}} + \int_1^x \frac{dx}{\sqrt{(1 - x^2)(1 - k^2 x^2)}}$$

$$= K + i \int_1^x \frac{dx}{\sqrt{(x^2 - 1)(1 - k^2 x^2)}},$$

其中最后面的那个积分中的根式还是取正号. 当 x 从左向右走过 x 轴上的区间 $II = [1, 1/k]$ 时, 点 $F(x, k)$ 从下往上经过了 w 平面上的区间 $[K, K + iK']$, 其中

$$K' = \int_1^{1/k} \frac{dx}{\sqrt{(x^2 - 1)(1 - k^2 x^2)}}. \tag{7}$$

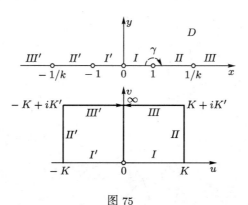

图 75

在通过点 $z = 1/k$ 时还有一个根号里表达式的因式 $(1 - kx)$ 改变了符号. 像上面一样, 我们可验证所考虑的根式的分支在 x-轴上的射线 $III = [1/k, \infty)$ 应具有幅角 $-\pi$, 即取了负值. F 在这条射线上的值因而可表示为如下形式:

$$F(x, k) = \int_0^1 + \int_1^{1/k} + \int_{1/k}^x \frac{dx}{\sqrt{(1 - x^2)(1 - k^2 x^2)}}$$

$$= K + iK' - \int_{1/k}^x \frac{dx}{\sqrt{(x^2 - 1)(k^2 x^2 - 1)}},$$

其中在最后一个积分中的根式取正值. 做变量替换 $x = \frac{1}{k\xi}$ 表明,

$$\int_{1/k}^{\infty} \frac{dx}{\sqrt{(x^2-1)(k^2x^2-1)}} = \int_0^1 \frac{d\xi}{\sqrt{(1-k^2\xi^2)(1-\xi^2)}} = K,$$

因此, 函数 F 将 $[1/k, \infty)$ (且同胚地) 映射到 w-平面上的区间 $[K+iK', iK']$ (参看图 75).

完全同样地可验证, 函数 F 同胚地将负半 x-轴变换为在图 75 中显示的矩形的左半圈 (线段 I', II', III' 的全体).

应用边界对应原理, 可以断言第一类椭圆积分 $F(z,k)$ 表示了从上半平面 D 到以 $\pm K$, $\pm K + iK'$ 为顶点的矩形上的共形映射, 其中量 K 和 K' 通过参数 k 以公式 (6) 和 (7) 表达.

习题. 映射 (5) 在 $k \to 0$ 时的极限给出了什么? #

42. 对称原理

在这里我们要考虑与共形映射相关的解析延拓的一个特殊情形. 我们预先证明所谓的连续延拓引理.

引理. 设两个不相交的区域 D_1 和 D_2 具有公共的直线边界段 γ[①]. 而函数 f_1 和 f_2 分别在 D_1 和 D_2 上全纯并在集合 $D_1 \cup \gamma$ 和 $D_2 \cup \gamma$ 上连续 (图 76). 于是, 如果对所有的 $z \in \gamma$ 有

$$f_1(z) = f_2(z), \tag{1}$$

则函数

$$f(z) = \begin{cases} f_1(z), & \text{对于所有的 } z \in D_1 \cup \gamma, \\ f_2(z), & \text{对于所有的 } z \in D_2 \end{cases} \tag{2}$$

在区域 $D_1 \cup \gamma \cup D_2 = D$ 上全纯.

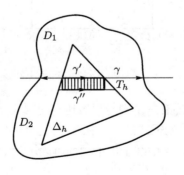

图 76

----

① 设线段 γ 为开 (即无端点).

证明. 从引理的条件看出, f 在 D 上连续; 为了证明它的全纯性, 根据莫雷拉定理 (第 21 小节), 只要验证对于它沿任意三角形 $\Delta \Subset D$ 的边界积分等于零即可. 如果 Δ 紧闭属于 D_1 或者 D_2, 则这可由柯西定理得到. 接下来须考虑 $\overline{\Delta} \cap \gamma \neq 0$ 的情形.

设 γ 将 Δ 分成了两部分 Δ_1 和 Δ_2; 由积分的性质有

$$\int_{\partial \Delta} f dz = \int_{\partial \Delta_1} f dz + \int_{\partial \Delta_2} f dz, \tag{3}$$

从而只要证明上式右端的每个积分都为零即可. 考虑 Δ_1 和 Δ_2 中任一个, 为简单起见还是用 Δ 表示它. 我们以 T_h 表示由平行于 γ 的直线从 Δ 截出的梯形, 这条直线与 γ 之间的距离为 h; 设 $\Delta_h = \Delta \setminus T_h$ (图 76). 不失一般性, 可设 γ 平行于实轴.

根据柯西定理, f 在 $\partial \Delta_h$ 上的积分等于零, 因此

$$\int_{\partial \Delta} f dz = \int_{\partial T_h} f dz + \int_{\partial \Delta_h} f dz = \int_{\partial T_h} f dz. \tag{4}$$

设 γ' 和 γ'' 为梯形 T_h 的底 (假定它们按同一方向定向), 并设 γ' 为较小者. 因为梯形 T_h 的侧边长以及 γ'' 与 γ' 的差当 $h \to 0$ 是趋向于 0, 而函数 f 在 $\overline{\Delta}$ 上有界, 故

$$\int_{\partial T_h} f dz = \int_{\gamma'} f(z) dz - \int_{\gamma'} f(z - ih) dz + O(h)$$
$$= \int_{\gamma'} \{f(z) - f(z - ih)\} dz + O(h). \tag{5}$$

因为 f 在 $\overline{\Delta}$ 上为一致连续, 故 (5) 中的被积函数一致地趋向于零, 而这意味着 f 沿 ∂T_h 的积分当 $h \to 0$ 时趋向于零. 但由 (4) 显见, 它并不依赖于 h, 因而它表明 f 沿 $\partial \Delta$ 的积分为零.

如果 $\overline{\Delta}$ 与 γ 只交于边或顶点, 证明便以显然的方式简化. □

习题. 设函数 f 在圆盘 $\{|z| < 1\}$ 中连续地延拓到圆 $\{|z| = 1\}$ 的弧 γ 上, 并在该弧上处处为零; 证明 $f \equiv 0$. #

在区域 D 上由公式 (2) 定义的函数 f 可以看作为由 f_1 和 f_2 中任一个的解析延拓[1]. 因此连续延拓引理可以这样看: 如果两个区域 D_ν 具有公共的直线边界段 γ 以及全纯于 D_ν 的函数 f_ν, 并且它们在 γ 上紧密相合, 则它们相互为对方的解析延拓. 对于实变量的解析函数当然并不成立类似命题 (例子: D_1 和 D_2 为区间 $(-1, 0)$ 和 $(0, 1)$, 函数 $f(x) = |x|$).

转向对称原理的证明.

定理 1 (黎曼–施瓦茨)[2]. 设区域 D_1 和 D_1^* 具有若尔当边界 ∂D_1 和 ∂D_1^*, 并且 ∂D_1 含有一个直线段或者一段圆弧 γ, 而 ∂D_1^* 也含有同样的线段或圆弧 γ^*. 设

---

[1] 准确地说, 函数元 (D, f) 是元 (D_1, f_1) 和 (D_2, f_2) 中每一个的直接解析延拓.

[2] 这个原理出现在黎曼的 1851 年的学位论文中, 而更精确的形式则出现在施瓦茨在 1869—1870 年的工作中.

还有一个与 D_1 相对于 γ 对称的区域 D_2, 而 D_2^* 相对于 γ^* 的对称于 D_1^* 的区域, 另外, $D_1 \cap D_2 = D_1^* \cap D_2^* = \varnothing$. 于是, 如果函数 f_1 共形地将 D_1 映射到 D_1^*, 并且 $f_1(\gamma) = \gamma^*$, 则它可以解析延拓到 D_2 中, 而所延拓成的函数共形地将区域 $D_1 \cup \gamma \cup D_2$ 映射到 $D_1^* \cup \gamma^* \cup D_2^*$ 上 (图 77).

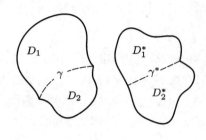

图 77

证明.

(a) 首先考虑一个特殊情形, 此时 γ 和 γ^* 是实轴上的区间. 我们在 D_1 相对于线段 γ 的对称区域 D_2 上定义函数

$$f_2(z) = \overline{f_1(\bar{z})}. \tag{6}$$

因为当 $z \in D_2$ 时, 点 $\bar{z} \in D_1$, 而函数 f_1 在 D_1 中全纯, 故函数 $\overline{f_2(z)} = f_1(\bar{z})$ 在 D_2 为反全纯 (参看第 7 小节), 因而 $f_2(z)$ 全纯于 D_2. 由边界对应原理, f_1 在 $\overline{D_1}$ 连续, 并且由定理的条件知 f_1 在 γ 上取实数值 (属于线段 γ^*). 所以, 当点 $z \in D_2$ 趋向于点 $x \in \gamma$ 时, 则 $\bar{z} \to x$ 且 $f_2(z) \to \overline{f_1(x)} = f_1(x)$. 因此对所有 $x \in \gamma$ 有 $f_1(x) = f_2(x)$, 又因为有条件 $D_1 \cap D_2 = \varnothing$, 故函数 f_1 和 f_2 满足连续延拓引理的条件. 根据此引理, 函数

$$f(z) = \begin{cases} f_1(z), & \text{在 } D_1 \cup \gamma \text{ 中,} \\ f_2(z), & \text{在 } D_2 \text{ 中} \end{cases}$$

在区域 $D_1 \cup \gamma \cup D_2$ 上全纯. 按照构造, f 共形地将这个区域映射到 $D_1^* \cup \gamma^* \cup D_2^*$ 上. 对于特殊情形的 γ 和 $\gamma^* \subset \mathbb{R}$ 定理得证.

(b) 一般情形可用分式线性映射化成这个特殊情形. 事实上, 设 λ 和 λ_* 分别为将 γ 和 γ^* 化成实轴上线段的分式线性映射 (在 10 小节中所证明的, 存在这样的映射). 函数 $g_1 = \lambda_* \circ f_1 \circ \lambda^{-1}$ 按照在 (a) 中所证明的, 可解析延拓到区域 $\lambda(D_1)$ 相对于线段 $\lambda(\gamma)$ 的对称区域 $\lambda(D_2)$, 并且函数 $g_2 = \lambda_* \circ f_2 \circ \lambda^{-1}$ 将 $\lambda(D_2)$ 映射到区域 $\lambda_*(D_2^*)$ (我们应用了分式线性映射保持点的对称性的性质, 参看第 9 小节). 然而这时函数 $f_2 = \lambda_*^{-1} \circ g_2 \circ \lambda$ 是函数 f_1 在区域 D_2 的解析延拓, 并将 D_2 映射到 D_2^* 上.

$\square$

注. 在所证的这个定理中的线段 γ^* 可以包含无穷远点; 这时延拓 f 是亚纯的:

f 在 D 上除去点 $z_0 \in \gamma$ 外处处全纯, 而点 z_0 对应于无穷远点, 在此为极点. 这个极点无疑为一阶的, 这是因为 f 在区域 D 为单叶 (在重极点的邻域中函数为多叶的, 参看第 25 小节).

我们还应注意, 如果除了 $D_1 \cap D_2 = D_1^* \cap D_2^* = \varnothing$ 外对称原理的其他条件都满足, 则在其证明中所描述的结构都可归结到解析 (可能是非单值的) 函数, 它将区域共形地映射到黎曼面上.

作为应用对称原理的例子我们来证明一个延拓定理, 由它可推导出上一小节所阐述的的命题 IV.

定理 2 (施瓦茨). 如果区域 D 的边界包含了解析弧 γ, 则这个区域到单位圆盘的共形映射 f 可以穿过 γ 解析延拓.

证明. 对于任一 $t_0 \in [\alpha, \beta]$ 可以找到邻域 $U = \{t \in \mathbb{C} : |t - t_0| < r\}$, 在它上面 $\gamma(t)$ 可作为复变量的全纯函数进行延拓, 并且由条件 $\gamma'(t_0) \neq 0$ (参看在 41 小节命题 IV 中的脚注) 可以假定, γ 在 U 上为单叶. 函数 γ 将由 t-轴上的点构成的直径 $\delta \subset U$ 映射到弧 $\gamma_0 \subset \gamma$; 我们以 U^+ 记半圆盘 $U \setminus \delta$ 中由 γ 映射到 D 中点构成的集合. 函数 $g = f \circ \gamma$ 在 U^+ 上满足对称原理的条件 (它将 δ 变换为单位圆的弧), 从而可解析地延拓到 U. 由此得出 $f(z)$ 穿过弧 γ_0 解析地延拓. □

对称原理可用于实际构造具有对称性的区域的共形映射.

例. 区域 D 是线段 $[-1, 1]$ 与 $[-i, i]$ 的并以外的部分; 以 D_1 表示它的上半部分 (图 78). 函数 $w_1 = z^2$ 在 D_1 上为单叶 (但在 D 上这个函数不是单叶的), 它将 D_1 映射到去掉射线 $-1 \leqslant \operatorname{Re} w_1 \leqslant \infty$ 的平面. 因此函数 $w = \sqrt{z^2 + 1}$ 将 D_1 映射到上半平面 D_1^*, 这里选取了所需的根式的分支. 通过 ∞ 连接点 ± 1 的线段 γ 在此映射下变到通过 ∞ 连接点 $\pm\sqrt{2}$ 的线段 γ^*. 因此, 我们可将对称原理应用到后面这个函数, 根据该原理, 这个函数可解析延拓[1]到 D_1 相对于线段 γ 的对称区域 D_2 上,

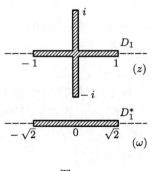

图 78

---

[1]更确切地说是亚纯地延拓, 因为在区域 D 的无穷远点处, 函数有 (一阶) 极点.

而延拓了的函数 $w = \sqrt{z^2 + 1}$ (我们仍以同一记号表达) 将 D 映射到线段 $[-\sqrt{2}, \sqrt{2}]$ 的外部区域 D^*. 非常容易将去掉线段的区域映射到标准的区域上 (例如, 用线性函数我们可将 D^* 映射到 $[-1, 1]$ 的外部, 而后再用逆于 12 小节的茹科夫斯基函数的一个函数分支, 便得到单位圆内部或外部的映射). #

习题.

1. 茹科夫斯基函数 $w = \frac{1}{2}\left(z + \frac{1}{z}\right)$ 将去掉了半圆盘 $\{|z| \leqslant 1, \operatorname{Im} z > 0\}$ 的上半平面映射到上半平面 (参看 12 小节). 将这个映射延拓到整个半平面 $\{\operatorname{Im} z > 0\}$ 上; 这个半平面的像是怎样的?

2. 证明任意矩形到另一个矩形的共形同构, 如果将一个矩形的所有顶点变成另一个的顶点, 则此同构是线性的. #

43. 关于椭圆函数的概念

我们从举例开始. 在第 41 小节中我们验证过第一类的椭圆积分

$$z = \int_0^w \frac{dw}{\sqrt{(1-w^2)(1-k^2w^2)}}, \tag{1}$$

其中 $k, 0 < k < 1$ 为参数, 并考虑了在上半平面 $\{\operatorname{Im} w > 0\}$ 上根式的一个分支, 该分支共形地将此上半平面映射到顶点为 $\pm K. \pm K + iK'$ 的矩形 R_0 上. 以

$$w = \operatorname{sn}(z, k) \tag{2}$$

或者简短地, $w = \operatorname{sn} z$ 表示积分 (1) 的逆, 这是一个在矩形 R_0 上全纯的函数, 它将这个矩形共形地映射到上半平面 $\{\operatorname{Im} w > 0\}$ 上; 称函数 (2) 为椭圆正弦.

因为函数 sn 将线段 $[K, K + iK']$ 转换为线段 $[1, 1/k]$, 故可以对它应用对称原理, 按此原理它可解析延拓到 R_0 的关于 $[K, K + iK']$ 对称的矩形 R_1. 而且延拓了的函数 (仍然以 sn 表示它) 将 R_1 映射到下半平面 $\operatorname{Im} w < 0$ (图 79). 延拓了的函数也满足对称原理的条件, 因而按此原理又可解析延拓到矩形 R_2, 它关于线段 $[2K, 2K + iK']$ 与 R_1 对称. 矩形 R_2 又被映射到了上半平面, 另外按照构造, 对于所有 $z \in R_0$ 有

$$\operatorname{sn}(z + 4K) = \operatorname{sn} z \tag{3}$$

(参看图 79; 关于 $[K, K+iK']$ 对称于 z 的点 z_1 被带到了点 $\overline{\operatorname{sn} z}$, 又 z_1 关于 $[2K, 2K + iK']$ 对称的点 z_2 又重新回到点 $\operatorname{sn} z$).

完全同样地, 我们可以将函数 $\operatorname{sn} z$ 延拓到 R_0 关于线段 $[-K + iK', K + iK']$ 的对称的矩形 R_1', 但是这个延拓是亚纯的: 在点 iK', 即在图 79 中标以星号的点, 函数 sn 具有一阶极点 (参看在对称原理之后的注). 延拓了的函数 sn 将 R_1' 映射到下半平面, 并同样根据对称原理, 解析延拓到 R_1' 关于线段 $[-K + 2iK', K + 2iK']$ 对称的矩形 R_2', 并且它将这个矩形重新映射到上半平面. 像上面那样, 对于所有 $z \in R_0$ (参看图 79) 有

$$\operatorname{sn}(z + 2iK') = \operatorname{sn} z. \tag{4}$$

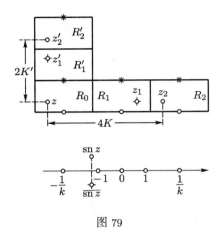

图 79

以同样的方式进行讨论, 我们可以将椭圆正弦 sn 延拓到整个的平面 $\mathbb{C}$. 所延拓了的函数是亚纯的: 在点 $iK' + 4Km + 2iK'n$, 其中 $m, n = 0, \pm 1, \cdots$ 为任意整数, 它具有一阶极点 (在图 79 中标以星号的点), 而在 $\mathbb{C}$ 的其余点它为全纯. 这个函数也具有有趣的双周期性质: 从关系式 (3) 和 (4) 和与它们相似的一些关系可以清楚看出, 它具有两个独立的周期 $T_1 = 4K$ 和 $T_2 = 2iK'$: 对于任意整数 $m, n = \pm 1, \pm 2, \cdots$ 成立关系

$$\operatorname{sn}(z + 4Km + 2iK'n) = \operatorname{sn} z. \qquad (5)$$

在第 33 小节我们谈到了椭圆正弦的黎曼面.

椭圆正弦与一个重要的双周期亚纯函数类有关, 这个函数类被称为椭圆函数. 可用于多种分析问题和应用, 这种函数的理论在十九世纪的高斯、阿贝尔、雅可比、刘维尔、魏尔斯特拉斯、黎曼等数学家的经典著作中得到了充分的发展. 我们在此只留意于这类函数的最简单的性质.

首先证明不存在三周期或更多周期的亚纯函数.

引理. 非常值的亚纯函数 f 的所有周期的集合 $T = \{\tau\}$ 构成复数域 $\mathbb{C}$ 的加群的离散子群.

证明. 为了证明 T 是 $\mathbb{C}$ 的子群, 只要证明两个性质即可: (1) 如果 $\tau_1, \tau_2 \in T$ 则 $\tau_1 + \tau_2 \in T$; (2) 如果 $\tau \in T$, 则 $-\tau \in T$. 然而这立即可由周期性得到: $f(z + \tau_1 + \tau_2) \equiv f(z + \tau_1) \equiv f(z)$ 和 $f(z - \tau) = f(z - \tau + \tau) \equiv f(z)$.

T 的离散性意味着这个集合不具有有限的极限点. 然而, 如果存在那样的点 τ_0, 则就会找到周期的序列 $\tau_n \to \tau_0$. 于是 $\tau'_n = \tau_n - \tau_0$ 是收敛于零的周期的序列, 从而对于使 f 在其一个邻域中为全纯的点 z 有 $f(z + \tau'_n) = f(z)$, 由唯一性定理这是不可能的, 因为 f 不是常值.　　□

定理 1. 非常值的亚纯函数 f, 不可能具有多于两个的独立周期.

证明. 可分成两种情形: (a) f 的所有周期的集合 T 都位于一条直线 l (因为 $0 \in T$, 故该直线通过原点) 上, 及 (b) 不存在这种直线. 在情形 (a), 由于集合 T 的离散性, 可以找到一个周期 $\tau_0 \in T \setminus \{0\}$ 具有最小的模, 于是任意周期 $\tau \in T$ 都是 τ_0 的整数倍. 事实上, 设若相反, 有周期 $\tau = (n + \vartheta)\tau_0$, 其中 n 为整数, 而 $0 < \vartheta < 1$, 则 $\tau - n\tau_0$ 就会是模小于 $|\tau_0|$ 的周期, 这与 τ_0 的选取相矛盾. 在这种情形 f 是个具有一个基本周期 τ_0 的周期函数.

在情形 (b), 又由于 T 的离散性质, 可以找到一个非退化的三角形, 其顶点为 $0, \tau_0, \tau_0' \in T$, 而在它的内部和边上没有周期点. 于是在顶点为 $0, \tau_0, \tau_0 + \tau_0', \tau_0'$ 的平行四边形的内部和边上也没有周期点 (如果有这样的周期 τ, 则 $\widetilde{\tau} = \tau_0 + \tau_0' - \tau$ 便在三角形 $0\tau_0\tau_0'$ 的内部或边上; 图 80). 现在像在 (a) 中所做那样, 容易证明任意周期 $\tau \in T$ 具有形式 $\tau = n\tau_0 + n'\tau_0'$, 其中 n 和 n' 为整数. 事实上, 设若相反, 则可找到周期 $\tau = (n + \vartheta)\tau_0 + (n' + \vartheta')\tau_0'$, 其中 n, n' 为整数, 而 $\vartheta, \vartheta' \in [0, 1]$, 但 ϑ 和 ϑ' 中至少有一个严格地属于 $(0, 1)$; 于是 $\vartheta\tau_0 + \vartheta'\tau_0'$ 就会是在图 80 中那个平行四边形的内部或边上的周期点, 有悖于这个四边形的构造. 因此, 在情形 (b) 函数 f 为具基本周期 τ_0 和 τ_0' 的双周期函数. 　　□

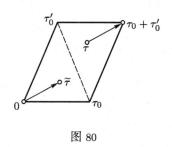

图 80

显然, 两个具有相同基本周期的椭圆函数的和, 积与商仍旧是具相同基本周期 τ_0 和 τ_0' 的亚纯函数, 故而这样一些函数形成了一个域. 因为周期性

$$f(z + m\tau + n\tau') \equiv f(z) \quad (m, n \in \mathbb{Z}), \tag{6}$$

可以对 z 进行微分, 而亚纯函数的导数仍旧是亚纯函数, 故这个域对于微分运算封闭.

由于周期性质 (6), 对于具基本周期 τ 和 τ' 的椭圆函数只要在以 $0, \tau, \tau + \tau', \tau'$ 为顶点的平行四边形中研究就足够了, 但这时要算上边 $O\tau$ 与 $O\tau'$; 我们称其为该函数的*周期平行四边形*. 函数 f 在整个平面 $\mathbb{C}$ 上的值只是在重复它在这个平行四边形上的值.

定理 2. 任意整椭圆函数为常数.

证明. 这样的函数在它的周期平行四边形中有界, 从而意味着在整个 $\mathbb{C}$ 上有

界, 于是根据刘维尔定理, 它为常数[1].　　　□

这样, 非常值的椭圆函数应该具有至少一个极点 (就是说, 有无穷多个). 椭圆函数在它的周期平行四边形中的极点个数, 算上它们的重数, 称做这个函数的阶. 椭圆正弦在周期矩形中有两个单极点, 从而为二阶.

定理 3. 椭圆函数 f 在属于它的周期平行四边形中每个极点上的留数之和等于 0.

证明. 我们假定它的周期平行四边形的边界 $\partial\Pi$ 上不含极点; 如若不然, 我们只需将该平行四边形 Π 进行一点平移, 使它满足条件即可 (图 81). 因为在 Π 的平行的边上相对应的点上函数取同一个值, 而当绕行 $\partial\Pi$ 一周时, 这两条对应边以相反的方向通过, 故 f 沿这对边的积分等于零, 这表明积分

$$\int_{\partial\Pi} f\, dz = 2\pi i \sum_{a\in\Pi} \mathrm{res}_a f$$

等于零 (我们用了柯西的留数定理).　　　□

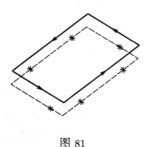

图 81

由此也推导出没有一阶的椭圆函数的结论: 否则, 这样的函数就应该在 Π 中具有一个一阶的极点而其留数为零.

定理 4. 在其周期平行四边形 Π 中椭圆函数 f 取 $a\in\overline{\mathbb{C}}$ 为值的次数等于 f 的阶数.

证明. 设周期平行四边形的边不包含极点. 根据幅角原理 f 的 a - 点的个数 $N(a)$ 减去它在 Π 中极点的个数 P 为

$$N(a) - P = \frac{1}{2\pi i} \int_{\partial\Pi} \frac{f'(z)dz}{f(z)-a}.$$

因为被积函数具有与 f 相同的周期, 故右端的积分等于 0 (参看上个定理的证明). 按定义 P 等于 f 的阶数.　　　□

两个具有同一基本周期 τ 和 τ' 的椭圆函数 f 和 g 必定能够由一个多项式方程

---

[1] 事实上刘维尔证明的就是这个定理, 而在第 20 小节的那个归于他的一般性定理是柯西证明的.

相关联:

$$P(f(z), g(z)) \equiv 0. \tag{7}$$

我们将说明这个论断成立的理由, 但不打算给出对它的详细证明. 在周期平行四边形 Π 的点中至少是 f 或 g 的极点的点的集合为有限, 而函数 $F(z) = Q(f(z), g(z))$, 其中 $Q(z, w)$ 为任意一个多项式, 也是具同样周期 τ 和 τ' 的椭圆函数, 并且也只在这个集合中取极点. 假定 Q 的次数足够高, 让我们可以选取它的系数使得 Q 的主部在 Π 中所有的极点都变成 0; 于是 F 就变成了整椭圆函数, 从而为 (根据定理 1) 常数 c. 剩下的只要令 $P = Q - c$ 即可. 使关系式 (7) 成立的多项式说明了椭圆函数之间的代数关联. 因为椭圆函数的导数 f' 是具相同周期的椭圆函数, 故 (令 $g = f'$) 我们特别地得到, 这样的函数与它的导数可由多项式相关联, 即满足多项式的微分方程

$$P(w, w') = 0. \tag{8}$$

这些便解释了椭圆函数与微分方程的关联, 以及与各种应用问题的关联的原因.

习题. 写出函数 $w = \operatorname{sn}(z, k)$ 所满足的微分方程. #

44. 模函数和皮卡定理

考虑圆弧三角形 $T_0 = ABC$, 它由垂直于单位圆的圆弧组成 (图 82). 根据黎曼定理, 存在唯一的共形映射 $w = \mu(z)$, 将这个三角形映射到上半平面, 使点 A, B, C 变到点 $w = 0, 1, \infty$. 又根据对称原理, 函数 μ 解析延拓到三角形 $T_1^{(k)}$, $k = 1, 2, 3$, 它们关于各边对称于 T_0. 相对于各边的顶点的对称点仍然位于单位圆上 (事实上, 譬如说, 在关于弧 BC 的反演映射下, 包含点 A 的圆 $\{|z| = 1\}$ 的弧变成了这个圆的相补的弧, 点 A 的像 A_1 便落在这段相补的弧上). 根据反演映射的性质 (第 9 小节), 三角形 $T_1^{(k)}$ 的边还是垂直于单位圆的圆弧.

延拓了的函数 μ 共形地将 $T_1^{(k)}$ 中的每一个映射到下半平面, 使得它的边变成线段 $(0, 1)$, $(1, \infty)$, $(-\infty, 0)$ 中的一条. 因此, 可再次对 μ 应用对称原理, 从而 μ 可解析延拓到三角形 $T_2^{(k)}$, 它关于它的边对称于 $T_1^{(k)}$ (图 82 中的阴影部分).

无限地重复所描述的解析延拓的过程, 我们便建立了在单位圆盘 U 中全纯的函数 μ, 称函数 μ 为模函数. 模函数不能解析延拓到 U 之外, 就是说, U 是它的全纯域. 事实上, 在圆 $\partial U = \{|z| = 1\}$ 上有一个处处稠密的点集, 它是由三角形 T_0 的每个顶点在映射下得到的; 然而, 当 z 趋向于按照相应的三角形中顶点 A 所得到的像点 A_n 时, $\mu(z) \to 0$; 但是, 当 z 趋向于 B_n 或者 C_n 时 (分别由 B 和 C 的映射得到) 时, 则 $\mu(z)$ 趋向于 1 或 ∞. 因此, μ 甚至都不能连续地延拓到 $\overline{U}$.

从上面的构造中也可清楚看出, 模函数 μ 在 U 中不取三个值: 0, 1 和 ∞. 我们以后要用到这个性质.

我们还进一步注意到, 相对于圆弧的偶数个映射 (反演) 给出了分式线性变换.

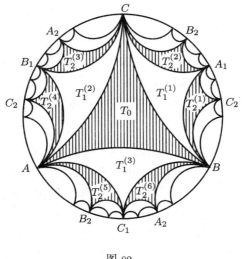

图 82

由偶数个反演得到的分式线性变换按定义是由模函数描述的, 它将圆 ∂U 变换到自己, 即是 U 的一个自同构. 它们显然构成了一个**群** Λ_0, 它是整个 U 的自同构群的一个子群.

容易看出, 模函数关于变换群 Λ_0 不变 (即为自守函数). 事实上, 设 $\lambda \in \Lambda_0$ 为任一映射, $z \in U$ 为任一点; z 属于上面所描述的那些三角形中的一个, 设为 T (严格地说, 是它在 U 中的闭包), 而函数 μ 共形地将它映射到上半或下半平面, 使得三角形的顶点变到点 0, 1 和 ∞.

根据构造, 函数 μ 将三角形 $\lambda(T)$ 映射到同一个半平面, 并且相应的点再次变成点 0, 1 和 ∞. 因此 μ 和 $\mu \circ \lambda$ 都共形地将 T 映射到同一个半平面, 以及同样对应的三个边界点, 因此

$$\mu(z) \equiv \mu \circ \lambda(z) \tag{1}$$

(参看第 38 小节).

模函数的这个性质与椭圆函数的相近. 实际上, 具有基本周期 τ 和 τ' 的椭圆函数对于平面 $\mathbb{C}$ 的运动群 Γ, 即形如

$$z \mapsto z + mz + nz' \qquad (m, n \in \mathbb{Z}) \tag{2}$$

的变换构成的群保持不变. 子群 $\Gamma \subset \operatorname{Aut} \mathbb{C}$ 为离散即对于任一点 $z \in \mathbb{C}$, 轨道 $\{g(z) : g \in \Gamma\}$ 在 $\mathbb{C}$ 中没有极限点. 完全同样地, 相应于模函数, 群 $\Lambda_0 \subset \operatorname{Aut} U$ 在单位圆中也为离散 (对于任意点 $z \in U$, 轨道 $\{\lambda(z) : \lambda \in \Lambda_0\}$ 的极限点仅仅在圆 ∂U 上.

在一个区域上亚纯的函数, 如果对于在该区域的一个离散的线性分式变换群不变, 则被称为是一个自守函数. 椭圆函数和模函数便在此列. 庞加莱在他 1880 年到 1884 年的工作中奠定了它们的经典理论的基础, 正如庞加莱自己指出的, 正是想要与椭圆函数的理论类比, 考虑以罗巴切夫斯基运动群 (参看第 11 小节) 替代平面 $\mathbb{C}$

上的运动群 (对于它, 椭圆函数不变) 才促使他进行了这些工作. 以上叙述的模函数 μ 是由施瓦茨在 1873 年引进的.

习题. 以通常的正三角形 (角为 $\pi/3$) 替代图 82 中的圆弧三角形 T_0, 并考虑将它的顶点变成点 0, 1 和 ∞ 的到上半平面的共形映射, 请构造出模函数的欧几里得类比. 证明, 这个映射可延拓为 $\mathbb{C}$ 中的亚纯函数 g, 而它是另一个 $\mathbb{C}$ 上的亚纯函数的立方: $g = h^3$. #

我们来写出逆于模函数的解析函数. 为了构造这个函数考虑它的那个分支 $z = \mu^{-1}(w)$, 它全纯于上半平面并将这个上半平面映射到三角形 T_0. 根据对称原理, 这个分支可以通过线段 $(0,1)$, $(1,\infty)$ 和 $(-\infty,0)$ 解析延拓到下半平面. 延拓了的这些分支中的每一个可以再次通过这三条线段中任一条延拓到上半平面. 此时, 如果第二次延拓源自于第一次不同的另一条线段, 则得到了与原来不同的分支 (它将上半平面映射到了三角形 $T_2^{(k)}$ 中的一个). 这个延拓过程可以无限进行下去; 它便定义了逆于模函数的解析函数.

不难看出, 逆于模函数的解析函数是个无穷多值函数; 点 0, 1 和 ∞ 是它的对数型的分支点. 这个函数的所有值都在单位圆 U 中.

下面一个定理的简单证明基于模函数的逆函数的存在性, 而这个定理则是多项式基本性质的深远推广.

定理 1 (皮卡)[①]. 任何不为常数的整函数, 除去可能的一个值外, 取遍所有 (有限) 的复数值.

证明. 设整函数 f 没有取到两个不同的复数值 $a, b \in \mathbb{C}$. 函数
$$g(z) = \frac{f(z) - a}{b - a}$$
也是整函数, 并不取值 0 和 1. 在任一点 $z_0 \in \mathbb{C}$ 的一个邻域中, 函数 $\varphi = \mu^{-1} \circ g$ 全纯, 其中 μ^{-1} 为逆于模函数的函数分支, 它在点 $w_0 = g(z_0)$ 的某个邻域中全纯. 因为函数 g 不取值 0, 1, 而 ∞ 是解析函数 μ^{-1} 的奇点, 故函数 φ 可沿任意道路 $\gamma \subset \mathbb{C}$ 解析延拓. 因为 $\mathbb{C}$ 单连通, 故根据单值性定理 (28 小节), 函数 φ 在 $\mathbb{C}$ 上单值且全纯, 即是个整函数. 然而 μ^{-1} 的所有值都在单位圆盘中, 因此 φ 有界, 那么按照刘维尔定理 (20 小节), 其为常数. 于是 g, 从而 f, 为常数.　　□

整函数是在 $\mathbb{C}$ 上不取 ∞ 的亚纯函数. 皮卡定理可推广到任意的亚纯函数:

定理 2 (皮卡). $\mathbb{C}$ 上的任意不为常数的亚纯函数, 除去可能的两个值外, 取遍 $\overline{\mathbb{C}}$ 的所有值.

证明. 设 f 为不取三个值 $a, b, c \in \overline{\mathbb{C}}$ 的任意亚纯函数. 可设这些值都是有限

[①]C. E, Picard (1856—1941), 法国数学家; 这里所引述的定理是他在 1879 年证明的. (我们通常称这个定理为 "皮卡小定理". —— 译注)

的, 这是因为如果其中有一个是无穷, 则 f 就是个不取两个值的整函数了, 那么按照定理 1 为常数. 考虑函数

$$g(z) = \frac{1}{f(z) - c};$$

它显然为整函数 (因为 $f \neq c$), 并且不取值 $\frac{1}{a-c}$ 和 $\frac{1}{b-c}$. 由定理 1, 函数 g 为常数, 从而 f 为常数. 　□

注. 整函数 $e^z \neq 0$ 和亚纯函数 $\tan z \neq \pm i$ 表明就不取值的个数方面而言, 皮卡的两个定理不能再强化了 (称这样的值为皮卡例外值).

可以证明, 亚纯函数除可能的两个例外值外取所有值的性质, 实际上是它们在无穷远处形态的局部性质. 成立所谓的皮卡**大**定理, 按此定理, 任意函数在它的极点的极限点的适当小的邻域中除去可能有两个例外值外, 它取所有的值[①]. 准确地说, 在任意函数的本性奇点的任意邻域中, 除去可能的一个例外值外, 它取所有的有限值. 在这个陈述中, 皮卡大定理本质上是魏尔斯特拉斯–卡索拉蒂, 索霍茨基定理的强化.

习题

1. 求在平面 $\mathbb{C}$ 的每个象限中方程 $z^6 + 6z + 10 = 0$ 的根的个数.

2. 设 $f(z)$ 为在单位圆盘 U 中的亚纯函数能够在 ∂U 的邻域中连续. 证明对于任意使得 $|A| > \max_{\partial U} |f|$ 的数 A, 在圆盘 U 中的 A-点数等于极点数.

3.

(a) 求在第 35 小节中例子的级数 (10) 的收敛半径, 它在 $w = 0$ 的邻域中成为整函数 $w = ze^{-az}$.

(b) 解释为什么这个级数具有有限的收敛半径.

(c) 由 (b) 推导出对于 $n!$ 的渐近公式.

4. 设函数 f 在圆盘 $U = \{|z| < 1\}$ 中全纯并在点 $a_1, \cdots, a_n$ 也仅在这些点为零. 证明, 如果在 U 中成立不等式 $|f(z)| \leqslant M$, 则在这里成立更佳不等式 $|f(z)| \leqslant M \prod_{k=1}^{n} \left| \frac{z - a_k}{1 - \bar{a}_k z} \right|$.

5. 设 $f_1, \cdots, f_n$ 在闭区域 $\overline{D}$ 全纯. 证明函数 $\varphi(z) = |f_1(z)| + \cdots + |f_n(z)|$ 在它的边界 ∂D 达到极大值.

6.

(a) 设函数 f 在单位圆盘 U 中全纯, 在其闭包上连续, 并且在上半圆 $\gamma_1 = \{|z| = 1, \text{Im } z > 0\}$ 成立不等式 $|f(z)| \leqslant M_1$, 而在下半圆 $|f(z)| \leqslant M_2$, 其中 M_1 和 M_2 为常数. 证明这时有 $|f(0)| \leqslant \sqrt{M_1 M_2}$. [**提示**: 考虑函数 $g(z) = f(z)f(-z)$.]

(b) 设 f 在正方形 $Q = \{-1 < x < 1, \ -1 < y < 1\}$ 中为全纯, 在它的闭包上连续, 并且在它的四条边上分别有 $|f(z)| \leqslant M_j$ $(j = 1, \cdots, 4)$. 证明这时有 $f(0) \leqslant \sqrt[4]{M_1 M_2 M_3 M_4}$.

7. 证明下面对于带形 $D = \{\text{Re } z| < \pi/4\}$ 的施瓦茨引理的类比: 如果 $f \in \mathcal{O}(D), f(0) = 0$

[①]皮卡大定理的证明 (对于全纯函数的) 可以在马库舍维奇的书中找到也可参看本书第二卷的 60 小节.

并且在 D 中 $|f(z)| \leqslant 1$, 则 $|f(z)| \leqslant |\tan z|$, 另外, 如果在某个点 $z \neq 0$ 该不等式的等号成立, 则它在整个 D 成立.

8. 设 $f(z)$ 为在单位圆盘 U 中的全纯函数, 使得 $f(0) = 1$, 以及在 U 上 $|f(z)| < M$. 证明在圆盘 $\{|z| \leqslant 1/M\}$ 中成立不等式 $|f(z) - 1| \leqslant M|z|$.

9. 证明, 闭圆盘 $\overline{U}$ 到自己的任意全纯映射具有不动点. 举出这种映射的例子, 使得它的所有不动点都在圆盘 U 的边界上.

10. 证明, 如果 f 在单位圆盘 U 全纯, 在 $\overline{U}$ 连续, 并对所有 $z \in \partial U$ 有 $|f(z)| = 1$, 则 f 是有理函数.

11. 设 f 在单位圆盘 U 全纯, 在 $\overline{U}$ 连续, 并且它的边界值是 U 中一个反全纯函数的边界值. 证明这时 f 是个有理函数.

12. (切博塔廖夫) 设 $f(z)$ 在上半平面 $V = \{\operatorname{Im} z > 0\}$ 全纯, 在 $\overline{V} \cap \mathbb{C}$ 连续, 且 $f(V) \subset V$, 但 $f(\mathbb{R}) \subset \mathbb{R}$. 证明, 在这些条件下 f 是个线性函数. [**提示**: 根据对称原理, f 为整函数; 证明它在 x 轴上递增, 然后再考虑函数 $g(z) = \frac{f(z)}{z - x_0}$, 其中的 x_0 为 f 的唯一的零点, 从而去证明 g 是常数.]

13. 设水平线 $\gamma = \{|f(z)| = c\}$ 是条光滑的若尔当曲线, 而函数 f 在以 γ 为边界的闭区域 $\overline{D}$ 全纯. 证明 (a) $\arg f$ 当绕行 γ 时单调变化; (b) f 在 D 中零点的个数比它导数的零点数 (带重数) 大 1. [**提示**: 利用第一章的习题 7 及幅角原理.]

14. 设在圆盘 U 中的函数 f_{ν} 全纯, 异于零, 并且按模全都小于 1. 于是, 如果 $f_{\nu}(0) \to 0$ 则在任意 U 内圆盘上, 一致地 $f_{\nu}(z) \to 0$.

15. 证明, 圆环 $\{r_1 < |z| < r_2\}$ 只能共形地映射到与它相似的圆环 $\{\rho_1 < |w| < \rho_2\}$ 上. [**提示**: 利用对称原理.]

16. 举出映射的例子, 它全纯地 (然而, 当然不是单叶地) 将圆环映射到圆盘, 以及将圆盘映到圆环的例子.

17. 证明, 如果在区域 D 全纯, 并在 D 局部一致有界的函数序列 $\{f_n\}$, 而且在极限点在 D 中的集合 E 上收敛, 则它在 D 中局部一致收敛.

18. 验证, 函数 $w = \operatorname{sn}(z, k)$ 唯一共形地, 将等同了对边的矩形 $\{-2K < \operatorname{Re} z < 2K,\ -K' < \operatorname{Im} z < K'\}$ 映射到了一个如下得到的曲面: 取两个具有沿线段 $(-/k, -1)$ 和 $(1, 1/k)$ 切口的 w-平面拷贝, 然后按照交叉方式将切口的边粘合起来.

19. 证明, 如果 f_1 和 f_2 为不是常数的整函数, 则恒等式 $e^{f_1(z)} + e^{f_2(z)} \equiv 1$ 不可能成立.

20. 证明, 如果三个整函数 f_j 满足方程 $e^{f_1} + e^{f_2} + e^{f_3} \equiv 0$, 则在差 $f_j - f_k$, $j \neq k$ 中至少有一个为常数. (这个命题对于任意多个整函数都成立; 它以博雷尔 (E. Borel) 定理而知名.)

21. 证明, 整函数 $f(z) = ze^z$ 不具有皮卡例外值.

第五章 解析方法

在最后这一章里我们将考察一些基本概念和方法, 它们经常被用于分析中以及在研究函数性质和它们的近似计算的应用问题中.

§14. 整函数与亚纯函数的分解

45. 米塔-列夫勒定理

在第 25 小节里曾证明过, 任意有理函数可以分解为一些多项式 (在无穷远点的主部) 与在一些有限奇点的主部的和. 在这里我们希望得到对于任意亚纯函数的类似分解. 我们以 a_n $(n = 1, 2, \cdots)$ 记亚纯函数 f 的极点[①], 而以

$$g_n(z) = \sum_{\nu=1}^{p_n} \frac{c_{-\nu}^{(n)}}{(z - a_n)^\nu} \tag{1}$$

记它在极点 a_n 的洛朗展开式的主部.

如果亚纯函数 f 只具有有限个极点, 于是从 f 中减去它在这些极点的主部的和, 我们显然就得到了一个整函数 h. 在这种情形下, 所提的问题可以很平凡地得以解决: 函数 f 可分解为整函数 h 和它的所有主部的和. 因此, 只有在有无穷多个极点的情形才是个有意思的问题. 这时不再是个有限和而是个由主部构成的级数, 从而产生了它的收敛性问题. 一般说来, 这个级数发散, 为了得到收敛于这些主部的级数有必要引进一些修正项, 它们就像我们将要看到的那样, 可以取作多项式的形式: 是主部的泰勒展开式的截段.

在转到准确阐述与证明时, 由于亚纯函数在一些点会取无穷大, 我们首先要规定如何理解亚纯函数形成的级数的收敛性.

[①]我们记得, 亚纯函数的极点最多只有可数多个: 在圆盘 $\{|z| < N\}$, $N = 1, 2, \cdots$ 中, 极点只有有限个, 这是因为如若不然, 就会存在他们的有限的极限点, 它不是一个孤立奇点, 从而不是极点.

定义 1. 称由亚纯函数构成的级数在集合 M 中收敛 (一致收敛) 是说, 如果只有它的有限个项在 M 中有极点, 并且在去掉这些项后, 该级数在 M 上收敛 (一致收敛).

下面的对于给定了极点和主部的亚纯函数的存在定理解决了分解问题:

定理 1 (米塔–列夫勒[①]). 对于任何点序列 $a_n \in \mathbb{C}$, $\lim_{n \to \infty} a_n = \infty$ 以及形如 (1) 的函数序列 g_n, 存在一个亚纯函数 f, 它在所有的 a_n, 也只在这些点有极点, 并且 f 在每个极点 a_n 的主部为 g_n.

证明. 不失一般性可设 $a_n \neq 0$ (如若不然, 可以用 $f - g_0$ 替代 f, 其中的 g_0 为 f 在点 $z = 0$ 的主部) 并且 a_n 的脚标按模的非降排列: $|a_n| \leqslant |a_{n+1}|$ $(n = 1, 2, \cdots)$. 固定一个数 q, $0 < q < 1$, 并记 $K_n = \{z : |z| < q|a_n|\}$. 因为函数 g_n 在圆盘 $\{|z| < |a_n|\}$ 中全纯, 且 K_n 紧闭于此圆盘, 故 g_n 在 K_n 上可被泰勒多项式

$$P_n(z) = \sum_{k=0}^{m_n} \frac{g_n^{(k)}(0)}{k!} z^k \tag{2}$$

一致逼近; 我们在其中如此选取次数 m_n, 使得对于所有的 $z \in K_n$ 有

$$|g_n(z) - P_n(z)| < \frac{1}{2^n} \quad (n = 1, 2, \cdots). \tag{3}$$

在如此选择的 P_n 下, 级数 $\sum_{n=1}^{\infty}(g_n - P_n) = f$ 在 $\mathbb{C}$ 的任何一个紧集 K 在定义 1 的意义下一致收敛. 事实上, 对于任意的 K 可以找到指标 N, 使得对于所有 $n > N$ 有 $K \subset K_n$; 级数的项

$$f_N = \sum_{n=N}^{\infty}(g_n - P_n) \tag{4}$$

在 K 上全纯, 并由于 (3), 该级数在 K 上被一个收敛的几何级数控制. 因此级数 (4) 在 K 上一致收敛, 而且其和 f_N 根据魏尔斯特拉斯定理 (23 小节) 在 K_N 上全纯.

函数 f 与 f_N 相差一个有理函数 $\sum_{n=1}^{N-1}(g_n - P_n)$, 它以 a_n 为极点, 以 g_n 为其主部, $n = 1, 2, \cdots, N-1$, 因而在 K 具有给定的极点和主部. 因为 K 为任意的紧集, 故 f 为亚纯并在 $\mathbb{C}$ 上具有给定的极点和主部.　　　□

推论. 任意亚纯函数 f 可以展开为级数

$$f = h + \sum_{n=1}^{\infty}(g_n - P_n), \tag{5}$$

它在任意紧集上一致收敛, 而其中的 h 为整函数, g_n 为 f 的主部, P_n 为某个多项式.

证明. 按照模的不降顺序安排 f 的极点的脚标 (如果将 f 换作 $f - g_0$, 则可将点 $z = 0$ 看作是 f 的正常点, 这里的 g_0 是 f 在 $z = 0$ 的主部); 于是根据定理 1, 可

[①] G. Mittag-Leffler (1846—1927), 瑞典数学家, 魏尔斯特拉斯的学生, 也是柯瓦列夫斯卡娅的朋友. 1896 年被选为彼得堡科学院通讯院士, 而后在 1925 选为苏联科学院荣誉院士. 这个定理发表于 1877 年.

构造级数

$$f_0 = \sum_{n=1}^{\infty} (g_n - P_n),$$

它在任意紧集上一致收敛. 函数 $f - f_0 = h$ 显然是个整函数.   □

例.

1. 亚纯函数 $1/\sin^2 z$ 在点 $a_n = n\pi$ ($n = 0, \pm 1, \cdots$) 具有二阶极点, 并且它在极点 a_n 的主部等于 $g_n = \frac{1}{(z-n\pi)^2}$. 由主部构成的级数

$$f_0(z) = \sum_{n=-\infty}^{\infty} \frac{1}{(z - n\pi)^2}$$

在任意紧集上一致收敛 (在定义 1 的意义下), 这是因为在任意圆盘 $\{|z| < R\}$ 上它可被收敛级数 $\sum \frac{1}{(n\pi-R)^2}$ 所控制. 因此在展开式 (5) 中的修正多项式 p_n 已无需要, 而接下来则是求出整函数

$$h(z) = \frac{1}{\sin^2 z} - \sum_{n=-\infty}^{\infty} \frac{1}{(z - n\pi)^2}.$$

这是个周期为 π 的周期函数, 因此只需在带形 $\{0 < \operatorname{Re} z \leqslant \pi\}$ 中研究它就可以了. 在这个带形中, 对于 $n = 1, 2, \cdots$, 有 $|z - n\pi| \geqslant \pi(n-1)$, 故而

$$|f_0(z)| \leqslant \sum_{n=-m}^{m} \frac{1}{|z - n\pi|^2} + 2 \sum_{n=m+1}^{\infty} \frac{1}{(n-1)^2\pi^2}$$

在此带形中 $z \to \infty$ 时趋向 0. 因为 $|\sin^2 z| = \sin^2 x + \sinh^2 y$ 这时趋向于无穷大, 故而 $h(z)$ 当 $z \to \infty$, $0 < \operatorname{Re} z \leqslant \pi$ 时趋向于零. 所以 h 在在此带形中有界, 又由周期性知其在 $\mathbb{C}$ 有界; 根据刘维尔定理 h 为常数, 从而为零. 于是它的米塔-列夫勒分解形如

$$\frac{1}{\sin^2 z} = \sum_{-\infty}^{\infty} \frac{1}{(z - n\pi)^2}. \tag{6}$$

2. 亚纯函数 $\cot z$ 在同样的那些点 $a_n = n\pi$ ($n = 0, \pm 1, \cdots$) 具有单极点, 这时它的主部为 $g_n = 1/(z - n\pi)$. 由主部构成的级数发散, 然而容易看出, 可以取零次的修正多项式: 级数

$$\sum_{n=-\infty}^{\infty}{}' \left(\frac{1}{z - n\pi} + \frac{1}{n\pi} \right) = \sum_{-\infty}^{\infty}{}' \frac{z}{(z - n\pi)n\pi}$$

($\sum'$ 表示取和时去掉指标为 0 的项) 在每一个紧集上一致收敛. 剩下来要求在展开式 (5) 中的整函数 h 了; 这可像前一个例子那样做; 我们确信 $h \equiv 0$.

但是更简单的是, 对于 $\frac{1}{\sin^2 z} - \frac{1}{z^2}$ 沿任意一条连接点 $z = 0$ 与 z 且不通过极点 $a_n = 0$ 的道路将进行积分. 利用公式 (6), 我们得到所要得米塔-列夫勒的公式

$$\cot z - \frac{1}{z} = \sum_{n=-\infty}^{\infty}{}' \left(\frac{1}{z - n\pi} + \frac{1}{n\pi} \right) \tag{7}$$

(对于 (6) 逐项积分的可行性在于它的一致收敛性).

米塔-列夫勒定理和它的推论是存在性的定理, 并没有给出有效地选取多项式 P_n 和整函数 h 的信息. 对于实用的目的, 需要一个更有用的而不是那样广泛的, 但要更具构造性的定理; 为了证明它, 要应用改进了收敛性的柯西方法.

定理 2. 如果在一系列圆 $\gamma_n = \{|z| = r_n\}$, $r_1 < r_2 < \cdots$, $r_n \to \infty$ 上, 亚纯函数 f 不比 z^m 增长得快, 即存在常数 A 使得对于所有的 $z \in \gamma_n$ $(n = 1, 2, \cdots)$ 有

$$|f(z)| \leqslant A|z|^m, \tag{8}$$

则在分解公式 (5) 中, 作为 P_n 和 h 可以取次数不超过 m 的多项式.

证明. 固定任意一个不是 f 的极点的点 $z \in \mathbb{C}$, 并假定 γ_N 包含 z 在其内部. 因而函数 $F(\zeta) = \frac{f(\zeta)}{\zeta - z}$ 除去点 $\zeta = z$ 和函数 f 的极点外在 γ_N 内部处处全纯. 它在点 z 的留数为 $f(z)$, 并以 s 记 f 在 γ_N 内部极点的留数和.

为了计算 s 我们注意到, 在每个这样的极点上函数 F 的留数等于函数 $F_N(\zeta) = \varphi_N(\zeta)/(\zeta - z)$ 的留数, 其中的 $\varphi_N(\zeta) = \sum_{(\gamma_N)} g_n(\zeta)$ 表示 f 在 γ_N 内部所有极点上的主部之和. 函数 F_N 为有理的, 并且除了所提到的极点外它在点 $\zeta = z$ 还是留数为 $\varphi_N(z)$ 的极点, 而它在无穷远点的留数等于零, 这是因为 F_N 在那里有不低于二阶的零点[①]. 根据全部留数和的定理 (26 小节), F_N 的所有留数之和, 即 $s + \varphi_N(z) = 0$, 由此得到 $s = -\varphi_N(z) = -\sum_{(\gamma_N)} g_n(z)$.

将柯西留数定理用于 F, 我们有

$$\frac{1}{2\pi i} \int_{\gamma_N} \frac{f(\zeta)}{\zeta - z} d\zeta = f(z) - \sum_{(\gamma_N)} g_n(z). \tag{9}$$

如果当 $N \to \infty$ 时左端的积分趋向于零, 那么由 f 主部构成的级数便收敛, 从而为收敛性添加修正项便无必要. 但是, 一般说来并不是这样的; 为了得到这个积分趋向于零, 需要在积分号内从 $1/(\zeta - z)$ 中减去它在无穷远点的洛朗级数的首项, 即形如 z^k/ζ^{k+1} 的项的和. 这样做更方便: 在等式 (9) 和对此等式按 z 进行逐次微分得到的一系列等式中令 $z = 0$ (我们假定 $z = 0$ 为 f 的正常点); 我们得到:

$$\frac{1}{2\pi i} \int_{\gamma_N} \frac{f(\zeta)}{\zeta^{k+1}} d\zeta = \frac{f^{(k)}(0)}{k!} - \sum_{(\gamma_N)} \frac{g_n^{(k)}(0)}{k!} \quad (k = 0, 1, \cdots, m).$$

对此等式乘以 z^k 然后从 (9) 中减去所得到的等式, 于是有

$$\frac{1}{2\pi i} \int_{\gamma_N} \left(\frac{1}{\zeta - z} - \sum_{k=0}^{m} \frac{z^k}{\zeta^{k+1}} \right) f(\zeta) d\zeta$$
$$= f(z) - h(z) - \sum_{(\gamma_N)} \{g_n(z) - P_n(z)\}, \tag{10}$$

其中 $h(z) = \sum_{k=0}^{m} \frac{f^{(k)}(0)}{k!} z^k$, $P_n(z) = \sum_{k=0}^{m} \frac{g_n^{(k)}(0)}{k!} z^k$. 我们的目的就要达到; 事实上,

---

[①] 当然, 如果 γ_N 内部至少有一个 f 的极点.

可对 (10) 的左端, 即量

$$R_N(z) = \frac{z^{m+1}}{2\pi i} \int_{\gamma_N} \frac{f(\zeta)}{\zeta^m} \frac{d\zeta}{\zeta(\zeta - z)}$$

估值(我们对积分号内的几何级数进行了求和). 利用不等式 (8) 便得到估值 $|R_N(z)| \leqslant \frac{A|z|^{m+1}}{r_N - |z|}$, 从它看出, 当 $N \to \infty$ 时有 $R_N(z) \to 0$, 另外, 在任意紧集上它还是一致的.

$\square$

例. 不难看出, $\cot z$ 在圆 $\{|z| = \pi\left(n + \frac{1}{2}\right)\}$, $n = 0, 1, 2, \cdots$ 上有界, 因而可对函数 $f(z) = \cot z - \frac{1}{z}$ 应用定理 2, 在其中可令 $m = 0$. 我们再次得到分解 (7). #

最后我们引进在任意区域 $D \subset \overline{\mathbb{C}}$ 情形下的广义的米塔–列夫勒定理. 不失一般性, 我们假定 D 包含了无穷远点 (这可由分式线性变换做到), 并且 $\partial D \neq \varnothing$, 即 $D \neq \overline{\mathbb{C}}$ (那种情形定理平凡).

定理 3. 对于任何在 D 中没有极限点的序列 a_n, 以及形如 (1) 的函数序列 g_n, 存在 D 中的亚纯函数 f, 它在所有点也只在这些点 a_n 上有极点, 并且在每个点 a_n 的主部等于 g_n.

证明. 在有限个点 a_n 的情形定理平凡, 故需假定序列 a_n 是无穷的. 对于每个 a_n 我们找到最靠近它的点 $\alpha_n \in \partial D$(存在这样的点, 这是因为连续函数 $\rho(\zeta) = |\zeta - a_n|$ 在紧集 ∂D 上达到极小); 显然, 当 $n \to \infty$ 时, $r_n = |a_n - \alpha_n| \to 0$. 对于所有的 $z \in \{|z - \alpha_n| > r_n\}$, 函数 $(z - a_n)^{-1}$ 可以展开为收敛的几何级数:

$$\frac{1}{z - a_n} = \frac{1}{z - \alpha_n - (a_n - \alpha_n)} = \sum_{k=0}^{\infty} \frac{(a_n - \alpha_n)^k}{(z - \alpha_n)^{k+1}},$$

由此看出当 $|z - \alpha_n| \geqslant 2r_n$ 时函数 $(z - a_n)^{-1}$, 同时意味着 $g_n(z)$, 可以以任意阶的精度逼近变量 $(z - \alpha_n)^{-1}$ 的多项式. 我们选取多项式 $P_n\left(\frac{1}{z - \alpha_n}\right) = Q_n(z)$ 使得当 $|z - \alpha_n| \geqslant 2r_n$ 时满足不等式

$$|g_n(z) - Q_n(z)| < \frac{1}{2^n}, \quad n = 1, 2, \cdots \tag{11}$$

(这里的 Q_n 是全纯于 D 的有理函数).

在所选择的 Q_n 下, 级数

$$f = \sum_{n=1}^{\infty} (g_n - Q_n) \tag{12}$$

在每个 $K \Subset D$ 上一致收敛 (在定义 1 的意义下). 事实上, 对于每个这样的 K, 可以找到数 N 使得对于所有的 $n \geqslant N$ 和所有 $z \in K$, 有 $|z - \alpha_n| \geqslant 2r_n$. 由在 K 上的全纯函数构成的级数

$$f_N = \sum_{n=N}^{\infty} (g_n - Q_n)$$

被在 K 上收敛的几何级数所控制, 因此函数 f_N 在 K 上全纯. 函数 f 与 f_N 相差一个

有理函数 $\sum_{n=1}^{N-1}(g_n - Q_n)$, 而它在 D 上只有具主部 g_n 的极点 a_n $(n = 1, \cdots, N-1)$[①].
因为 K 是 D 中任意的紧集, 故 f 满足定理的条件.　　　□

　　注. 设给定了任意的点序列 $a_n \in \overline{\mathbb{C}}$ 及相应的形如 (1) 的函数 g_n (如果某个 $a_n = \infty$, 则相应的函数 g_n 是没有自由项的 z 的多项式). 设 E 是序列 a_n 的极限点的集合 (容易看出这个集合为闭). 如果在定理 3 的证明中选取最靠近 a_n 的点 α_n 为 E 的点, 则级数 (12) 定义的函数 f 在 E 的补集中亚纯 (它是个开集, 因而最多由区域的可数集合构成).

46. 魏尔斯特拉斯定理

　　在这里我们考虑将整函数分解为对应于它们的零点的线性因式, 这类似于对于多项式的分解:

$$P(z) = az^m \prod_{n=1}^{l}(z - a_n) = Az^m \prod_{n=1}^{l}\left(1 - \frac{z}{a_n}\right) \tag{1}$$

(我们以 a_n 表示多项式的非零根; 每个根按重数重复算; 以 m 表示根 $z = 0$ 的重数).

　　在一般情形, 整函数具有零点的 (可数) 无穷集, 因此我们处于需要替代有限乘积 (1) 而去考虑无穷乘积的情形. 让我们来回忆一下有关这种无穷乘积的定义和最简单的一些事实. 称具有复数项的无穷乘积

$$\prod_{n=1}^{\infty}(1 + c_n) \tag{2}$$

收敛是说, 如果它所有的因式均异于零, 并且部分积 $\Pi_n = \prod_{k=1}^{n}(1 + c_n)$ 具有极限 $\Pi = \lim_{n\to\infty} \Pi_n$, 而且也异于零[②]; 称数 Π 为乘积 (2) 的值.

　　因为 $1 + c_n = \frac{\Pi_n}{\Pi_{n-1}}$, 故条件 $c_n \to 0$ 是乘积 (2) 收敛的必要条件; 它当然不是充分的: 例如 $\prod_{n=1}^{\infty}\left(1 + \frac{1}{n}\right)$. 对于乘积 (2) 收敛性的充分必要条件是在适当选取对数值时的级数

$$\sum_{n=1}^{\infty} \ln(1 + c_n) \tag{3}$$

的收敛性. 事实上, 设级数 (3) 收敛, 也就是说部分和 $\Sigma_n = \sum_{k=1}^{n} \ln(1 + c_n)$ 收敛于有限极限 $\sum$; 于是部分乘积 $\Pi_n = e^{\Sigma_n}$ 趋向于极限 $\Pi = e^{\Sigma} \neq 0$, 即 (2) 收敛. 现设 (2) 收敛, 即存在极限 $\lim_{n\to\infty} \Pi_n = \Pi \neq 0$; 我们选取对数值 $\ln \Pi_n$, 使得 $\ln \Pi_n \to \ln \Pi$, 然后令 $\ln(1 + c_1) = \ln \Pi_1$, 我们选取值 $\ln(1 + c_2)$ 使得 $\ln(1 + c_1) + \ln(1 + c_2) = \ln \Pi_2$, 等等 (假定我们已选取了值 $\ln(1 + c_k)$, $k = 1, \cdots, n - 1$, 那么我们选取 $\ln(1 + c_n)$ 使得 $\sum_{k=1}^{n} \ln(1 + c_n) = \ln \Pi_n$). 在这样选取对数值下, 便有 $\Sigma_n = \ln \Pi_n \to \ln \Pi$, 即级数 (3) 收敛.

[①] 在点 α_n 这个有理函数仍有极点, 但它不属于 D.
[②] 引进条件 $\Pi \neq 0$ 是为了保持乘积只有在一个因式为零时才为零的性质.

最后, 我们称一个因式为集合 M 上的全纯函数的无穷乘积在这个集合上收敛是说, 如果在这些因式中间只有有限个在 M 上取为零, 并且在去掉这些因式后的乘积在 M 的每个点收敛. 具有给定零点的整函数的**存在定理**是后面进行讨论的基础.

定理 1 (K. 魏尔斯特拉斯)[①]. 对于任意使 $\lim_{n\to\infty} a_n = \infty$ 的点序列 $a_n \in \mathbb{C}$, 存在一个整函数 f, 它以所有点 a_n 并只以这些点为零点, 并且 f 在点 a_n 的零点的阶等于所给序列中 a_n 出现的项数.

证明. 不失一般性, 可设 $a_n \neq 0$ (因为替代 f 可以去考虑整函数 $\frac{f(z)}{z^m}$, 其中 m 为 f 在点 $z = 0$ 的零点的阶数), 并对 a_n 设脚标按照模的不降顺序安排.

如我们已知道的, 因式为 $\left(1 - \frac{z}{a_n}\right)$ 的无穷乘积的收敛性等价于由这些因式的对数

$$\ln\left(1 - \frac{z}{a_n}\right) = -\frac{z}{a_n} - \frac{1}{2}\left(\frac{z}{a_n}\right)^2 - \cdots - \frac{1}{k}\left(\frac{z}{a_n}\right)^k - \cdots$$

组成的级数的收敛性. 但是这个级数在一般情形下发散, 这是因为 $a_n^{-1} \to 0$ 不够快; 为了得到收敛性, 自然是去掉上面展式的前面一些项, 在那里出现的是 $1/a_n$ 的低次幂. 换句话说, 不是去考虑 $\ln\left(1 - \frac{z}{a_n}\right)$, 而是应该考虑函数

$$\begin{aligned}
\ln g_n(z) &= \ln\left(1 - \frac{z}{a_n}\right) + \frac{z}{a_n} + \frac{1}{2}\left(\frac{z}{a_n}\right)^2 + \cdots + \frac{1}{p_n}\left(\frac{z}{a_n}\right)^{p_n} \\
&= -\sum_{k=p_n+1}^{\infty} \frac{1}{k}\left(\frac{z}{a_n}\right)^k,
\end{aligned} \tag{4}$$

其中 p_n 是个按所需要的选取的自然数.

我们将按照这个一般的想法进行. 为此, 我们固定一个数 q, $0 < q < 1$, 并记 $K_n = \{|z| \leqslant q|a_n|\}$. 对于 $z \in K_n$, 分支 $\ln\left(1 - \frac{z}{a_n}\right)$ 有定义, 设其为主分支 (在这里有 $\ln 1 = 0$), 从而定义了在公式 (4) 中的函数 $\ln g_n$. 对于这样的 z 有估值

$$|\ln g_n(z)| \leqslant \left|\frac{z}{a_n}\right|^{p_n+1} \sum_{k=0}^{\infty} \frac{q^k}{p_k + k + 1} \leqslant \frac{1}{1-q}\left|\frac{z}{a_n}\right|^{p_n+1} \tag{5}$$

(我们利用了显然的不等式 $p_k + k + 1 \geqslant 1$ 以及对几何级数的求和).

我们现在选取 p_n 使得级数

$$\sum_{n=1}^{\infty} \left(\frac{z}{a_n}\right)^{p_n+1} \tag{6}$$

在任意圆盘 $\{|z| \leqslant R\}$ 上绝对和一致收敛: 为此只要令, 譬如, $p_n + 1 = n$ (回忆柯西判别法, 以及 $a_n \to \infty$). 对于任意固定的紧集 K 可以找到指标 N, 使得对于所有 $n \geqslant N$ 有 $K \subset K_n$. 于是由 (5) 看出, 在 K 上级数 $\sum_{n=N}^{\infty} \ln g_n(z)$ 绝对和一致收敛,

---

[①]发表于 1876 年, 在米塔-列夫勒定理前一年.

但这意味着乘积

$$\prod_{n=N}^{\infty} g_n(z) = \prod_{n=N}^{\infty} \left(1 - \frac{z}{a_n}\right) e^{\frac{z}{a_n} + \frac{1}{2}\left(\frac{z}{a_n}\right)^2 + \cdots + \frac{1}{p_n}\left(\frac{z}{a_n}\right)^{p_n}} = f_N(z).$$

显然函数 $f_N = e^{\sum_{n=N}^{\infty} \ln g_n}$ 在 K 上全纯, 并不在那里取零. 所以无穷乘积

$$f(z) = \prod_{n=1}^{\infty} \left(1 - \frac{z}{a_n}\right) e^{\frac{z}{a_n} + \frac{1}{2}\left(\frac{z}{a_n}\right)^2 + \cdots + \frac{1}{p_n}\left(\frac{z}{a_n}\right)^{p_n}} \tag{7}$$

仅与 f_N 相差有限个因式, 因而在 K 上收敛, 从而函数 f 在这里全纯, 并且只在属于 K 的那些点 a_n 为零.

因为 K 为任意的紧集, 故 f 为有给定零点的整函数. □

推论. 任意整函数 f 可以分解为相应与它的零点的无穷乘积

$$f(z) = z^m e^{g(z)} \prod_{n=1}^{\infty} \left(1 - \frac{z}{a_n}\right) e^{\frac{z}{a_n} + \frac{1}{2}\left(\frac{z}{a_n}\right)^2 + \cdots + \frac{1}{p_n}\left(\frac{z}{a_n}\right)^{p_n}}, \tag{8}$$

其中 m 为 f 在点 $z = 0$ 的零点的阶, g 为某个整函数, 而数 p_n 的选取是使得级数 (6) 在任意紧集上绝对和一致收敛.

证明. 我们假定 $m = 0$ (为此只要用函数 $f(z)/z^m$ 替代 f 即可) 并将 f 的零点按模的不降顺序排列, 而且每个零点按它的重数多少排列多少次. 根据定理 1, 按照这些零点构造出整函数

$$f_0(z) = \prod_{n=1}^{\infty} \left(1 - \frac{z}{a_n}\right) e^{\frac{z}{a_n} + \frac{1}{2}\left(\frac{z}{a_n}\right)^2 + \cdots + \frac{1}{p_n}\left(\frac{z}{a_n}\right)^{p_n}}.$$

分式 f/f_0 显然是个没有零点的整函数, 所以函数 $g(z) = \ln \dfrac{f(z)}{f_0(z)}$ 可无限地延拓到 $\mathbb{C}$, 并根据单值性定理 (第 28 小节) 是个整函数. 因此, $f = e^g f_0$. □

例.

1. 整函数 $\frac{\sin z}{z}$ 在点 $a_n = n\pi$, $(n = \pm 1, \pm 2, \cdots)$ 有单零点. 因为级数 $\sum (z/n)^2$ 在任意紧集上一致收敛, 故可以令所有 $p_n = 1$, 从而魏尔斯特拉斯分解有形式

$$\frac{\sin z}{z} = e^{g(z)} \prod_{n=-\infty}^{\infty}{}' \left(1 - \frac{z}{n\pi}\right) e^{z/(n\pi)},$$

其中 g 为某个整函数 ("$'$" 在这里表示乘积中需要去掉指标 $n = 0$). 还需要求出 g, 而较简单的做法是对于上一节得到的 $\cot z - \frac{1}{z}$ 的分解式积分. 我们发现 $g = 0$, 从而分解有了最终的形式[1]

$$\frac{\sin z}{z} = \prod_{-\infty}^{\infty}{}' \left(1 - \frac{z}{n\pi}\right) e^{z/(n\pi)} = \prod_{n=1}^{\infty} \left(1 - \frac{z^2}{n^2\pi^2}\right) \tag{9}$$

(在转向第二个分解形式时我们把具指标 n 和 $-n$ 的项合并, 这是为相应级数的绝对收敛性容许的).

---

[1] 这个分解已被欧拉在 1734—1735 年以形式 $\sin \pi z = \pi z(1 - z/1)(1 + z/1)(1 - z/2)(1 + z/2)\cdots$ 得到.

2. 整函数 $\frac{\sin\sqrt{z}}{\sqrt{z}}$ 在点 $a_n = n^2\pi^2$ $(n = 1, 2, \cdots)$ 有单零点. 显然, 可以令所有的 $p_n = 0$, 从而魏尔斯特拉斯分解有形式

$$\frac{\sin\sqrt{z}}{\sqrt{z}} = e^{g(z)} \prod_{n=1}^{\infty} \left(1 - \frac{z}{n^2\pi^2}\right). \tag{10}$$

整函数 $g \equiv 0$, 更简单地可在 (9) 的第二个分解时中以 $\sqrt{z}$ 替代 z 便能证明. #

我们现在给出魏尔斯特拉斯定理在任意区域 D 上的推广. 不失一般性, 假定 D 包含了无穷远点并且边界 $\partial D \neq \varnothing$.

定理 2. *对于在 D 中不具有极限点的任意的点序列 $a_n \in D$, 存在在 D 中全纯的函数 f, 它以且只以这些点 a_n 为零点*[①].

证明. 假定 a_n 为无穷序列. 对于每个点 a_n 可以找到最靠近它的点 $\alpha_n \in \partial D$; 当 $n \to \infty$ 时数 $r_n = |a_n - \alpha_n| \to 0$. 于是对于所有的 $z \in \{|z - \alpha_n| > r_n\}$ 成立分解

$$\ln\frac{z - a_n}{z - \alpha_n} = \ln\left(1 - \frac{a_n - \alpha_n}{z - \alpha_n}\right) = -\sum_{k=1}^{\infty} \frac{(a_n - \alpha_n)^k}{k(z - \alpha_n)^k},$$

而当 $|z - \alpha_n| > 2r_n$ 时它按 z 一致收敛.

因此当 $|z - \alpha_n| > 2r_n$, 可选取自然数 p_n 使得

$$\left|\ln\frac{z - a_n}{z - \alpha_n} + \sum_{k=1}^{p_n} \frac{(a_n - \alpha_n)^k}{k(z - \alpha_n)^k}\right| < \frac{1}{2^n} \quad (n = 1, 2, \cdots). \tag{11}$$

在所选的 p_n 下, 无穷乘积

$$f(z) = \prod_{n=1}^{\infty} \left(\frac{z - a_n}{z - \alpha_n}\right) e^{\sum_{k=1}^{p_n} \frac{(a_n - \alpha_n)^k}{k(z - \alpha_n)^k}} \tag{12}$$

在每个 $K \Subset D$ 收敛. 事实上, 对于任意这样的 K 可以找到数 N, 使得对所有的 $n \geqslant N$ 有 $|z - \alpha_n| > 2r_n$. 由在 K 上全纯的函数

$$g_N(z) = \sum_{n=N}^{\infty} \left(\ln\frac{z - a_n}{z - \alpha_n} + \sum_{k=1}^{p_n} \frac{(a_n - \alpha_n)^k}{k(z - \alpha_n)^k}\right)$$

形成的级数, 根据 (11) 在 K 上一致收敛, 从而 g_N 在 K 上全纯, 因此乘积

$$f_N(z) = \prod_{n=N}^{\infty} \left(\frac{z - a_n}{z - \alpha_n}\right) e^{\sum_{k=1}^{p_n} \frac{(a_n - \alpha_n)^k}{k(z - \alpha_n)^k}} = e^{g_N(z)}$$

在 K 上全纯并不取零值. 因此由 (12) 的乘积定义的函数 f 在 K 上全纯, 并只在点 $a_n \in K$ 取零. 因为 K 是 D 的任意紧集, 故 f 满足定理的条件. $\square$

注. 如果假设区域 D 包含了点 $z = 0$, 而它并非所要求的函数 f 的零点, 则公式 (12) 可以有一点不同的形式. 在 (12) 的右端将 z 换成 $\frac{1}{z}$, a_n 换成 $\frac{1}{a_n}$, 而 α_n 换成

[①] f 在点 a_n 的零点的阶等于 a_n 在所给序列中出现的次数.

$\frac{1}{\alpha_n}$; 我们得到

$$f(z) = \prod_{n=1}^{\infty} \left(\frac{1 - \frac{z}{a_n}}{1 - \frac{z}{\alpha_n}} \right) e^{\sum_{k=1}^{p_n} \frac{z^k}{k} \left(\frac{\frac{1}{a_n} - \frac{1}{\alpha_n}}{1 - \frac{z}{\alpha_n}} \right)^k}. \tag{13}$$

特别, 如果 $D = \mathbb{C}$, 则需令所有的 $\alpha_n = \infty$, 从而 (13) 变到了魏尔斯特拉斯公式 (7).

　　　　　　　　　　　　　　　　　　　　　　　　　　　　　　　　#

　　我们以下面两个重要的魏尔斯特拉斯的定理来结束这一节. 它们中的第一个表达了亚纯函数与全纯函数之间的关联, 就是说, 在区域 D 中的亚纯函数 f 在每个点 $a \in D$ 的邻域中可表示为在这个邻域中的两个全纯函数的比: $f(z) = \frac{\varphi_a(z)}{\psi_a(z)}$ (在正常点的邻域中可取 $\psi_a(z) \equiv 1$, 而在极点时可取 $\psi_a(z) = (z - a)^p$, 其中 p 为极点的阶). 这表明, 可以在整个区域 D 上构造这种整体表示.

　　定理 3. 任意在区域 D 中的亚纯函数 f 可以表示为两个在 D 中全纯函数的比 (特别, 如果 $D = \mathbb{C}$, 可作为两个整函数的比).

　　证明. 在区域 D 中的亚纯函数在该区域的极点集合没有极限点 (由此推出它们至多可数). 设 a_n 为 f 在 D 中极点的序列并且在该序列中重复出现次数等于该极点的阶数. 根据定理 2, 我们在 D 中构造一个以这些点 a_n 也只以这些点为零点的全纯函数 ψ. 乘积 $f \cdot \psi = \varphi$ 显然在 D 上全纯 (每个极点被 ψ 的相同阶数的零点消去), 所以 $f = \frac{\psi}{\varphi}$ 是我们所需要的表示.　　□

　　注. 当然, 反过来, 在区域 D 中的全纯函数的比也是 D 上的亚纯函数. 所以以下的两个定义是等价的:

　　(1) 称一个函数在 D 中为亚纯是说, 如果它在 D 中除了极点外不具有其他奇点.

　　(2) 称一个函数在 D 中为亚纯是说, 如果它能表示为在 D 中两个全纯函数的比.

　　定理 2 的第二个推论表达了在第 27 小节中所解释过的一个结果. 在那里我们所谓的函数 f 的全纯域的区域 D 是说, 如果 f 在 D 中全纯, 而且不能通过边界 ∂D 上的任一个点解析延拓出去.

　　定理 4. 任意区域 $D \subset \overline{\mathbb{C}}$ 都是某个函数的全纯域.

　　证明. 构造点序列 $a_n \in D$, 使得它在 D 内无极限点, 而 ∂D 上每一个点都是这个序列的极限点①. 由定理 2, 我们构造在 D 中以且仅以 a_n 为零点的全纯函数 f(因而不恒同于零).

　　函数 f 不能通过 ∂D 的任一个点解析延拓, 这是因为, 倘若如此, 可以通过点 $\alpha \in \partial D$ 延拓, 那么 α 它便会是函数 f 在全纯的区域中的一个内点, 但是因为 α 是 f 的零点的一个极限点, 则由唯一性定理有 $f \equiv 0$.　　□

────────────

①留给读者去证明这种序列的存在性.

§15. 整函数的增长性

47. 整函数的阶与型

设给出了整函数 f; 记

$$M_f(r) = \max_{|z|=r} |f(z)|. \tag{1}$$

根据最大模原理, $M_f(r)$ 也是在圆盘 $\{|z| \leqslant r\}$ 上的 $\max|f(z)|$. 因此 $M_f(r)$ 是个递增函数. 如果按照某个序列 $r_k \to \infty$, 数 $M_f(r)$ 的增长不快于 r 的某个幂, 譬如, $M_f(r_k) \leqslant A r_k^m$, 其中 $A =$ 常数而 $m \geqslant 1$ 为整数, 于是 f 是个次数 $\leqslant m$ 的多项式. 这可由对于 $f(z) = \sum c_n z^n$ 展开式系数的柯西不等式得到; 我们有

$$|c_n| \leqslant \frac{M_f(r_k)}{r_k^n} \leqslant A r_k^{m-n},$$

由此, 令 k 趋向于 ∞, 那么当 $n > m$ 时 $c_n = 0$.

如果将此作为平凡情形舍去, 那么对于 $M_f(r)$ 的增长速度估值需要取增长比 r 的任意幂更快的函数. 阶的概念是在将 $M_f(r)$ 与函数 e^{r^μ} 比较时产生的.

定义 1. 称整函数的阶不超过 $\rho(\operatorname{ord} f \leqslant \rho)$ 是说, 如果可以找到常数 C_1 和 C_2 使得对于所有的 $r \geqslant 0$ 有

$$M_f(r) \leqslant C_1 e^{C_2 r^\rho}.$$

我们称这些 ρ 的下确界为 f 的阶:

$$\operatorname{ord} f = \inf\{\rho : M_f(r) \leqslant C_1 e^{C_2 r^\rho}\}. \tag{2}$$

如果不存在这样的数 ρ, 则说 f 是无穷阶的.

习题. 证明任意整函数的导数具有与原来函数同样的阶. [**提示**: 利用对于导数的柯西积分公式.] #

定理 1. 整函数 f 的阶可按公式

$$\operatorname{ord} f = \varlimsup_{r \to \infty} \frac{\ln \ln M_f(r)}{\ln r} \tag{3}$$

计算.

证明. 记 (3) 的右端为 ρ. 根据上极限的定义, 对于任意的 $\varepsilon > 0$, 可以找到 r_0 使得当 $r > r_0$ 时, 我们有 $\ln \ln M_f(r) \leqslant (\rho + \varepsilon) \ln r$, 由此得到 $M_f(r) \leqslant e^{r^{\rho+\varepsilon}}$. 因为 $M_f(r)$ 递增, 故若设 $C = \max(M_f(r_0), 1)$, 我们得到, 对于所有的 $r \geqslant 0$ 有 $M_f(r) \leqslant C e^{r^{\rho+\varepsilon}}$, 即 $\operatorname{ord} f \leqslant \rho + \varepsilon$. 由于 ε 是任意的, 由此得到 $\operatorname{ord} f \leqslant \rho$. 但是如果 $\operatorname{ord} f < \rho$, 则可找到 $\varepsilon > 0$ 使得 $\operatorname{ord} f \leqslant \rho - \varepsilon$, 即对于所有的 r 和某两个常数 C_1 和 C_2 有 $M_f(r) \leqslant C_1 e^{C_2 r^{\rho-\varepsilon}}$. 于是对于所有的 r,

$$\frac{\ln \ln M_f(r)}{\ln r} \leqslant \frac{\ln(\ln C_1 + C_2 r^{\rho-\varepsilon})}{\ln r},$$

并且右端当 $r \to \infty$ 时趋向于极限 $\rho - \varepsilon$ (可由洛必达法则算出), 这与左端的上极限等于 ρ 矛盾. 因此应该有 $\operatorname{ord} f = \rho$. $\square$

例. 公式 (3) 可对于那些容易算出 $M_f(r)$ 的函数来计算函数的阶. 于是根据此公式, e^{z^n}, $\sin z$, $\cos \sqrt{z}$, e^{e^z} 的阶分别为 n, 1, $1/2$ 和 ∞. #

在整函数的阶的更复杂的情形就不得不按照它们的泰勒展开式

$$f(z) = \sum_{n=0}^{\infty} c_n z^n \tag{4}$$

的系数进行计算了. 我们注意到由柯西–阿达马公式 (20 小节), 函数 f 为整当且仅当 $\lim_{n \to \infty} \sqrt[n]{|c_n|} = 0$(在这里上极限可换成普通的极限, 这是因为 $\sqrt[n]{|c_n|} \geqslant 0$). $\sqrt[n]{|c_n|}$ 趋向于 0 的速度决定了函数的阶.

定理 2. 整函数的阶 $\operatorname{ord} f \leqslant \rho$ 当且仅当它的展式 (4) 的系数对于所有 $n = 1, 2, \cdots$ 满足条件

$$n^{1/\rho} \sqrt[n]{|c_n|} \leqslant c, \tag{5}$$

其中 c 为某个常数.

证明. (a) 如果 $\operatorname{ord} f \leqslant \rho$, 则可以找到常数 C_1 和 C_2 使得 $M_f(r) \leqslant C_1 e^{C_2 r^\rho}$, 从而根据柯西不等式 $|c_n| \leqslant C_1 e^{C_2 r^\rho - n \ln r}$, 由此有

$$n^{1/\rho} \sqrt[n]{|c_n|} \leqslant C_1^{1/n} e^{C_2 \frac{r^\rho}{n} - \ln r + \frac{1}{\rho} \ln n}.$$

这个不等式对于所有 $r \geqslant 0$ 成立, 而它的左端与 r 无关, 因此可以在右端取 r 使它非常小. 右端在 $r = r_0$ 有唯一的临界点, 其中 $r_0^\rho = n/(C_2 \rho)$, 而当 $r \to 0$ 和 $r \to \infty$ 时它都无限递增, 因此 r_0 是个极小点, 于是右端用 $r = r_0$ 代入, 我们有

$$n^{1/\rho} \sqrt[n]{|c_n|} \leqslant C_1^{1/n} e^{\frac{1 + \ln C_2 \rho}{\rho}},$$

由此显然得出 (5).

(b) 如果 (5) 被满足, 则 $\sqrt[n]{|c_n|} \to 0$, 从而由展开式 (4) 定义的函数 f 为整. 由 (5) 得到 $|c_n| \leqslant c^n n^{-n/\rho}$, 将其代入 (4), 对于任意固定的 $r \geqslant 0$ 便得到

$$M_f(r) \leqslant |c_0| + \sum_{n=1}^{\infty} \frac{(cr)^n}{n^{n/\rho}} = |c_0| + \sum_{n=1}^{\infty} \frac{1}{2^n} e^{n \ln 2cr - \frac{n}{\rho} \ln n}. \tag{6}$$

记幂的指数 (将 n 换成 x) 为 $\varphi(x) = x \ln 2cr - \frac{x}{\rho} \ln x$. 它的导数只在 $x = x_0 = (2cr)^\rho/e$ 时有 $\varphi'(x) = 0$, 而当 $x \to 0$ 和 $x \to \infty$ 时函数 $\varphi(x)$ 分别地趋向于 0 和 $-\infty$. 因此 φ 在正半轴的最大值等于 $\varphi(x_0) = x_0/\rho = C_2 r^\rho$, 其中 $C_2 = (2c)^\rho/e$. 将这些值代入 (6) 的幂的指数中, 我们只是加强了不等式为

$$M_f(r) \leqslant |c_0| + e^{C_2 r^\rho} \sum_{n=1}^{\infty} \frac{1}{2^n} = |c_0| + e^{C_2 r^\rho}.$$

再令 $C_1 = |c_0| + 1$, 我们便得到了所需的估值: 对于所有 $r \geqslant 0$, 有 $M_f(r) \leqslant C_1 e^{C_2 r^\rho}$. $\square$

例. 所证明的定理让我们可以构造出具任意阶 ρ $(0 < \rho < \infty)$ 的整函数: 只要在 (4) 中选 $c_n = n^{-n/\rho}$ 即可 (这时 $\sqrt[n]{|c_n|} \to 0$, 因而 f 为整函数). 根据同一个定理, 泰勒系数 $c_n = e^{-n^2}$ 时函数为零阶, 而当 $c_n = (\ln n)^{-n}$ 时为无穷阶. #

在给出了阶之后, 型的概念则更加细致地刻画了函数的增长特性.

定义 2. 称 ρ 阶整函数 f 的型不超过 σ $(\mathrm{typ}\, f \leqslant \sigma)$ 是说, 如果存在常数 C, 使得对于所有的 $r \geqslant 0$ 有

$$M_f(r) \leqslant C e^{\sigma r^\rho}.$$

称这样的数 σ 的下确界为函数 f 的型:
$$\mathrm{typ}\, f = \inf\{\sigma : M_f(r) \leqslant C e^{\sigma r^\rho}\}. \tag{7}$$
如果没有这样的数则说 f 是极大 (或无穷) 型的; 如果 $\mathrm{typ}\, f = 0$ 则说它是极小 (或零) 型的; 当 $0 < \mathrm{typ}\, f < \infty$ 是则说是中间型的.

ρ $(0 < \rho < \infty)$ 阶的整函数 f 的型可用公式
$$\mathrm{typ}\, f = \varlimsup_{r \to \infty} \frac{\ln M_f(r)}{r^\rho} \tag{8}$$
进行计算, 其证明同于定理 1 的证明. 我们不再在这里关注用它的泰勒级数的系数来进行计算的问题了.

例. 函数 $\cos \sigma z$ 为 1 阶 σ 型; 函数 $\sin \sqrt{z}/\sqrt{z}$ (验证其为整函数!) 为 1/2 阶 1 型. #

习题. 证明泰勒系数为 $c_n = \left(\frac{\ln n}{n}\right)^{n/\rho}$ 的函数为 ρ 阶极大型整函数, 泰勒系数为 $c_n = \left(\frac{1}{n \ln n}\right)^{n/\rho}$ 的函数是 ρ 阶极小型, 而系数 $c_n = (e^{\sigma\rho}/n)^{n/\rho}$ 是 ρ 阶 σ 型. #

整函数的阶的概念第一次出现在 1883 年庞加莱的工作中: 他称函数 f 为 k 型的是说, 如果当 $r \to \infty$ 时 $\ln M_f(r) = O(r^{k+1})$. 我们上面用的定义是 E. 博雷尔在 1897 年给出的[①].

48. 增长性与零点. 阿达马定理

可以举出没有零点的任意快速增大的整函数的例子 $(e^z, e^{e^z}$ 等等). 另一方面, 存在许多命题, 它们指出, 如果不恒等于零的整函数不得不常常取零的话, 它的值就会极强地增长. 换句话说, 可通过整函数的阶得到零点个数的上界估值. 在这里我们将给出几个这样的估值.

[①]E. Borel (1871—1956) 法国数学家, 在二战时参加了对法西斯的抵抗运动.

定理 1 (延森不等式①). 如果 f 为整函数使得 $|f(0)| = 1,$② 并记 $n_f(r)$ 为它在圆盘 $\{|z| < r\}$ 中的算上重数的零点的个数, 又 $M_f(r) = \max_{|z|=r} |f(z)|$, 于是

$$\int_0^r \frac{n_f(t)}{t} dt \leqslant \ln M_f(r). \tag{1}$$

证明. 记 $n = n_f(r)$, 以 $a_1, \cdots, a_n$ 表示 f 在圆盘 $\{|z| < r\}$ 中的零点, 并且它们的顺序是按模的不降排列的 (每个点按它的重数重复排列). 我们要消去这些零点而又不改变 f 在圆 $\{|z| = r\}$ 上的模, 为此我们对 f 除以分式线性函数 $\frac{r(z-a_k)}{r^2 - \bar{a}_k z}$, $k = 1, \cdots, n$ 的积, 它们分别在 $z = a_k$ 等于 0, 而在圆上的模为 1. 根据最大模原理, 对于所有圆盘 $\{|z| < r\}$ 中的点 z 得到

$$\left| \frac{f(z)}{\prod_{k=1}^n \frac{r(z-a_k)}{r^2 - \bar{a}_k z}} \right| \leqslant M_f(r).$$

在此令 $z = 0$, 我们得到不等式 $\frac{r^n}{\prod_{k=1}^n |a_k|} \leqslant M_f(r)$; 可将它重写为

$$\left| \frac{a_2}{a_1} \right| \cdot \left| \frac{a_3}{a_2} \right|^2 \cdots \left| \frac{a_n}{a_{n-1}} \right|^{n-1} \frac{r^n}{|a_n|^n} \leqslant M_f(r).$$

对此不等式取对数, 我们可以将左端写为积分形式:

$$\ln \left| \frac{a_2}{a_1} \right| + 2 \ln \left| \frac{a_3}{a_2} \right| + \cdots + (n-1) \ln \left| \frac{a_n}{a_{n-1}} \right| + n \ln \frac{r}{|a_n|}$$

$$= \int_{|a_1|}^{|a_2|} \frac{dt}{t} + \int_{|a_2|}^{|a_3|} \frac{2dt}{t} + \cdots + \int_{|a_{n-1}|}^{|a_n|} \frac{(n-1)dt}{t} + \int_{|a_n|}^{r} \frac{ndt}{t}$$

$$= \int_0^r \frac{n_f(t)}{t} dt$$

(我们知道, 在区间 $(|a_k|, |a_{k+1}|)$ 中 $n_f(t) = k$, 而在区间 $(0, |a_1|)$ 中 $n_{f(t)} = 0$. 这便导出了 (1)). $\quad \square$

推论 1. 如果 f 为整函数, 其满足 $|f(0)| = 1$, 则在定理 1 的记号下对所有 r, 有

$$n_f(r) \leqslant \ln M_f(er). \tag{2}$$

证明. 根据延森不等式有

$$\int_0^{er} \frac{n_f(t)}{t} dt \leqslant \ln M_f(er);$$

---

①J. Jensen (1859—1925) 瑞典数学家 (应是丹麦数学家 —— 译注); 不等式 (1) 是他在 1899 年由亚纯函数的下面的关系式推出来的:

$$\ln |f(0)| = \frac{1}{2\pi} \int_0^{2\pi} \ln |f(re^{i\varphi})| d\varphi - \sum_{|a_k| < r} \ln \frac{r}{|a_k|} + \sum_{|b_k| < r} \ln \frac{r}{|b_k|},$$

其中取和覆盖了函数 f 在圆盘 $\{|z| < r\}$ 上的全部的零点 a_k 和极点 b_k, 而点 $z = 0$ 既非零点也非极点.

②这个假定并未妨碍一般性, 这是因为可以替代在点 $z = 0$ 有 m 重零点的整函数 f 而考虑函数 $\frac{f(z)}{z^m} \frac{m!}{f^{(m)}(0)}$, 它也是整的, 并且具有与 f 有同样的阶以及异于 $z = 0$ 的零点.

因为 $n_f(t) \geqslant 0$, 故这里的左端在积分区间从 $(0, er)$ 变到 (r, er) 时不增, 而

$$\int_r^{er} \frac{n_f(t)}{t} dt \geqslant n_f(r) \int_r^{er} \frac{dt}{t} = n_f(r),$$

这是由于不降函数 n_f 在 $t \in (r, er)$ 有 $n_f(t) \geqslant n_f(r)$. $\quad\square$

推论 2. 如果 f ($f(0) = 1$) 为阶不高于 ρ, $0 < \rho < \infty$ 的整函数, 则它在圆盘 $\{|z| < r\}$ 中零点的个数没有 r^ρ 增加得快: 存在常数 C, 使得对于所有的 $r \geqslant 0$ 有

$$n_f(r) \leqslant C r^\rho. \tag{3}$$

证明. 由 (2), 对于所有 $r \geqslant 0$ 我们有 $n_f(r) \leqslant \ln M_f(er)$, 但是, 根据阶的定义, 可以找到常数 C_2 使得 $M_f(r) \leqslant e^{C_2 r^\rho}$ (由于我们有 $f(0) = 1$, 故可取常数 $C_1 = 1$, 参看 47 小节定理 1 的证明). 由此, $\ln M_f(er) \leqslant C_2 (er)^\rho$, 并将此代入第一个不等式便得到 (3), 其中常数 $C = C_2 e^\rho$. $\quad\square$

推论 1 和 2 表达了在上面提到的整函数的性质: 如果对这样的函数其零点数 $n_f(r)$ 快速增多, 则它的最大模 $M_f(r)$ 也快速增大. 以下的定理估计了整函数的零点模的倒数经由它的增长阶构成的级数的收敛速度:

定理 2 (阿达马[①]). 如果 f ($f(0) \neq 0$) 为有限阶 ρ 的整函数, $\{a_n\}$ 为它的零点, 则级数

$$\sum_{n=1}^\infty \frac{1}{|a_n|^{\rho+\varepsilon}} \tag{4}$$

对于任意的 $\varepsilon > 0$ 收敛.

证明. 不失一般性, 假定 $f(0) = 1$. 正项级数的收敛性不依赖于级数项的次序, 因此也可能发散的级数 (4) 可以表示为以下形式:

$$\sum_{n=1}^\infty \frac{1}{|a_n|^{\rho+\varepsilon}} = \sum_{a_n \in U} \frac{1}{|a_n|^{\rho+\varepsilon}} + \sum_{k=0}^\infty \left\{ \sum_{a_n \in \Delta_k} \frac{1}{|a_n|^{\rho+\varepsilon}} \right\}, \tag{5}$$

其中右端第一个取和覆盖了 f 在圆盘 $U = \{|z| < 1\}$ 中所有的零点, 而第二个取和覆盖了在圆环 $\Delta_k = \{2^k \leqslant |z| \leqslant 2^{k+1}\}$ 中所有的零点; 其中一些和也可能缺项. 因为第一个和有界, 而在圆环 Δ_k 中每一个零点的模 $\geqslant 2^k$, 而它的数目 $\leqslant n_f(2^{k+1})$, 故由 (5) 得到估值

$$\sum_{n=1}^\infty \frac{1}{|a_n|^{\rho+\varepsilon}} \leqslant C_0 + \sum_{k=0}^\infty \frac{n_f(2^{k+1})}{2^{k(\rho+\varepsilon)}}.$$

但是对于阶为 ρ 的函数, 根据 (3), 有 $n_f(2^{k+1}) \leqslant C 2^{(k+1)\rho}$, 因此右端的级数被由项为 $C 2^{(k+1)\rho} / 2^{k(\rho+\varepsilon)} = C 2^\rho / 2^{k\varepsilon}$ 的级数所控制, 它是具公比 $1/2^\varepsilon < 1$ 的几何级数, 因此收敛. 所以级数 (4) 对于任意的 $\varepsilon > 0$ 收敛. $\quad\square$

[①]J. S. Hadamard (1865—1963), 法国数学家; 这个和下一个定理是他在 1893 年证明的 (形式略有不同, 因为那时还没有清晰的阶的概念).

这个定理对于魏尔斯特拉斯分解有重要的应用. 在第 46 小节中已经证明, 在整函数的魏尔斯特拉斯分解

$$f(z) = z^m e^{g(z)} \prod_{n=1}^{\infty} \left(1 - \frac{z}{a_n}\right) e^{\frac{z}{a_n} + \frac{1}{2}\left(\frac{z}{a_n}\right)^2 + \cdots + \frac{1}{p_n}\left(\frac{z}{a_n}\right)^{p_n}} \tag{6}$$

中的整数 p_n 可以选取使得级数

$$\sum_{n=1}^{\infty} \left(\frac{z}{a_n}\right)^{p_n+1} \tag{7}$$

在任意圆盘 $\{|z| \leqslant R\}$ 上绝对且一致收敛. 定理 2 可以让我们对有限阶的函数具体实现这个断言.

推论. 对于 $\rho < \infty$ 阶的整函数, 在它的魏尔斯特拉斯分解 (6) 的多项式

$$P_n(z) = \frac{z}{a_n} + \frac{1}{2}\left(\frac{z}{a_n}\right)^2 + \cdots + \frac{1}{p_n}\left(\frac{z}{a_n}\right)^{p_n} \tag{8}$$

的次数可选成 ρ 的整数部分: 对于任意 n 为 $p_n = [\rho]$.

证明. $p_n = [\rho]$ 的级数 (7) 在任意圆盘 $\{|z| < R\}$ 中由级数

$$R^{[\rho]+1} \sum_{n=1}^{\infty} \frac{1}{|a_n|^{[\rho]+1}}$$

控制, 由于总有 $[\rho] + 1 > \rho$, 故根据定理 2 它收敛. □

下一个定理具体实现分解 (6) 中的 g 的选取.

定理 3 (阿达马). 在有限阶 ρ 的整函数的魏尔斯特拉斯分解 (6) 中的函数 g 是个次数不高于 $[\rho]$ 的多项式.

证明. 不失一般性, 设 $f(0) = 1$ 且零点按模不降排序. 固定 $R > 0$ 并以 $N = N(R)$ 记自然数使得对于所有 $n \leqslant N$ 有 $|a_n| \leqslant R$ 和 $|a_{N+1}| > R$. 然后, 在乘积 (6) 中分成在圆盘 $\{|z| < R\}$ 内有零点的因式:

$$\prod_{n=1}^{N} \left(1 - \frac{z}{a_n}\right) = Q_N(z), \tag{9}$$

和剩下的部分

$$f_N(z) = e^{g(z) + \sum_{n=1}^{N} P_n(z)} \prod_{n=N+1}^{\infty} \left(1 - \frac{z}{a_n}\right) e^{P_n(z)},$$

使得 $f(z) = Q_N(z) f_N(z)$. 按照定理 2 的推论可假定, 所有多项式 P_n 的次数等于 $[\rho]$.

在圆盘 $\{|z| < R\}$ 中函数 $f_N \neq 0$, 故根据单值性定理可在这里分离出全纯分支

$$g_N(z) = \ln f_N(z)$$

$$= g(z) + \sum_{n=1}^{N} P_n(z) + \sum_{n=N+1}^{\infty} \left\{\ln\left(1 - \frac{z}{a_n}\right) + P_n(z)\right\}. \tag{10}$$

我们应该证明 g 是次数不高于 $[\rho]$ 的多项式, 也就是说, 这个函数在点 $z = 0$ 的泰勒展开式的系数 c_k 当 $k > [\rho]$ 时等于 0. (10) 中的级数根据在第 46 小节所证, 在任意

的圆盘上一致收敛, 又根据第 23 小节的魏尔斯特拉斯定理它可以逐项微分, 从而当 $k > [\rho]$ 时我们有

$$c_k(N) = \frac{g_N^{(k)}(0)}{k!} = c_k - \frac{1}{k} \sum_{n=N+1}^{\infty} \frac{1}{|a_n|^k}$$

(我们已知 $\deg P_n = [\rho]$, 以及 $\ln\left(1 - \frac{z}{a_k}\right)$ 的展开式中 z^k 的系数等于 $\frac{-1}{k|a_n|^k}$). 按照定理 2, 由 $\frac{1}{|a_n|^k}$ 组成的级数在 $k > [\rho]$ 时收敛, 因此, 当 $N \to \infty$ 时右端的和趋向于 0. 但是系数 c_k 不依赖于 N, 所以要证明当 $k > [\rho]$ 时 $c_k = 0$, 只要证明当 $N \to \infty$ 时对于固定的 k 有 $c_k(N) \to 0$ 就可以了.

为此需要利用 f 增长性的界, 这基于条件 $\operatorname{ord} f = \rho$. 我们注意到, 当 $|z| = 2R$ 且 $n \leqslant N$ 时, 我们有 $\left|1 - \frac{z}{a_n}\right| \geqslant \frac{2R}{|a_n|-1} \geqslant 1$, 于是根据 (9), 在圆 $\{|z| = 2R\}$ 上我们有 $|Q_N(z)| \geqslant 1$, 这意味着在这里有

$$|f_N(z)| = \left|\frac{f(z)}{Q_N(z)}\right| \leqslant M_f(2R).$$

根据最大模原理, 对于 $|z| < 2R$ 成立不等式 $|f_N(z)| \leqslant M_f(2r)$, 而在圆盘 $\{|z| \leqslant R\}$ 中所定义的函数 $g_N = \ln f_N$ 有 $\operatorname{Re} g_N(z) \leqslant \ln M_f(2R)$. 根据函数的阶的定义由此得到, 当 $|z| \leqslant R$ 时

$$\operatorname{Re} g_N(z) \leqslant \ln C_1 + C_2(2R)^\rho, \tag{11}$$

其中 C_1 和 C_2 为常数.

这里我们有必要利用类似于对泰勒展开式系数的柯西不等式, 把在那里的函数模的极大值换作所涉及的它的实部的极大值:

$$|c_k(N)| \leqslant \frac{2}{R^k} \max_{|z|=R} \operatorname{Re}\{g_N(z) - g_N(0)\}.$$

这个不等式的证明放到了后面 (参看附录的第 2 小节中 (公式 (14)). 考虑到 (11), 以及 $g_N(0) = \ln f_N(0) = 0$, 故我们得出

$$|c_k(N)| \leqslant \frac{2}{R^k}\{\ln C_1 + C_2(2R)^\rho\}.$$

当 $R \to \infty$ 我们从而有 $N = N(R) \to \infty$, 因此对于所有的 $k > \rho$, 当 $N \to \infty$ 时有 $c_k(N) \to 0$. $\qquad \square$

阿达马定理包含了有限阶的整函数的魏尔斯特拉斯分解的重要信息. 特别是它们中的第二个估值: 在分解式 (6) 的整函数 g 的分支没有有效的定义 (只证明了它的存在性), 而对于有限阶的函数, 由于这个定理, 代替 g 的泰勒级数的无穷多个未知的系数, 我们只有不超过被分解函数的阶的有限个系数.

例. 因为整函数 $\frac{\sin z}{z}$ 的阶等于 1, 故所有的多项式 P_n 和函数 g 为线性, 因此它的魏尔斯特拉斯分解有形式

$$\frac{\sin z}{z} = e^{az+b} \prod_{n=-\infty}^{\infty}{}' \left(1 - \frac{z}{\pi n}\right) e^{z/(\pi n)},$$

从而我们只要再找两个常数 a 和 b 即可. 将 z 趋向于零, 我们得到 $b = 0$, 而利用函数 $\frac{\sin z}{z}$ 的偶性质, 并替换 z 为 $-z$, 从而得到 $a = 0$. 因此, 我们重新找到了已知的分解 (参看 46 小节的公式 (9))

$$\sin z = z \prod_{n=-\infty}^{\infty}{}' \left(1 - \frac{z}{\pi n}\right) e^{z/(\pi n)} = z \prod_{n=1}^{\infty} \left(1 - \frac{z^2}{\pi^2 n^2}\right).$$

习题. 证明具非整数阶 $\rho < \infty$ 的整函数有无穷多个零点. #

§16. 涉及增长性的其他定理

49. 弗拉格门–林德勒夫定理

如果函数 f 在区域 D 上全纯并在 $\overline{D}$ 中连续, 则根据最大模原理 (37 小节), 由在 ∂D 上 $|f(z)| \leqslant M$ 得到在整个区域 D 成立这个不等式. 但是, 如果连续性条件在 ∂D 至少在一个点上不成立, 则这个结论不再成立. 例如考虑圆盘 $D = \{x^2 + y^2 < x\}$ 以及在其上全纯的函数 $f(z) = e^{\frac{1}{z}}$; 它在 $\overline{D} \setminus \{0\}$ 连续, 并在 $\partial D \setminus \{0\}$ 上它的模处处为 $|e^{\frac{1}{z}}| = e^{\frac{x}{x^2+y^2}} = e$, 但是在 D 的内部这个函数取任意大的值. 然而如果附加一些条件的话结论还是可以保留的, 而这个条件是说, 当逼近边界上的例外点时函数 f 不要增长得太快. 称这一类的命题为弗拉格门–林德勒夫原理并在分析中有重要的应用; 我们将对一些类型的区域对它进行准确地阐述和证明.

先考虑角; 不失一般性假定它的顶点放在点 $z = 0$, 并且相对于 x 轴对称, 即有形式

$$S_\alpha = \left\{ z \in \mathbb{C} : |\arg z| < \frac{\pi}{2\alpha} \right\} \tag{1}$$

(图83).

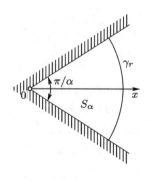

图 83

我们假定边界 ∂S_α 的例外点为无穷远点, 并且我们约定当逼近它时以所谓的角阶 ρ 与角型 σ 来刻画函数的增长: 如果在圆 $\gamma_r = \{|z| = r, z \in S_\alpha\}$ 上取 $M_f(r) =$

$\max |f(z)|$, 则

$$\rho = \varlimsup_{r \to \infty} \frac{\ln \ln M_f(r)}{\ln r}, \quad \sigma = \varlimsup_{r \to \infty} \frac{\ln M_f(r)}{r^\rho}. \tag{2}$$

定理 1 (弗拉格门, 林德勒夫[①]). 设函数 f 在角 S_α 中全纯, 并可连续地延拓到它的边界 ∂S_α 的有限点上, 且在这些点上处处有 $|f(z)| \leqslant M$. 如果这个函数的角阶 $\rho < \alpha$, 则在整个 S_α 有 $|f(z)| \leqslant M$.

证明. 我们选择数 $\varepsilon > 0$ 和 ρ', $\rho < \rho' < \alpha$, 并考虑函数 $f_\varepsilon(z) = f(z)e^{-\varepsilon z^{\rho'}}$, 其中分支 $e^{-\varepsilon z^{\rho'}}$ 由条件 $|\arg z| < \frac{\pi}{2\alpha}$ 给出. 如果令 $z = re^{i\varphi}$, 则

$$|f_\varepsilon(z)| = |f(z)|e^{-\varepsilon r^{\rho'} \cos \rho' \varphi},$$

因此, 在 S_α 的边上有 $|f_\varepsilon(z)| \leqslant M$, 其中 $\varphi = \pm \frac{\pi}{2\alpha}$ 和 $|\rho' \varphi| = \frac{\pi \rho'}{2\alpha} < \frac{\pi}{2}$, 而根据角阶的定义, 对于所有的 r, 在弧 γ_r 上有

$$|f_\varepsilon(z)| < C_1 e^{C_2 r^\rho - \varepsilon r^{\rho'} \cos \rho' \varphi}.$$

因为在这段弧上有 $\cos \rho' \varphi \geqslant \cos \frac{\pi \rho}{2\alpha} > 0$ 和 $\rho < \rho'$, 故对于任意的 $\varepsilon > 0$, 右端在 $r \to \infty$ 时趋向于 0, 这意味着, 对于充分大的 r, 在它上面有 $|f_\varepsilon(z)| \leqslant M$. 对由 ∂S_α 和这样的弧为边界的扇形应用最大模原理, 我们得到在任一点 $z \in S_\alpha$ 有 $|f_\varepsilon(z)| \leqslant M$. 因为 $\varepsilon > 0$ 任意, 故当 ε 趋向 0 时, 我们得到对任意点 $z \in S_\alpha$ 有 $|f(z)| \leqslant M$. □

注. 角张得越小 (即 α 越大) 对于较大增长性的函数而言就越能保持最大模原理. 又, 在定理中增长性的估值 $\rho < \alpha$ 是精确的: 当 $\rho = \alpha$ 最大模原理不再为真. 这由在 S_α 中全纯的函数 $f(z) = e^{z^\alpha}$ 的例子可清楚看出 (考虑满足 $|\arg z| < \frac{\pi}{2\alpha}$ 的分支); 在 ∂S_α 上我们有 $|f(z)|e^{r^\alpha \cos \alpha \varphi}|_{\varphi = \frac{\pi}{2\alpha}} = 1$, 而 f 在 S_α 上无界.

但是还是可以将这个定理做得更精细: 如果考虑到角型, 那么对于角阶为 α 的函数也可保持最大模原理.

定理 2. 设函数 f 在角 S_α 中全纯, 它的角阶等于 α, 而其角型为 σ. 如果 f 还可连续地延拓到 ∂S_α 的有限点, 并在这里处处有 $|f(z)| \leqslant M$, 则对于所有点 $z = re^{i\varphi} \in S_\alpha$ 有

$$|f(z)| \leqslant M e^{\sigma r^\alpha \cos \alpha \varphi}. \tag{3}$$

证明. 固定 $\varepsilon > 0$ 并考虑函数 $f_\varepsilon(z) = f(z)e^{-(\sigma-\varepsilon)z^\alpha}$, 其中 z^α 的分支是由条件 $|\arg z| < \frac{\pi}{2\alpha}$ 给出. 在角的边上有 $|f_\varepsilon(z)| \leqslant M$ (参看前一个定理的证明), 而在实轴上有 $|f_\varepsilon(x)| \leqslant Ce^{\sigma' x^\alpha - (\sigma+\varepsilon)x^\alpha}$, 其中 $\sigma' > \sigma$ 而 C 为某个常数. 选取 $\sigma' < \sigma + \varepsilon$, 我们便得到 f_ε 在实轴上有界; 设 $|f_\varepsilon(x)| \leqslant M_\varepsilon$. 将定理 1 应用于下面的每一个角:

$$S'_\alpha = \{0 < \arg z < \pi/(2\alpha)\} \text{ 和 } S''_\alpha = \{-\pi/(2\alpha) < \arg z < 0\}$$

(由于 S'_α 和 S''_α 的张角二倍地小于 S_α 的张角, 故可应用此定理), 我们得到 $|f_\varepsilon(z)|$ (在 S'_α 和 S''_α 中每一个, 从而在 S_α 中) 不超过 $\max(M, M_\varepsilon)$. 因此, f_ε 在 S_α 有界,

---

[①]L. E. Phragmén 和 E. L. Lindelöf, 瑞典数学家; 这个定理是他们在 1908 年证明的.

而因为在 ∂S_α 上 $|f_\varepsilon(z)| \leqslant M$, 故同样根据定理 1, 在 S_α 上处处有 $|f_\varepsilon(z)| \leqslant M$. 于是, $|f(z)| \leqslant M|e^{(\sigma+\varepsilon)z^\alpha}| = Me^{(\sigma+\varepsilon)r^\alpha \cos\alpha\varphi}$. 将 ε 趋向 0, 从而得到 (3).   □

推论 1. 如果在定理 2 的条件中角型极小 $(\sigma = 0)$, 则对于所有 $z \in S_\alpha$ 有 $|f(z)| \leqslant M$.

证明. 它由在 (3) 中令 $\sigma = 0$ 得到.   □

推论 2. 如果阶为 $\rho = 1$ 而型不超过 σ 的整函数 f 在实轴上有界: 设在这里 $|f(\alpha)| \leqslant M$, 则对任意点 $z = x + iy \in \mathbb{C}$ 有

$$|f(z)| \leqslant Me^{\sigma|y|}. \tag{4}$$

证明. 如果 $z = re^{i\varphi}$ 属于右半平面, 则 $g(z) = f(iz)$ 满足定理 2 的条件, 其中 $\alpha = 1$, 因此

$$|f(iz)| \leqslant Me^{\sigma r \cos\varphi} \quad (-\pi/2 < \varphi < \pi/2).$$

在这里将 z 替换 $-iz$ (从而 φ 替换 $\varphi - \pi/2$), 我们便得到, 在上半平面有 $|f(z)| \leqslant Me^{\sigma r \sin\varphi} = Me^{\sigma y}$. 相似地, 在下半平面有 $|f(z)| \leqslant Me^{-\sigma y}$.   □

推论 3. 如果 f 为阶小于 1, 或者阶为 1 但型为极小的整函数, 则由 f 在任一直线上有界推出 $f \equiv$ 常数.

证明. 函数 f 在被这条直线分割的两个半平面的每一个上有界: 如果阶 $\rho < 1$, 则根据定理 1 得到, 而如果 $\rho = 1$ 且 $\sigma = 0$, 则根据推论 1 得到. 因此, f 在 $\mathbb{C}$ 上有界, 于是由刘维尔定理 f 为常数.   □

有趣的是, 正弦函数在实轴上的有界性可以被说成是达到了极限: 倘若整函数 $\sin z$ 的阶小于 1, 或等于 1 而其型又是极小 (这次不为常数), 则这个函数已经不可能在任一条直线上有界了!

在定理 1 和 2 的证明中函数 e^{z^α} 起了基本的作用, 这个函数在角 S_α 的边上有界, 而在其内部无界. 这个性质保证了映射 $z \to z^\alpha$ 将 S_α 映到右半平面 (函数 e^z 在右半平面边界上有界). 所做的这个注解让我们可以将弗拉格门–林德勒夫原理推广到任意具有逐段光滑边界的单连通区域 D 上.

因为对于我们, 函数的增长性只是在逼近特定点 $\zeta_0 \in \partial D$ 的情形才重要, 所以只要构造出一个函数 φ, $\varphi(\zeta_0) = \infty$, 它共形地将区域 D 的靠近 ζ_0 的部分映射到扇形 $\{|\arg z| < \pi/(2(1+\varepsilon))\}$ 的靠近右半平面 $(\varepsilon > 0)$ 的无穷部分, 而 D 的剩余部分则变换到有限区域. 这时 e^φ 作为变量 φ 的一阶函数就在区域 $\varphi(D)$ 的所有有限边界点上有界. 对它应用定理 1, 其中 $\rho = 1$, $\alpha = 1 + \varepsilon$, 而该区域在无穷远点的一个邻域中等同于 S_α, 于是我们便得到了下面形式的弗拉格门–林德勒夫原理:

定理 3. 设函数 f 在区域 D 中全纯, 而边界 ∂D 逐段光滑, 且该函数在 $\overline{D}$ 除点 $\zeta_0 \in \partial D$ 外处处连续, 且在这个点的邻域中有 $|f(z)| \leqslant e^{\mathrm{Re}\,\varphi(z)}$, 其中 φ 为上面所

构造的那个共形映射. 于是, 如果对于所有 $z \in \partial D \setminus \{\zeta_0\}$ 有 $|f(z)| \leqslant M$, 则对于所有 $z \in D, |f(z)| \leqslant M$.

举例来说, 对于半带形 $T_\alpha = \{\text{Re}\, z > 0, |\text{Im}\, z| < \alpha\}$ 可以取 $\varphi(z) = e^{\pi z/(2\alpha')}$, 其中 $\alpha' > \alpha$. 我们得到, 如果 f 在 T_α 上全纯, 并在边界的有限点上连续, 且在所有这些点上 $|f(z)| \leqslant M$, 除此而外, 对于所有 $x \geqslant x_0$ 和 $|y| < \alpha, |f(x+iy)| < e^{e^{\pi x/(2\alpha')}}$, 则在 T_α 处处有 $|f(z)| \leqslant M$. 又, 半带形越窄对于高增长性的函数越能保持极大值原理.

50. 科捷利尼科夫[①]定理

为了解释上面所展开的理论, 我们考虑在构建频率滤子的实际应用中发现的问题. 我们记得, 用傅里叶积分表示的函数 f 具有形式

$$f(x) = \frac{1}{\sqrt{2\pi}} \int_{-\infty}^{\infty} \hat{f}(\omega) e^{i\omega x} d\omega, \tag{1}$$

其中 $\hat{f}$ 被称为谱函数, 这是周期函数以傅里叶级数表示的连续类比. 这个表示与整函数间的关联可表达为

定理 1. 如果函数 $\hat{f}$ 只在区间 $(-\sigma, \sigma) \subset \mathbb{R}$ 上异于零, 并且属于类 $L^2(-\sigma, \sigma)$, 即在此区间平方可积, 则它的傅里叶变换

$$f(z) = \frac{1}{\sqrt{2\pi}} \int_{-\sigma}^{\sigma} \hat{f}(\omega) e^{i\omega z} d\omega \tag{2}$$

是个阶 $\rho \leqslant 1$, 且当 $\rho = 1$ 时型不大于 σ 的整函数.

证明. f 在整个平面的全纯性来自积分号内的可微性 (或换句话说, 来自 21 小节的莫雷拉定理). 根据布尼亚可夫斯基-施瓦兹不等式

$$|f(z)| \leqslant \frac{1}{\sqrt{2\pi}} \left(\int_{-\sigma}^{\sigma} |\hat{f}(\omega)|^2 d\omega \right)^{1/2} \left(\int_{-\sigma}^{\sigma} e^{-2\omega y} d\omega \right)^{1/2} \leqslant A \sqrt{\frac{e^{2\sigma y} - e^{-2\sigma y}}{2y}}, \tag{3}$$

其中 A 为某个常数 (我们利用了 $\hat{f} \in L^2(-\sigma, \sigma)$). 当 $y > 0$ 时, 右端的根号等于 $e^{\sigma y}\sqrt{(1 - e^{-4\sigma y})/(2y)}$, 并且 $e^{\sigma y}$ 后的因子在半轴 $y \geqslant 0$ 上有界. 当 $y < 0$ 时, 这个根号等于 $e^{-\sigma y}$ 及因子 $\sqrt{(1 - e^{4\sigma y})/(-2y)}$, 也在半轴 $y \leqslant 0$ 上有界. 因此可以找到常数 C 使得对于所有 $z \in \mathbb{C}$ 有 $|f(z)| \leqslant Ce^{\sigma|z|}$, 而这便意味着 $\text{ord}\, f \leqslant 1$, 而当 $\text{ord}\, f = 1$ 时 f 的型不大于 σ. $\quad\square$

注. 从 (3) 可以看出, 当 $y \to 0$, 在上面定理的条件中函数 f 在实轴上有界. #

现在我们转而注意一个插值问题. 设已给出一个收敛于无穷远点的点序列 $\{a_n\} \subset \mathbb{C}$, 以及一个任意的复数序列 $\{b_n\}$; 要求找到一个整函数使得对所有的 $n = 1, 2, \cdots$ 有 $f(a_n) = b_n$.

我们首先导出这个问题的一个形式解; 为简单起见假定所有的点 a_n 互不相同.

[①]В. А. Котельников (1908—), 著名苏联学者, 苏联科学院副院长.

根据第 46 小节的魏尔斯特拉斯定理, 存在多项式 P_n, 使得无穷乘积

$$\varphi(z) = \prod_{n=1}^{\infty} \left(1 - \frac{z}{a_n}\right) e^{P_n(z)} \tag{4}$$

收敛. 这是个在所有点 a_n 上具有一阶零点的整函数, 所以对于固定的 n, 函数 $\frac{\varphi(z)}{\varphi'(a_n)(z-a_n)}$ (也是整函数) 当 $z \to a_n$ 时趋向于 1, 而在其他点 a_m $(m \neq n)$ 等于 0. 于是级数

$$f_0(z) = \sum_{n=1}^{\infty} b_n \frac{\varphi(z)}{\varphi'(a_n)(z-a_n)} \tag{5}$$

就给出了所提问题的解, 当然要这个级数在 $\mathbb{C}$ 的任意紧集上一致收敛才行.

习题. 证明如果 $a_n = n\delta$, 其中 $\delta > 0$, 以及 $|b_n| \leqslant c/n^{1+\varepsilon}$, 其中 c 和 ε 均为正的常数, 则级数 (5) 对于所有的 z 收敛于一个整函数. #

这个问题的解不是唯一的: 与 f_0 一起我们还有解 $f = f_0 + h\varphi$, 其中 h 为任意整函数 (在所有点 a_n 分支 $\varphi = 0$). 容易看出, 这样可以推导出问题的任意解 f: 差 $f - f_0$ 在所有点 a_n 上至少为一阶零点, 从而分式 $(f - f_0)/\varphi = h$ 是个整函数.

可以以稍许不同的方式提出这种分解问题. 在这个提法中, 给出插值节点, 并解释函数被在这些节点的值一一决定的条件.

定理 2 (科捷利尼科夫). 设 $\sigma > 0$ 为一固定的数, 并设给出插值节点 $a_n = n\pi/\sigma$ $(n = 0, \pm1, \cdots)$. 则阶为 1, 型为 $\tau < \sigma$, 并在实轴上有界的整函数 f, 可以唯一地由它在这些插值节点的值根据公式

$$f(z) = \sum_{-\infty}^{\infty} f(a_n) \frac{\sin\sigma(z - a_n)}{\sigma(z - a_n)} \tag{6}$$

重新构造.

先不去证明此定理; 我们注意到, 按照所给节点 $a_n = n\pi/\sigma$ 构造出的函数 (4) 具有形式

$$\varphi(z) = z \prod_{n=-\infty}^{\infty}{}' \left(1 - \frac{\sigma z}{n\pi}\right) e^{\sigma z/(n\pi)} = \frac{\sin\sigma z}{\sigma}$$

(参看第 46 小节公式 (9)). 因为 $\varphi'(a_n) = \cos n\pi = (-1)^n$ 且 $\sin\sigma(z - a_n) = (-1)^n \sin\sigma z$, 则

$$\frac{\varphi(z)}{\varphi'(a_n)(z - a_n)} = \frac{\sin\sigma z}{\sigma(-1)^n(z - a_n)} = \frac{\sin\sigma(z - a_n)}{\sigma(z - a_n)},$$

因而级数 (6) 是一般插值公式 (5) 在所安排的节点下的一个特殊情形. 剩下要证明的是这个级数到函数 f (假定存在) 的收敛性, 以及由在节点上的值重构函数的唯一性.

在证明中我们需要正弦函数的一个性质.

引理. *正弦函数在圆 $\gamma_n = \left\{ |z| = \left(n + \frac{1}{2}\right)\pi \right\}$ 上异于零, 更准确地, 存在常数 $m > 0$ 使得对于 $z = x + iy \in \gamma_n$ $(n = 0, 1, 2, \cdots)$ 有*

$$|\sin z| \geqslant m e^{|y|}. \tag{7}$$

证明. 根据一个与第 14 小节的 (4) 类比的公式, 我们有 $|\sin z| = \sqrt{\sin^2 x + \sinh^2 y}$, 而因为这是 y 的偶函数, 故只要对于 $y \geqslant 0$ 去证明即可. 我们选取数 y_0, $0 < y_0 < \pi/4$, 并注意到当 $y \geqslant y_0$ 时我们有 $|\sin z| \geqslant \frac{1}{2}(e^y - e^{y_0}) \geqslant m_1 e^y$, 其中 $m_1 > 0$ 是某个常数. 当 $0 < y \leqslant y_0$ 时, 在整个圆上有 $|\sin z| \geqslant |\sin x| \geqslant c$, 其中 $c > 0$ 是某个常数 (当 $y \leqslant y_0$ 时, x 在 γ_n 的值与 $\pm\left(n + \frac{1}{2}\right)\pi$ 只有小的差别, 而在这些点的正弦值等于 ± 1). 因此可以假定在这里有 $|\sin z| \geqslant m_2 e^{y_0} \geqslant m_2 e^y$, 其中 $m_2 > 0$ 为某个常数. 选取 $m = \min(m_1, m_2)$ 便得到 (7). □

现在来进行定理 2 的证明.

证明.

(a) **收敛性.** 固定一个 N 并考虑 $\gamma_N = \left\{ |z| = \left(N + \frac{1}{2}\right)\pi/\sigma \right\}$ 以及

$$F_N(z) = \frac{1}{2\pi i} \int_{\gamma_N} \frac{f(\zeta)}{\sin \sigma\zeta} \frac{d\zeta}{\zeta - z}. \tag{8}$$

根据柯西留数定理, 对于 γ_N 内部的任意点 z 我们有

$$F_N(z) = \frac{f(z)}{\sin \sigma z} + \sum_{(\gamma_N)} \frac{f(a_n)}{\sigma \cos \sigma a_n} \frac{1}{a_n - z}$$

$$= \frac{f(z)}{\sin \sigma z} - \sum_{(\gamma_N)} \frac{(-1)^n f(a_n)}{\sigma(z - a_n)}, \tag{9}$$

其中的和取遍 γ_N 内部的所有节点. 另外, 因为函数 f 满足上一小节推论 2 的条件 (将其中的型 σ 换为 τ), 则在 γ_N 上,

$$|f(\zeta)| \leqslant M e^{\tau|\operatorname{Im}\zeta|} = M e^{\tau r_N |\sin t|}, \tag{10}$$

其中 $r_N = \left(N + \frac{1}{2}\right)\pi/\sigma$ 为 γ_N 的半径, $t = \arg\zeta$, 且 M 为某个常数. 根据引理, 在这个圆上

$$|\sin \sigma\zeta| \geqslant m e^{\sigma r_N |\sin t|}. \tag{11}$$

对于任一点 $z \in \mathbb{C}$ 我们选取 N 使得 $r_N \geqslant 2|z|$; 于是对于 $\zeta \in \gamma_N$ 有 $|\zeta - z| > r_N/2$ 及 $|d\zeta| = r_N dt$. 利用不等式 (10) 和 (11) 对 (8) 的积分进行估值. 我们得到

$$|F_N(z)| \leqslant \frac{M}{\pi m} \int_0^{2\pi} e^{-(\sigma - \tau) r_N |\sin t|} dt = \frac{4M}{\pi m} \int_0^{\pi/2} e^{-(\sigma - \tau) r_N \sin t} dt$$

(我们利用了 $|\sin t|$ 的对称性). 由正弦函数在区间 $(0, 2\pi)$ 的凸性我们有 $\sin t \leqslant 2t/\pi$, 因此

$$|F_N(z)| \leqslant \frac{4M}{m\pi} \int_0^{\pi/2} e^{-\frac{2r_N(\sigma - \tau)t}{\pi}} dt = \frac{2M}{m(\sigma - \tau) r_N} (1 - e^{-(\sigma - \tau) r_N}) \tag{12}$$

当 $N \to \infty$ 时趋向于 0. 于是由 (9) 在 $N \to \infty$ 时的极限得到

$$f(z) = \sum_{n=-\infty}^{\infty} \frac{f(a_n)(-1)^n \sin \sigma z}{\sigma(z - a_n)},$$

而因为 $(-1)^n \sin \sigma z = \sin \sigma(z - a_n)$, 这与 (6) 相等.

(b) **唯一性.** 设除了 f 外还存在阶为 1 且型不大于 τ 的整函数 g, 它在所有点 a_n 取值 $f(a_n)$. 于是根据以上所证可以找到整函数 h 使得对所有 z 有 $f(z) - g(z) = h(z) \sin \sigma z$. 对于固定的 z 我们选取圆 γ_N 使得它的半径 $r_N = \left(N + \frac{1}{2}\right) \pi / \sigma > 2|z|$, 并且将柯西积分公式写成

$$h(z) = \frac{1}{2\pi i} \int_{\gamma_N} \frac{f(\zeta) - g(\zeta)}{\sin \sigma \zeta} \frac{d\zeta}{\zeta - z}.$$

函数 $f - g$ 满足于第 49 小节推论 2 的条件, 因此对于 h 可以完全重复在 (a) 中对 F_N 进行的并导出 (12) 的估值. 但现在函数 h 不依赖于 N, 故而由对 $N \to \infty$ 时的这个极限的估值, 我们得到 $h \equiv 0$, 即 $f \equiv g$. □

我们简短地关注一下定理 2 的释义. 在无线电和电话技术中对于信号的传播利用了脉冲调制方法, 该方法在于不是传送了这个信号的所有的值, 而仅仅是在确定的时刻 $x = n\delta$ 发送, 其中 $\delta > 0$ 是固定的间隔 (在这一节的后面总将变量 x 解释为时间). 自然产生的问题是: 终端的接收器能够根据这些值一一地恢复所要传送的信号吗? 由上面对于插值问题的讨论清楚表明, 在一般情形下这不可能做到, 即便 f 是整函数也不行.

但是在实用中, 传送的信号通过了滤子以截去它的频谱的高频部分. 除此以外, 实际值一般地只有有界的频带: 因为人类的听力能够分辨到 15 赫兹, 而在恢复语音上频带在 $4 \sim 5$ 赫兹就足够了. 因此, 对于以实用为目的, 可以只考虑具有有界的频谱带就可以了, 譬如说, 假定频谱属于区间 $(-\sigma, \sigma)$, 其中 $\sigma > 0$ 为一固定数.

信号 f 按频率 ω 在连续谱的展开可以在数学上用傅里叶积分 (1) 来表达, 而定理 1 断言, 如果频谱严格地属于区间 $(-\sigma, \sigma)$, 则信号 f 是阶为 1 且型 $\tau < \sigma$, 并在实轴上有界的整函数. 根据定理 2, 这样的信号可以按照它在时刻 $x = n\pi/\sigma$ $(n = 0, \pm 1, \cdots)$ 的值被一一地恢复. 另外, 在时刻 a 附加的脉冲可用 δ-函数 $\delta(x - a)$ 表示. 它的傅里叶积分具有形式

$$\delta(x - a) = \frac{1}{\sqrt{2\pi}} \int_{-\infty}^{\infty} e^{i\omega(x-a)} d\omega,$$

而如果将频带限制在区间 $(-\sigma, \sigma)$ 中, 则有

$$\frac{1}{\sqrt{2\pi}} \int_{-\sigma}^{\sigma} e^{i\omega(x-a)} d\omega = \text{const} \cdot \frac{\sin \sigma(x - a)}{\sigma(x - a)}.$$

这是在准确到表示脉冲强度的一个因子下的公式 (6) 的项.

按照这些信号在离散时间间隔 $a_n + n\pi/\sigma$ 的值可一一地恢复具有频谱在带 $(-\sigma, \sigma)$ 的信号这个事实, 在通讯传输的理论和实践中具有基本的意义. 这个事实, 以及所

给传送信号恢复原信号的公式 (6) 是由科捷利尼科夫在 1933 年发现的[①].

§17. 渐近估值

在这里我们要考虑对于依赖于参数的积分在参数取大的值时得到对它的近似表达式的最简单的方法. 这些方法在实际应用中非常重要.

51. 渐近展开

我们先描述欧拉在 1754 年为了计算积分

$$f(z) = \int_0^\infty \frac{e^{-t}dt}{z+t} \tag{1}$$

他原来所使用的方法. 这个积分不能以初等的方法计算, 而欧拉将 $\frac{1}{z+t}$ 展开为几何级数 $\sum_{n=0}^\infty (-1)^n \frac{t^n}{z^{n+1}}$, 尽管这个几何级数只在区间 $(-|z|, |z|)$ 内一致收敛, 然而它仍在整条半轴 $(0, \infty)$ 上对它进行逐项积分:

$$f(z) = \sum_{n=0}^\infty \frac{(-1)^n}{z^{n+1}} \int_0^\infty e^{-t}t^n dt = \sum_{n=0}^\infty \frac{(-1)^n n!}{z^{n+1}} \tag{2}$$

(在中间部分的那个积分对于整数 $n \geqslant 0$ 容易用分部积分算出; 回想一下, 也可用 $\Gamma(n+1) = n!$; 参看第 27 小节).

当然, 这个无效的并违反分析准则的方法不可能不出问题: 在 (2) 的右端对任意的 z 是发散的. 然而欧拉的方法还是有意义的. 事实上, 在这个积分值与级数 (2) 的部分和的差

$$f(z) - \sum_{k=0}^{n-1} \frac{(-1)^k k!}{z^{k+1}} = \frac{1}{z} \int_0^\infty e^{-t} \sum_{k=n}^\infty \left(-\frac{t}{z}\right)^k dt = \frac{(-1)^n}{z^n} \int_0^\infty \frac{e^{-t}t^n}{t+z} dt,$$

而因为当 $\operatorname{Re} z > 0$ 和 $t \geqslant 0$, 我们有 $|z+t| \geqslant |z|$, 故对于所有右半平面 $\{\operatorname{Re} z > 0\}$ 的 z 成立估值

$$\left| f(z) - \sum_{k=0}^{n-1} \frac{(-1)^k k!}{z^{k+1}} \right| \leqslant \frac{1}{|z|^{n+1}} \int_0^\infty e^{-t}t^n dt = \frac{n!}{|z|^{n+1}}.$$

对于任意固定的 n 及较大的 $|z|$, 这个差与部分和的项相比是个高阶小量 (后者的阶为 $\frac{1}{|z|^n}$). 因此, 级数 (2) 的部分和尽管发散, 却很好地在半平面 $\{\operatorname{Re} z > 0\}$ 上, 对大的 $|z|$ 逼近了这个积分. 这是被称作渐近展开的第一个例子.

定义. 设 $M \subset \mathbb{C}$ 为位于无穷远处的极限点的集合, f 为定义在 M 上的一个复函数. 称有可能是发散的级数 $\sum_{n=0}^\infty \frac{c_n}{z^n}$ 为函数 f 在集合 M 上的渐近展开并记为

$$f(z) \sim \sum_{n=0}^\infty \frac{c_n}{z^n}, \tag{3}$$

[①]应指出, 科捷利尼科夫没有使用整函数的理论, 而是从物理的考虑构造了公式 (6). 另一方面, 对于整函数的插值问题在数学中早有研究, 但却没有与实际应用相联系.

是说, 如果对于任意整数 $n \geqslant 0$ 有

$$\lim_{\substack{z \to \infty \\ z \in M}} z^n \left\{ f(z) - \sum_{k=0}^{n} \frac{c_k}{z^k} \right\} = 0. \tag{4}$$

这个定义的意义在于, 在任意固定的 n 下, 该级数的部分和在 M 上当 $z \to \infty$ 时逼近 f, 其误差与部分和的项相比是个高阶的小量.

定理. 如果函数 f 在集合 M 上存在渐近展开, 则它的系数唯一地由以下公式确定:

$$\begin{aligned}
c_0 &= \lim f(z), \\
c_1 &= \lim z \{ f(z) - c_0 \}, \\
&\cdots\cdots\cdots \\
c_n &= \lim z^n \left\{ f(z) - \sum_{k=0}^{n-1} \frac{c_k}{z^k} \right\}, \\
&\cdots\cdots\cdots
\end{aligned} \tag{5}$$

其中极限是在 $z \to \infty$, $z \in M$ 下取的.

证明. 公式 (5) 直接由 (4) 得到. □

反之则显然不成立: 渐近展开并不确定函数. (譬如, 函数 e^{-z} 及 $f(z) \equiv 0$ 在正半轴都有统一的渐近展开: 所有系数都为 0).

容易证明, 渐近展开可逐项相加和相乘: 如果 $f(z) \sim \sum_{n=0}^{\infty} \frac{c_n}{z^n}$ 和 $g(z) \sim \sum_{n=0}^{\infty} \frac{d_n}{z^n}$, 则

$$f(z) + g(z) \sim \sum_{n=0}^{\infty} \frac{c_n + d_n}{z^n},$$

$$f(z) g(z) \sim \sum_{n=0}^{\infty} \frac{c_0 d_n + \cdots + c_n d_0}{z^n}.$$

设在 M 上 $g(z) \neq 0$; 如果 $f(z)/g(z)$ 在 M 有渐近展开 $\sum_{n=0}^{\infty} \frac{c_n}{z^n}$, 作为 (3) 的推广我们有

$$f(z) \sim g(z) \sum_{n=0}^{\infty} \frac{c_n}{z^n}. \tag{6}$$

例. 在概率论中可遇到积分

$$\mathrm{Erf}\, x = \frac{2}{\sqrt{\pi}} \int_x^{\infty} e^{-t^2}\, dt.$$

为了得到它的渐近展开可利用分部积分:

$$\int_x^{\infty} e^{x^2 - t^2}\, dt = -\frac{1}{2} \int_x^{\infty} \frac{1}{t}\, d\left(e^{x^2 - t^2} \right) = \frac{1}{2x} - \frac{1}{2} \int_x^{\infty} e^{x^2 - t^2} \frac{dt}{t^2}$$

并重复这个步骤, 我们得到

$$\int_x^\infty e^{x^2-t^2}dt = \frac{1}{2x} - \frac{1}{2^2x^3} + \cdots + (-1)^{n-1}\frac{1 \cdot 3 \cdots (2n-3)}{2^n x^{2n-1}} +$$
$$(-1)^n \frac{1 \cdot 3 \cdots (2n-1)}{2^n} \int_x^\infty \frac{e^{x^2-t^2}}{t^{2n}}dt.$$

不难看出, 最后一项的阶不高于 $\frac{1}{x^{2n}}$, 从而得到了所需的在正半 x 轴上的渐近展开

$$\mathrm{Erf}\, x \sim \frac{2}{\sqrt{\pi}}e^{-x^2}\left(\frac{1}{2x} - \frac{1}{2^2x^3} + \frac{1 \cdot 3}{2^3x^5} - \frac{1 \cdot 3 \cdot 5}{2^4x^7} + \cdots\right).$$

我们注意到, 有时还可以在更广的意义下理解渐近展开: 将 z 的负幂换成函数系 $\varphi_n(z)$, 当按照 M 使 $z \to \infty$ 趋向于零时, 对于所有 n 有 $\varphi_{n+1} = o(\varphi_n)$, 且记为

$$f(z) \sim \sum_{n=1}^\infty c_n\varphi_n(z), \tag{7}$$

这意思是说, 如果当 $z \to \infty$, $z \in M$ 时, 对所有的 n 有 $f(z) - \sum_{k=1}^n c_k\varphi_k(z) = o(\varphi_n(z))$.

例. 对于零阶贝塞尔函数的微分方程

$$y'' + \frac{1}{x}y' + y = 0 \tag{8}$$

在经过替换 $y = u/\sqrt{x}$ 后变为形式

$$u'' + u = -\frac{1}{4x^2}u.$$

假设右端为已知, 我们则应用微分方程教程中的柯西公式得到

$$u = a\cos(x-\alpha) - \frac{1}{4}\int_{x_0}^x \sin(x-t)\frac{u(t)}{t^2}dt,$$

其中 a 和 α 为任意常数. 由此公式显见, 当 $x \to \infty$ 时函数 u 保持有界 (事实上, 如果 $M(x) = \max_{t \in (x_0, x)}|u(t)|$, 则 $M(x) \leqslant |a| + \frac{1}{4}M(x)\frac{1}{x_0}$, 由此有 $M(x) \leqslant \frac{|a|}{1-\frac{1}{4x_0}}$), 因此可取 $x_0 = \infty$:

$$u(x) = a\cos(x-\alpha) + \frac{1}{4}\int_x^\infty \sin(x-t)\frac{u(t)}{t^2}dt. \tag{9}$$

因为 $u(x)$ 有界故公式 (9) 中的积分当 $x \to \infty$ 时趋向于 0, 那么令 $u(x) = a\cos(x-\alpha) + u_1(x)$, 便得知 $u_1(x) = o(1)$, 而对于 u_1 我们有方程

$$u_1(x) = \frac{a}{4}\int_x^\infty \sin(x-t)\cos(t-\alpha)\frac{dt}{t^2} + \frac{1}{4}\int_x^\infty \sin(x-t)\frac{u_1(t)}{t^2}dt. \tag{10}$$

替换

$$\sin(x-t)\cos(t-\alpha) = \frac{1}{2}[\sin(x-\alpha) + \sin(x-2t+\alpha)],$$

我们便可分离出一个初等的积分, 并注意到其他的两个积分具有阶 $o(1/x)$; 因此,

$$u_1(x) = \frac{a}{8x}\sin(x-\alpha) + u_2(x),$$

其中 $u_2(x) = o(1/x)$. 将此代入 (10), 我们得到类似的

$$u_2(x) = -\frac{9a}{32x^2}\cos(x-\alpha) + o(1/x^2),$$

而这个步骤可任意地继续下去, 以得到更准确的近似.

返回变量 $y = u/\sqrt{x}$, 我们便得到贝塞尔方程 (8) 的解的渐近展开:

$$y \sim \frac{a}{\sqrt{x}} \left\{ \left(1 - \frac{3^2}{8^2 \cdot 2! x^2} + \frac{3^2 \cdot 5^2 \cdot 7^2}{8^4 \cdot 4! x^4} - \cdots \right) \cos(x - \alpha) + \right.$$

$$\left. \left(\frac{1}{8x} - \frac{3^2 \cdot 5^2}{8^3 \cdot 3! x^3} + \cdots \right) \sin(x - \alpha) \right\}. \tag{11}$$

当 $a = \sqrt{2/\pi}$ 和 $\alpha = \pi/4$ 时, 我们特别得到方程 (8) 的称为贝塞尔函数 $J_0(x)$ 的标准解的渐近展开.

52. 拉普拉斯方法[①]

这个方法涉及的是实变量的函数, 它给出了对形如

$$F(\lambda) = \int_a^b \varphi(t) e^{\lambda f(t)} dt \tag{1}$$

的积分在参数 λ 较大时的渐近估值, 这里的区间 $[a, b] \subset \mathbb{R}$. 这个方法的想法很简单: 如果函数 f 在区间 $[a, b]$ 中一个点 t_0 达到其绝对极大, 则对大的 λ 值, 这个极大值变得更加陡峭. 因此在大的 λ, 点 t_0 的邻域给出了积分值的基本贡献, 而区间的其他部分积分是非实质的[②]

这个方法的基础是下面的引理, 其中的函数 f 有特殊形式 $f(t) = -t^\alpha$, 而极大值在积分区间的端点 $t = 0$ 达到.

引理. 设

$$F(\lambda) = \int_0^a \varphi(t) e^{-\lambda t^\alpha} dt, \tag{2}$$

其中 $0 < a \leqslant \infty$, $\alpha > 0$, 函数 φ 在某个区间 $\{|t| < 2\delta\}$ 上由收敛幂级数

$$\varphi(t) = \sum_{n=0}^\infty c_n t^n \tag{3}$$

表示, 并且该积分在某个 $\lambda = \lambda_0$ 绝对收敛. 于是在正半轴成立渐近展开

$$F(\lambda) \sim \sum_{n=0}^\infty \frac{c_n}{\alpha} \Gamma\left(\frac{n+1}{\alpha} \right) \lambda^{-\frac{n+1}{\alpha}}, \tag{4}$$

其中 $\Gamma(x) = \int_0^\infty e^{-t} t^{x-1} dt$ 为欧拉的 Γ-函数.

证明. 对于 $\lambda > \lambda_0$, 当 $\lambda \to +\infty$ 我们有

$$\left| \int_\delta^a \varphi(t) e^{-\lambda t^\alpha} dt \right| \leqslant e^{-(\lambda - \lambda_0)\delta^\alpha} \int_\delta^a |\varphi(t)| e^{-\lambda_0 t^\alpha} dt = O(e^{-\lambda \delta^\alpha});$$

这意味着, 这个积分部分对于渐近展开是非本质的.

在计算区间 $(0, \delta)$ 上的积分时可以利用级数 (3) 的一致收敛性, 从而

$$\int_0^\delta \varphi(t) e^{-\lambda t^\alpha} dt = \sum_{k=0}^n \frac{c_k}{\alpha} \lambda^{-\frac{k+1}{\alpha}} \int_0^{\lambda \delta^\alpha} \tau^{-\frac{k+1}{\alpha} - 1} e^{-\tau} d\tau + o\left(\lambda^{-\frac{n+1}{\alpha}} \right) \tag{5}$$

[①] P. S. Laplace (1749—1827), 法国数学家.

[②] 这些考虑解释了欧拉的无效方法的成功之处, 这在上一节已谈过.

(在积分中我们进行了变量替换, 即令 $\lambda t^{\alpha} = \tau$). 然而, 对于任意的 $\mu > 0$ 和固定的 $\beta > 0$, 有

$$
\begin{aligned}
\int_{\mu}^{\infty} t^{\beta} e^{-t} dt &= e^{-\mu} \int_{0}^{\infty} (\tau + \mu)^{\beta} e^{-\tau} d\tau \\
&\leqslant e^{-\mu} \left\{ \int_{0}^{\mu} (2\mu)^{\beta} e^{-\tau} d\tau + \int_{\mu}^{\infty} (2\tau)^{\beta} e^{-\tau} d\tau \right\} \\
&\leqslant e^{-\mu} (A\mu^{\beta} + B) = o\left(e^{-\frac{\mu}{2}} \right)
\end{aligned}
$$

(我们又一次作替换 $t = \mu + \tau$, 然后两边积分: 从 0 到 ∞ 积分, 故而 A 和 B 不依赖于 μ). 因此在具估值精度的 (5) 中可以以半轴 $(0, \infty)$ 替换积分区间 $(0, \lambda\delta^{\alpha})$, 从而右端的积分等于 $\Gamma\left(\frac{k+1}{\alpha}\right)$.

将我们所有观察到的结合起来, 便得到所要的结果:当 $\lambda \to +\infty$ 有

$$
F(\lambda) = \int_{0}^{a} \varphi(t) e^{-\lambda t^{\alpha}} dt = \sum_{k=0}^{n} \frac{c_k}{\alpha} \Gamma\left(\frac{k+1}{\alpha}\right) \lambda^{-\frac{k+1}{\alpha}} + o\left(\lambda^{-\frac{n+1}{\alpha}}\right). \qquad \square
$$

转到积分 (1) 的估值的一般情形, 但补充地假定满足以下的条件:

1°. 积分 (1) 在某个 $\lambda = \lambda_0$ 绝对收敛;

2°. 函数 f 在点 $t_0 \in [a, b]$ 达到极大, 并且存在 $h > 0$ 使得在这个极值点的某个邻域外, 即在集合 $\{t \in [a, b] : |t - t_0| > \delta\}$ 中有 $f(t_0) - f(t) \geqslant h$;

3°. 在邻域 $\{|t - t_0| < \delta\}$ 中, 函数 f 和 φ 可以用以 t_0 为中心的一致收敛的泰勒级数表示.

我们首先指出, 根据本小节开始所表达的总体的想法, 函数 f 和 φ 在极值点的邻域外的性态并不影响到积分的渐近展开. 设 $t_0 > a + \delta$; 为书写简便, 记 $f(t_0) = f_0$, 对于 $\lambda > \lambda_0$ 我们得到

$$
\left| \int_{a}^{t_0 - \delta} \varphi e^{-\lambda(f_0 - f)} dt \right| = e^{-\lambda_0 f_0} \left| \int_{a}^{t_0 - \delta} \varphi e^{\lambda_0 f} e^{-(\lambda - \lambda_0)(f_0 - f)} dt \right|
$$

$$
\leqslant e^{-\lambda_0 f_0} e^{-(\lambda - \lambda_0)h} \int_{a}^{t_0 - \delta} |\varphi| e^{\lambda_0 t} dt
$$

(我们用到了条件 2°), 而由条件 1° 右端的积分存在, 故

$$
\int_{a}^{t_0 - \delta} \varphi e^{-\lambda(f_0 - f)} dt = o(e^{-\lambda h}). \tag{6}
$$

如果 $t_0 < b - \delta$, 则在区间 $(t_0 + \delta, b)$ 上的积分具有相同的阶.

我们将按照两个不同情形进行进一步的估值, 且只限于它们中的最简单情形.

情形 I. 极大值点 t_0 在积分区间内部, 并在它上有 $f''(t_0) \neq 0$. 这时 f 在 t_0 的邻域中的泰勒展开式 (根据条件 3° 存在) 具有形式

$$
f(t) = f_0 = c_2(t - t_0)^2 + \cdots, \quad c_2 = \frac{f''(t_0)}{2} < 0.
$$

注意到在 t_0 的某个邻域中 $f_0 - f(t) \geqslant 0$, 我们可令 $f_0 - f = \tau^2$, 由此有

$$\tau = (t - t_0)\sqrt{-c_2 - c_3(t - t_0) - \cdots} = \sum_{n=1}^{\infty} \alpha_n (t - t_0)^n, \tag{7}$$

$$\alpha_1 = \sqrt{-\frac{f''(t_0)}{2}}.$$

因为我们有 $\alpha_1 \neq 0$, 故这个级数可局部求逆 (例如按照第 35 小节的比尔曼–拉格朗日公式), 于是我们得到 τ 的幂次的幂级数, 它是函数 (7) 的反函数 $t = t(\tau)$; 显然, $t(0) = t_0$, 而 $t'(0) = 1/\alpha_1 = \sqrt{-2/f''(t_0)}$.

被估值的积分 (1)

$$F(\lambda) = e^{\lambda f_0} \int_a^{\delta''} \varphi(t) e^{-\lambda(f_0 - f(t))} dt,$$

根据关系 (6) 以及对区间 $(t_0 + \delta, b)$ 计算渐近展开的类比, 可以被限制在任意小的邻域 $(t_0 - \delta, t_0 + \delta)$ 上. 在此邻域中我们施行变量替换 $f_0 - f(t) = \tau^2$, 于是得到

$$F(\lambda) \approx e^{\lambda f_0} \int_{-\delta'}^{\delta''} \varphi \circ t(\tau) \cdot t'(\tau) e^{-\lambda \tau^2} d\tau, \tag{8}$$

其中 $t(\tau)$ 为 (7) 的反函数, 而 δ' 和 δ'' 为小的正数, 它们可以令其等于 δ 而并不改变渐近展开. 设

$$\psi(\tau) = \varphi \circ t(\tau) \cdot t'(\tau) = \sum_{n=0}^{\infty} a_n \tau^n, \quad a_0 = \varphi(t_0)\sqrt{-\frac{2}{f''(t_0)}} \tag{9}$$

(我们再次利用条件 3°); 于是替代 (8) 可写成

$$F(\lambda) \approx e^{\lambda f_0} \int_{-\delta}^{\delta} \psi(\tau) e^{-\lambda \tau^2} d\tau = e^{\lambda f_0} \int_{-\delta}^{\delta} [\psi(\tau) + \psi(-\tau)] e^{-\lambda \tau^2} d\tau.$$

还要应用引理, 其中需令 $\alpha = 2$, $c_n = 2a_{2n}$, 从而证明了

定理 1. 如果条件 1° $\sim$ 3° 得到满足, 同时 f 在点 $t_0 \in (a, b)$, 达到极大, 并且 $f''(t_0) < 0$, 则成立渐近展开

$$\int_a^b \varphi(t) e^{\lambda f(t)} dt \sim e^{\lambda f(t_0)} \sum_{n=0}^{\infty} a_{2n} \Gamma\left(n + \frac{1}{2}\right) \lambda^{-\left(n + \frac{1}{2}\right)}, \tag{10}$$

其系数由级数 (9) 定义.

注. 从分析知道,

$$\Gamma\left(\frac{1}{2}\right) = \int_0^{\infty} \frac{e^{-t}}{\sqrt{t}} dt = 2\int_0^{\infty} e^{-\tau^2} d\tau = \sqrt{\pi},$$

而系数 a_0 如上所计算. 因此展式 (10) 的首项具形式

$$\int_a^b \varphi(t) e^{\lambda f(t)} dt \approx \varphi(t_0)\sqrt{-\frac{2\pi}{f''(t_0)}} \frac{e^{\lambda f(t_0)}}{\sqrt{\lambda}}. \tag{11}$$

我们还注意到, 由 Γ 函数的性质有

$$\Gamma\left(n + \frac{1}{2}\right) = \left(n - \frac{1}{2}\right)\left(n - \frac{3}{2}\right) \cdots \frac{1}{2} \Gamma\left(\frac{1}{2}\right) = \frac{1 \cdot 3 \cdots (2n - 1)}{2^n} \sqrt{\pi}. \text{\#}$$

例. 对于 Γ 函数的斯特林 (Stirling) 渐近公式. 我们有

$$\Gamma(\lambda + 1) = \int_0^\infty x^\lambda e^{-x} dx = \lambda^{\lambda+1} \int_0^\infty t^\lambda e^{-\lambda t} dt = \lambda^{\lambda+1} \int_0^\infty e^{-\lambda(t - \ln t)} dt$$

(我们在其中令 $x = \lambda t$). 这里 $\varphi(t) \equiv 1$, $f(t) = \ln t - t$, 它在点 $t_0 = 1$ 达到极大值并且 $f''(t_0) = -1$. 应用定理 1, 并根据 (11) 有

$$\Gamma(\lambda + 1) \approx \sqrt{2\pi\lambda} \left(\frac{\lambda}{e} \right)^\lambda. \tag{12}$$

如果愿意对幂级数算得稍稍多一点, 可以求出 $a_2 = \sqrt{2}/6$, 从而得到下面的渐近项:

$$\Gamma(\lambda + 1) \approx \sqrt{2\pi\lambda} \left(\frac{\lambda}{e} \right)^\lambda \left(1 + \frac{1}{12\lambda} \right). \# \tag{13}$$

原则上说, 定理 1 给出了全部的渐近展开.

情形 II. 极大值点 t_0 与积分区间的端点相同, 并在其上 $f'(t_0) \neq 0$. 设 $t_0 = a$; 我们令 $f(a) - f(t) = \tau$ 并替代 (7) 我们有了

$$\tau = -c_1(t - a) - c_2(t - a)^2 - \cdots, \quad c_1 = f'(a) \neq 0, \tag{14}$$

由此求出级数的反函数 $t(\tau)$. 如果令

$$\psi(\tau) = \varphi \circ t(\tau) \cdot t'(\tau) = \sum_{n=0}^\infty b_n \tau^n, \quad b_0 = -\frac{\varphi(a)}{f'(a)}, \tag{15}$$

于是根据在情形 I 中同样的考虑, 有

$$F(\lambda) \approx e^{\lambda f(a)} \int_0^\delta \psi(\tau) e^{-\lambda \tau} d\tau.$$

我们再次到达了上面的引理. 这次在其中的 $\alpha = 1$, 即表明 $\Gamma(\frac{n+1}{\alpha}) = \Gamma(n+1) = n!$. 这便证明了

定理 2. 如果条件 $1° \sim 3°$ 得到满足, 且函数 f 在积分区间的端点 a 达到极大值, 并且 $f'(a) \neq 0$, 则成立渐近展开

$$\int_a^b \varphi(t) e^{\lambda f(t)} dt \sim e^{\lambda f(a)} \sum_{n=0}^\infty \frac{n! b_n}{\lambda^{n+1}}, \tag{16}$$

其系数由级数 (15) 定义. 渐近的首项有形式

$$\int_a^b \varphi(t) e^{\lambda f(t)} dt \approx -\frac{\varphi(a)}{f'(a)} \frac{e^{\lambda f(a)}}{\lambda}. \tag{17}$$

我们最后注意到, 拉普拉斯方法可以应用在以下情形, 即在极大值的点所有阶数小于 m 的 f 的导数为零, 而 $f^{(m)}(t_0) \neq 0$. 在这里又一次在引理中引进替换 $f(t_0) - f(t) = \tau^m$, 并在其中令 $\alpha = m$. 在 $m > 2$ 情形所增加的只是些技术性的困难罢了.

53. 鞍点法

这个方法是拉普拉斯方法的复变形, 并在大的正参数值 λ 下给出形如

$$F(\lambda) = \int_\gamma \varphi(z) e^{\lambda f(z)} dz, \tag{1}$$

的积分的渐近展开, 其中的积分道路 γ 在函数 f 与 φ 的全纯域中.

根据柯西定理, 道路 γ 可在全纯域中同伦形变: 可以利用这个性质以最好的方式选取道路. 被积函数的带参数因子的模为

$$|e^{\lambda f(z)}| = e^{\lambda \operatorname{Re} f(z)}, \tag{2}$$

为了在较大的 λ 达到较大的近似精度, 作为 γ 应选取那样的曲线, 使得在其上 $\operatorname{Re} f$ 具有最速升的极大值, 即 $\operatorname{Re} f$ 极速地变化.

在 f 的非临界点 $\operatorname{Re} f$ 的极速变化的方向垂直于曲线 $\operatorname{Re} f = $ 常数, 因此与 $\operatorname{Im} f$ 的水平线的方向相同. 对于临界点, 即导数 f' 的零点, 也同样成立. 事实上, 不失一般性, 可设临界点为 $z_0 = 0$, 并在其邻域中有 $f(z) = z^m + o(z^m)$, 其中 $m \geqslant 2$ 为整数 (通过对 z 的线性变换可做到此).

令 $z = re^{i\varphi}$, 我们得到 $\operatorname{Re} f = r^m \cos m\varphi + o(r^m)$, 由此看出, 临界水平线 $\operatorname{Re} f = 0$ 局部由 m 条在点 $z_0 = 0$ 切于在其上满足 $\cos m\varphi = 0$ 的直线的光滑曲线构成. 这些曲线将 z_0 的邻域分割成 $2m$ 个扇形, $\operatorname{Re} f$ 在它们上交错地取正和负值 (参看图 84, 它描绘出在临界点邻域中的曲面 $u = \operatorname{Re} f$, 这里的 $m = 3$; 这个曲面被称作不正常鞍面 (Monkey saddle, 它具有三个凹陷, 两条腿, 一条尾巴)). $\operatorname{Re} f$ 的速变方向给出了这些扇形的平分线, 它们由方程 $\sin m\varphi = 0$ 定义, 与水平线 $\operatorname{Im} f = 0$ 的方向重合 (图 84 的虚线).

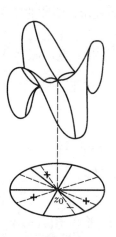

图 84

幸亏情况偶合, 选取水平曲线 $\operatorname{Im} f = $ 常数作为 γ 实质上简化了积分 (1) 的渐近估计. 事实上, 在这样的选取下, 因子 $e^{i\lambda \operatorname{Im} f}$ 为常量, 从而可将它拿出积分号外:

$$F(z) = e^{i\lambda \operatorname{Im} f(z)} \int_\gamma \varphi(z) e^{\lambda \operatorname{Re} f(z)} dz.$$

如果 $z = z(t)$, $t \in [a, b]$ 是 γ 的方程, 则问题化成了积分

$$\int_a^b \varphi \circ z(t) \cdot z'(t) e^{\lambda \operatorname{Re} f \circ z(t)} dt, \tag{3}$$

的渐近估值, 于是可以按照拉普拉斯方法来做它 (故, 在 $e^{\lambda \operatorname{Re} f}$ 下, 因子为复, 并没有妨碍这个方法的可用性).

依照拉普拉斯方法, 需要选取这样的水平曲线 $\operatorname{Im} f = $ 常数作为 γ, 在它上面 $\operatorname{Re} f$ 有极大值. $\operatorname{Re} f$ 在 γ 上的极大值点应该满足等式 $\frac{d}{dt}\operatorname{Re} f \circ z(t)|_{t_0} = 0$, 而因为

$\frac{d}{dt}(\operatorname{Im} f \circ z(t)) \equiv 0$, 故在极大值点有

$$\frac{d}{dt} f \circ z(t)\,|_{t_0} = f'(z_0)z'(t_0) = 0. \tag{4}$$

如果 $z'(t_0) \neq 0$ (我们将其作为假设), 则 $f'(z_0) = 0$, 即 $\operatorname{Re} f$ 在曲线 $\operatorname{Im} f = $ 常数上的极大值点与 f 的临界点重合.

因此, 我们现在可以叙述作为积分 (1) 的渐近估值而选取闭道路 γ 应遵循的如下规律: 闭道路应该通过函数 f 的临界点, 并在每个这样的点 z_0 的邻域中沿水平曲线段 $\operatorname{Im} f = $ 常数的方向行进, 而在此曲线上 $\operatorname{Re} f$ 在 z_0 有极大值. 每一个临界点 z_0 对积分的渐近展开均有所贡献, 而基本的贡献, 显然属于它们中那些使 $\operatorname{Re} f$ 具有最大值的点 (如果那种点有几个, 则取它们每一个).

我们详细考虑 $m = 2$ 时临界点 z_0 的情形. 这样的点是曲面 $u = \operatorname{Re} f$ 的鞍点, 就是它导致了这个方法的命名[①]. 在这里曲线 $\operatorname{Im} f = $ 常数由两个分支组成, 其中一个上有 $\operatorname{Re} f$ 取极大值的点 z_0, 而在另一个分支上它有极小值, 故 γ 的方向选取使它成为唯一确定的: 这是一条有鞍点的最速降曲线 (图 85). 记所选定的方向为 $e^{i\theta}$.

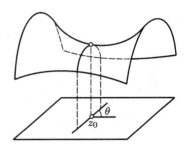

图 85

我们由这个点来计算在积分 (1) 的渐近展开中主要项的贡献. 根据上一小节的公式 (11), 并在其中按照 (3) 需替换 $\varphi(t)$ 为 $\varphi \circ z(t) \cdot z'(t)$, $f(t)$ 为 $\operatorname{Re} f \circ z(t)$, 我们于是得到

$$\varphi(z_0)z'(t_0)\sqrt{-\dfrac{2\pi}{\frac{d^2}{dt^2}\operatorname{Re} f \circ z(t)\,|_{t_0}}}\,\dfrac{e^{\lambda \operatorname{Re} f(z_0)}}{\sqrt{\lambda}}. \tag{5}$$

因为在 γ 上 $\operatorname{Im} f = $ 常数, 故沿着它有 $\frac{d^2}{dt^2}\operatorname{Re} f \circ z(t) = \frac{d^2}{dt^2} f \circ z(t) = f''(z)(z'(t))^2 + f'(z)z''(t)$, 而在临界点 $f'(z_0) = 0$, 因此

$$\frac{d^2}{dt^2}\operatorname{Re} f \circ z(t)\,|_{t_0} = -|f''(z_0)||z'(t_0)|^2,$$

这是因为这个数应该是实的和负的. 除此而外, 我们有 $z'(t_0) = |z'(t_0)|e^{i\theta}$, 故而表达式 (5) 有形式

$$\varphi(z_0)e^{i\theta}\sqrt{\dfrac{2\pi}{|f''(z_0)|}}\,\dfrac{e^{\lambda \operatorname{Re} f(z_0)}}{\sqrt{\lambda}}.$$

回忆起公式 (2), 我们便得到最终的结果:

定理. 如果在函数 f 的临界点中, $\operatorname{Re} f$ 在鞍点 $z_0(f''(z_0) \neq 0)$ 达到最大值, 则

[①]在该点的邻域中, 曲面 $u = \operatorname{Re} f$ 具有 (通常) 马鞍的形状, 有时便称这个方法为鞍点法. 有时这个方法 (以及它的不太大的改动形式) 也被称做平稳相方法 (这个命名表示的概念是出于很早以前复数变量被称做相的缘故).

积分 (1) 的渐近展开的主要项由公式

$$\int_\gamma \varphi(z)e^{i\lambda f(z)}dz \approx \varphi(z_0)e^{i\theta} \cdot e^{\lambda f(z_0)}\sqrt{\frac{2\pi}{\lambda|f''(z_0)|}} \tag{6}$$

给出，其中 $e^{i\theta}$ 是具鞍点的最速降方向.

例. n 阶的贝塞尔函数由积分

$$J_n(\lambda) = \frac{1}{2\pi i}\int_{|z|=1} e^{\frac{\lambda}{2}\left(z-\frac{1}{z}\right)}\frac{dz}{z^{n+1}} \tag{7}$$

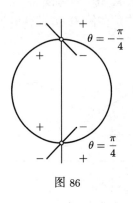

图 86

定义. 在这里, $f(z) = \frac{1}{2}\left(z-\frac{1}{z}\right)$ 而临界点为 $\pm i$; $\operatorname{Re} f$ 的水平线在这些点相同 (等于 0), 因此应该两者都算. 线 $\operatorname{Re} f = 0$ 的临界水平线由圆 $\{|z|=1\}$ 和虚轴构成, 而最速降方向在点 $z=i$ 为 $\theta=-\frac{\pi}{4}$, 在点 $-i$ 为 $\theta=\frac{\pi}{4}$ (图 86). 根据公式 (6) 我们得到

$$J_n(\lambda) \approx \frac{1}{2\pi i}\left(\frac{e^{\frac{-i\pi}{4}}}{e^{\frac{n\pi i}{2}}}e^{\lambda i}\sqrt{\frac{2\pi}{\lambda}} - \frac{e^{\frac{i\pi}{4}}}{e^{\frac{-n\pi i}{2}}}e^{-\lambda i}\sqrt{\frac{2\pi}{\lambda}}\right)$$

$$= \sqrt{\frac{2}{\pi\lambda}}\cos\left(\lambda - n\frac{\pi}{2} - \frac{\pi}{4}\right) \tag{8}$$

(在 $n=0$ 时可与第 51 小节的公式 (11) 相比较).

习题

1. (阿达马的三圆盘定理). 证明, 如果 f 在 $\{r_1 \leqslant |z| \leqslant r_2\}$ 全纯, 且 $M_f(r) = \max_{|z|=r}|f(z)|$, 则 $\ln M_f(r)$ 是 $\rho = \ln r$ 的凸函数, 即对于任意 $r \in (r_1, r_2)$ 成立

$$\ln M_f(r) \leqslant \frac{\rho - \rho_1}{\rho_2 - \rho_1}\ln M_f(r_2) + \frac{\rho_2 - \rho}{\rho_2 - \rho_1}\ln M_f(r_1),$$

其中 $\rho_i = \ln r_i$, $i=1,2$. [**提示:** 选取 α 使得 $r_1^\alpha M_f(r_1) = r_2^\alpha M_f(r_2)$, 并对具单值模的多值函数 $z^\alpha f(z)$ 应用最大模原理.]

2. 设 f 为整函数, $\alpha \in (0,1)$ 固定的数. 证明, $\lim_{r\to\infty}\frac{M_f(\alpha r)}{M_f(r)}$ 当 f 为超越函数时等于 0, 而当 f 为 n 次多项式时等于 α^n.

3. 设 τ 和 τ' 为不同时在通过点 $z=0$ 的一条直线上的两个点. 证明级数 $\frac{1}{z^2} + \sum_{t\in T\setminus\{0\}}\left\{\frac{1}{(z-t)^2} - \frac{1}{t^2}\right\}$ 在第 45 小节的意义下在整个平面上收敛于亚纯函数, 其中 $T = \{t = m\tau + n\tau' : m, n$ 为整数$\}$ (它是椭圆函数, 称为魏尔斯特拉斯 γ-函数).

4. 证明无穷乘积 $\prod_{n=1}^\infty(1+z^{2n})$ 在 $|z|<1$ 时收敛于 $(1-z)^{-1}$.

5. 找出在圆盘 $\{|z|<1\}$ 全纯并以点 $1-\frac{1}{n}$, $n=1,2,\cdots$ 且只以它们为零点的全纯函数.

6. 设 $\lambda \neq 0$ 为复数, 且 $p(z) \not\equiv 0$ 为多项式. 证明整函数 $e^{\lambda z} - p(z)$ 有无穷多个零点. [**提示:** 设若相反, $e^{\lambda z} - p(z) \equiv e^{az+b}Q(z)$, 其中 Q 为多项式; 那么当 $a=\lambda$ 此恒等式不可能成立.]

7. 证明方程 $\sin z = z$ 具有无穷多个根.

8. 利用 48 小节的阿达马定理解第四章的习题 21.

9. 设给出了任意收敛于无穷远点的点序列 $a_n \in \mathbb{C}$. 证明, 对于任意数的序列 $b_n \in \mathbb{C}$ 可以找到整函数 f 使得对于所有 $n = 1, 2, \cdots$ 有 $f(a_n) = b_n$.

10. 设 D 为 $\mathbb{C}$ 中区域, 且它的点序列 a_n 在 D 内部没有极限点. 证明对于任意复数序列 b_n 以及整数 $k_n > 0$ 可以找到在 D 全纯的函数 f, 使得对于每个 n 函数 $f(z) - b_n$ 在点 a_n 具有 k_n 阶零点.

11. 设函数 f 在右半平面全纯且有界. 证明, 如果当 $x \to \infty$ 时它沿实轴趋向于零, 则当 $z \to \infty, |\arg z| < \pi/2 - \delta, \delta > 0$ 为任意时有 $f(z) \to 0$ (林德勒夫定理).

12. 证明, 如果函数 f 在右半平面全纯且有界, 并且对于 $n = 1, 2, \cdots$ 有 $f(n) = 0$, 则 $f \equiv 0$.

13.

(a) 证明

$$\int_0^n \left(1 - \frac{t}{n}\right)^n t^{z-1} dt = \frac{n!}{z(z-1)\cdots(z+n)}.$$

[提示: 做变量替换 $t = n\tau$ 并进行分部积分.]

(b) 证明, 当 $0 \leqslant t \leqslant n$ 时有 $0 \leqslant e^{-t} - \left(1 - \frac{t}{n}\right)^n \leqslant \frac{t^2}{2n}$, 并由此推出, (a) 中的积分当 $n \to \infty$ 时在半平面 $\{\operatorname{Re} z > 0\}$ 收敛于 Γ 函数 $\Gamma(z)$.

(c) 证明

$$\frac{1}{\Gamma(z)} = ze^{\gamma z} \prod_{n=1}^{\infty} \left(1 + \frac{z}{n}\right) e^{-z/n},$$

其中 $\gamma = \lim_{n\to\infty} \left(1 + \frac{1}{2} + \cdots + \frac{1}{n} - \ln n\right)$ 为欧拉常数 (由此得到 $\frac{1}{\Gamma(z)}$ 为整函数, 这便是它的魏尔斯特拉斯展式).

(d) 证明恒等式 $\Gamma(z)\Gamma(1 - z) = \pi / \sin \pi z$.

14.

(a) 证明由 53 小节的公式 (7) 定义的贝塞尔函数 $J_n(\lambda)$, 对任意整数 n 是整函数.

(b) 验证, 当 $n = 0$ 时这个函数满足 51 小节的方程 (8).

15. 设函数 g 包含了 x 轴的一个区域中全纯且有界, 且 $g(z) = \sum_{n=0}^{\infty} c_n z^n$ 为它在原点邻域中的泰勒展式. 证明, 在正 λ 半轴上成立渐近展开

$$\int_{-\infty}^{\infty} g(t) e^{-\lambda t^2/2} \sim \sqrt{\frac{2\pi}{\lambda}} \sum_{n=0}^{\infty} \frac{1 \cdot 3 \cdots (2n-1) c_{2n}}{\lambda^n}.$$

16. 求在 λ 为大的正值时的积分

$$f(\lambda) = \int_0^{\pi} e^{i\lambda \cos t} \cos^2 t\, dt$$

的渐近公式.

附录 调和与次调和函数

在这里我们要描述两类与全纯函数紧密相关的实函数. 这里所叙述的理论在本教程的第二卷中要用到.

1. 调和函数

定义. 称 C^2 类实函数 u 在区域 $D \subset \mathbb{C}$ 中的调和是说, 如果它在 D 中处处满足拉普拉斯方程

$$\frac{\partial^2 u}{\partial x^2} + \frac{\partial^2 u}{\partial y^2} = 0. \tag{1}$$

称 (1) 左端的微分算子为拉普拉斯算子, 并记为 Δ; 不难看出

$$\Delta = \left(\frac{\partial}{\partial x} - i\frac{\partial}{\partial y}\right)\left(\frac{\partial}{\partial x} + i\frac{\partial}{\partial y}\right) = 4\frac{\partial^2}{\partial z \partial \bar{z}}. \tag{2}$$

调和函数和全纯函数间的联系可用以下两个定理表达.

定理 1. 在区域 D 中任意的全纯函数 f 的实部和虚部都是这个区域上的调和函数.

证明. 我们有

$$u = \operatorname{Re} f = \frac{1}{2}(f + \bar{f}), \quad v = \operatorname{Im} f = \frac{1}{2i}(f - \bar{f}),$$

由此得知 $u, v \in C^2$. 另外, $\frac{\partial^2 u}{\partial z \partial \bar{z}} = \frac{1}{2}\frac{\partial}{\partial z}\frac{\partial \bar{f}}{\partial \bar{z}} = 0$ (由于 f 的全纯性我们有 $\frac{\partial f}{\partial \bar{z}} = 0$, 而函数 $\frac{\partial \bar{f}}{\partial \bar{z}}$ 为反全纯), 类似地还有 $\frac{\partial^2 v}{\partial z \partial \bar{z}} = 0$. $\quad\square$

定理 2. 对于在区域 D 上调和的函数 u, 局部地, 在每个点 $z_0 \in D$ 的邻域中可以构造在此邻域中全纯的函数 f, 使得 u 是它的实部 (或虚部).

证明. 设 $U = \{|z - z_0| < r\} \subset D$; 由于 (1), 公式 $\omega = -\frac{\partial u}{\partial y}dx + \frac{\partial u}{\partial x}dy$ 是 U 中的恰当形式 (参看第 16 小节), 因此在 U 中对于 ω 的积分不依赖于道路, 从而在 U

中可定义函数

$$v(z) = \int_{z_0}^{z} -\frac{\partial u}{\partial y} dx + \frac{\partial u}{\partial x} dy. \tag{3}$$

用实分析中的通常方法可证明 v 在 U 中可微 (在 $\mathbb{R}^2$ 意义下), 并且它的偏导数分别为

$$\frac{\partial v}{\partial x} = -\frac{\partial u}{\partial y}, \quad \frac{\partial v}{\partial y} = \frac{\partial u}{\partial x}. \tag{4}$$

然而这是函数 $f = u + iv$ 的复可微条件, 其中 $u = \operatorname{Re} f$. 函数 $if = -v + iu \in \mathcal{O}(U)$ 以 u 为它的虚部.　□

注. 如果区域 D 单连通, 则这个讨论证明了函数 $f \in \mathcal{O}$ 的存在性, 对此整体地在整个区域 D 上有 $u = \operatorname{Re} f$. 对于多连通区域定理整体上不成立. #

例. 在区域 $D = \{0 < |z| < 1\}$ 中函数 $u = \ln|z| = \frac{1}{2}\ln z\bar{z}$ 为调和函数, u 仅仅与函数 $v = \operatorname{Arg} z$ 一起满足了条件 (4), 而这个 v 只局部有定义, 在整个 D 上这个函数没有定义 (它是多值函数!) #

所建立的这种联系让我们可以将全纯函数的一些性质推广到调和函数上.

1. **无限可微性**. 在区域 D 中的任意调和函数 $u(x, y)$ 在每一点上具有所有阶的偏导数, 而且它们也是 D 上的调和函数.

证明. 根据定理 2 我们构建在点 $z = x + iy$ 的邻域 U 中的全纯函数 f, 其中 $u = \operatorname{Re} f$, 并且注意到有 $\frac{\partial u}{\partial x} = \operatorname{Re} f'(z)$, $\frac{\partial u}{\partial y} = -\operatorname{Im} f'(z)$. 按照定理 1, 这些偏导数在 U 中调和. 对他们应用已经证明了的结果, 我们便得到二阶偏导数的存在性与调和性, 等等.　□

2. **均值定理**. 如果函数 u 在圆盘 $U = \{\zeta : |\zeta - z| < R\}$ 中调和, 则对于任意 $r < R$, u 在该圆盘中心的值等于它在圆 $\{|\zeta - z| = r\}$ 上的值的平均值:

$$u(z) = \frac{1}{2\pi} \int_0^{2\pi} u(z + re^{it}) dt. \tag{5}$$

分离公式

$$f(z) = \frac{1}{2\pi} \int_0^{2\pi} f(r + re^{it}) dt$$

中的实部便可得到证明, 而这个公式表达的是全纯函数的均值定理.

我们注意到, 在此定理中代替在圆上的均值可以取对圆盘 U 的均值:

$$u(z) = \frac{1}{\pi R^2} \iint_U u(\zeta) d\sigma, \tag{6}$$

其中 $d\sigma = rdrdt$ 为面积元. 对于其证明, 只要在 (5) 的两边乘以 r 然后对 r 取从 0 到 R 的积分即可.

3. **唯一性定理**. 如果在区域 D 中调和的两个函数 u_1 和 u_2 在集合 $E \subset D$ 上重合, 其中的 E 至少有一个内点, 则在 D 上 $u_1 \equiv u_2$.

证明. 记 $u = u_1 - u_2$, 并考虑集合 $F = \{z \in D : u(z) = 0\}$. 根据条件, 开核 $\overset{\circ}{F}$ 非空; 它也为闭, 这是因为如果 $z_0 \in D$ 为 $\overset{\circ}{F}$ 的极限点, 则存在序列 $z_n \in \overset{\circ}{F}$, 使 $\lim_{n \to \infty} z_n = z_0$, 而在 z_0 的邻域中的全纯函数 $f = u + iv$ 是虚常值的①, 即在这个邻域中 $u \equiv 0$, 从而 $z_0 \in \overset{\circ}{F}$. 因此 $\overset{\circ}{F} \equiv D$. □

调和函数的唯一性定理比起对全纯函数的陈述要弱一些: 集合 E 要求的不是有在 D 中的极限点而是内点. 对它不成立定理这种的强形式: $\mathbb{C}$ 中的调和函数 $u \equiv x$ 在虚轴上为零, 但不恒等于零.

4. **极值原理**. 如果在区域 D 中调和的函数 u 在某个点 $z_0 \in D$ 达到它的 (局部) 极大或极小, 则它在 D 上为常数.

证明. 考虑在 z_0 的邻域 U 中全纯的函数 f, 其中 $\operatorname{Re} f = u$. 如果 u 在 z_0 达到其极大值, 则在 U 中的全纯函数 e^f 的模也达到极大 ($|e^f| = e^u$); 因此 f 从而 u 在 U 中为常数. 由唯一性定理 u 在整个 D 中为常数. 对于极小值的情形, 只要用 $-u$ 替代 u 就化成为极大值的情形. □

5. **刘维尔定理**. 如果函数 u 在 $\mathbb{C}$ 上调和, 并至少在一边有界, 譬如: 对所有的 $z \in \mathbb{C}$ 有 $u(z) < M$, 则 $u \equiv$ 常数.

证明. 因为 $\mathbb{C}$ 为单连通, 故存在整函数 f 使得在 $\mathbb{C}$ 上有 $u = \operatorname{Re} f$. 按条件函数 f 的所有值位于半平面 $\{\operatorname{Re} f < M\}$ 中; 设 λ 为分式线性映射, 将这个半平面映射到单位圆上, 于是 $\lambda \circ f$ 为有界的整函数即为常数. 这表明 f 从而 $u =$ 常数. □

6. **在共性映射下的不变性**. 如果函数 u 在区域 D 调和, 并且 $z = z(\zeta)$ 为由 D^* 到 D 上的共形映射, 则复合映射 $u \circ z(\zeta)$ 在 D^* 调和.

证明. 考虑任一点 $\zeta_0 \in D^*$ 及其像 $z_0 = z(\zeta_0)$; 我们在 z_0 的一个邻域中构建全纯函数 f 使得 $u = \operatorname{Re} f$; 于是 $u \circ z(\zeta) = \operatorname{Re} f \circ z(\zeta)$, 但因为函数 $f \circ z(\zeta)$ 在 ζ_0 的邻域中全纯, 故 $u \circ z(\zeta)$ 在此邻域中调和. □

在下一小节中我们将证明中值定理刻画了调和函数, 即成立

定理 3. 如果在区域 D 中有限的函数 u 对在每个点 $z \in D$ 的面积元局部可积, 并且当记 $r_0(z)$ 为 z 到 ∂D 的距离时, 对于所有 $r \leqslant r_0(z)$ 它等同于它自己在圆盘 $\{\zeta : |\zeta - z| < r\}$ 上的均值:

$$u(z) = \frac{1}{\pi r^2} \iint_{\{|\zeta - z| < r\}} u(\zeta) d\zeta, \tag{7}$$

则它在 D 中调和.

我们现在要利用这个定理去证明一个关于调和函数序列极限的一个命题, 而在

---

① 在所考虑的邻域 U 中有点 $z_n \in \overset{\circ}{F}$, 而在它的邻域 $V \subset U$ 中有 $u \equiv 0$; 由柯西-黎曼方程, 在 V 上有 $\frac{\partial v}{\partial x} \equiv \frac{\partial v}{\partial y} \equiv 0$, 即 $v = c =$ 常数; 于是在 U 处处有 $f = ic$.

我们后面的讲述中需要它.

定理 4 (哈纳克[①]). 在区域 D 中的调和函数的递降序列 u_k $(k = 1, 2, \cdots)$ 的极限或是个在 D 中的调和函数, 或恒等于 $-\infty$.

证明. 我们先假定 u 在 D 处处有限; 由对于调和函数 u_k 的均值定理, 在任意点 $z \in D$, 对于所有 $r < r_0(z)$, 其中 $r_0(z)$ 为 z 到 ∂D 的距离, 我们有

$$u_k(z) = \frac{1}{\pi r^2} \iint_{\{|\zeta - z| < r\}} u_k(\zeta) d\sigma. \tag{8}$$

由于在 (8) 中的序列 u_k 的单调性, 可以取当 $k \to \infty$ 时的极限, 从而得到

$$u(z) = \frac{1}{\pi r^2} \iint_{\{|\zeta - z| < r\}} u(\zeta) d\sigma,$$

并且函数 u 局部对于面积可积. 有定理 3 得知函数 u 在 D 上调和.

现设在某个点 $z_0 \in D$ 有 $u = -\infty$. 记 $E = \{z \in D : u(z) = -\infty\}$; 由于包含了 z_0, 这个集合非空. 它为开: 设 $z_1 \in E$, 并设从 z_1 到 ∂D 的距离等于 2ρ; 我们有

$$\frac{4}{\pi \rho^2} \iint_{\{|\zeta - z_1| < \rho/2\}} u(\zeta) d\sigma = u(z_1) = -\infty,$$

因此对于任意的 $z \in \{|z - z_1| < \rho/2\}$ 有

$$u(z) = \frac{1}{\pi \rho^2} \iint_{\{|\zeta - z| < \rho\}} u(\zeta) d\sigma = -\infty,$$

这是因为圆盘 $\{|\zeta - z| < \rho\}$ 包含了圆盘 $\{|\zeta - z_1| < \rho/2\}$ 的缘故; 因此, $\{|z - z_1| < \rho/2\} \subset E$. 完全同样地可证明 E 为闭 (在 D 的拓扑下). 因此 $E = D$, 即在 D 上 $u \equiv -\infty$. ☐

在这小节的最后我们指出, 调和函数的概念可以推广到任意多个变量的实函数. 设 D 为在 n 维欧几里得空间 $\mathbb{R}^n$ 中的区域. 称 C^2 类的函数 $u : D \to \mathbb{R}$ 在 D 中调和是说, 如果在每点 $x = (x_1, \cdots, x_n) \in D$ 它满足拉普拉斯方程

$$\Delta u = \sum_{\nu=1}^{n} \frac{\partial^2 u}{\partial x_\nu^2} = 0. \tag{9}$$

对于这样的函数它仍旧满足两个变量的调和函数的性质 $1 \sim 5$. 这些性质需要专门的证明 (由于我们曾经给出的证明基于全纯函数), 然而我们不打算转向它们.

2. 狄利克雷问题[②]

在分析的许多问题中要用到函数的调和延拓问题; 我们在这里将考虑以最简单方式提出的这个问题.

狄利克雷问题. 设 $D \subset \mathbb{C}$ 是一个具若尔当边界 ∂D 的单连通区域, 并在 ∂D 上给出了连续函数 u. 要求将 u 延拓为 D 中的调和函数, 即构造一个在 $\overline{D}$ 上连续而

[①]G. Harnack (1851—1888), 德国数学家, 于 1887 年证明此定理.

[②]P. G. L. Dirichlet (1805—1859), 德国数学家 (书中称其为法国数学家, 但只是由于他出生地的原因起了一个法国式的名字 —— 译注).

在 D 中调和的函数, 使它在 ∂D 上与所给函数 u 重合.

(a) **唯一性.** 我们要证明狄利克雷问题没有两个不同的解. 事实上, 假设存在两个解 u_1 和 u_2. 于是它们的差 $v = u_1 - u_2$ 在 D 中调和, 在 $\overline{D}$ 连续, 并在 ∂D 有 $v = 0$. 如果 v 在 $\overline{D}$ 的极大值或极小值在 D 中达到, 则由极值原理, v 在 D 中为常值, 而又由连续性, 在 $\overline{D}$ 上也为常值; 因为在 ∂D 上 $v \equiv 0$, 故在 $\overline{D}$ 上 $v \equiv 0$. 如果这两个极值都在 ∂D 上达到, 则它们必为 0, 于是仍有在 $\overline{D}$ 上 $v \equiv 0$.

(b) **化到圆盘.** 假定狄利克雷问题已在单位圆 $U = \{|z| < 1\}$ 上有解, 我们要证明, 这时它对于任何具有若尔当边界 ∂D 的单连通区域 D 都可解. 事实上, 由黎曼定理, 存在共形映射 $f : D \to U$, 并根据边界对应原理 (41 小节) 它可连续地延拓到 $\overline{D}$ 上. 设在 ∂D 上给出了连续函数 u; 我们在 ∂U 上给出值 $v = u \circ f^{-1}$ 并以 v 记这些值在 U 上的调和延拓 (由假设它存在). 于是根据前一小节的性质 6, 函数 $u = v \circ f$ 为 D 上的调和函数; 它在 $\overline{D}$ 上连续而在 ∂D 上等于 $u \circ f^{-1} \circ f = u$, 即是狄利克雷问题在 D 上的解.

(c) **对于圆盘 $U = \{|z| < R\}$ 的解.** 我们先进行试探性的考虑. 设对于圆盘 U 和边界值 u 的狄利克雷问题已解. 构造 U 中的全纯函数 f, 使它的实部给出了这个问题的解. 进一步, 假定 f 可连续地延拓到 $\overline{U}$[①], 于是根据柯西公式在任意点 $z \in U$ 有

$$f(z) = \frac{1}{2\pi i} \int_{\partial U} \frac{f(\zeta)}{\zeta - z} d\zeta = \frac{1}{2\pi} \int_0^{2\pi} \frac{f(\zeta)\zeta}{\zeta - z} dt \tag{1}$$

(我们令 $\zeta = Re^{it}$; 于是 $d\zeta = i\zeta dt$). 我们要变换 (1) 的右端使它的实部只含有已知的在 ∂U 上的 $\operatorname{Re} f = u$ 的值. 为此, 我们取 $z^* = \frac{R^2}{\bar{z}}$, 它相对于 ∂U 对称于 z, 并利用柯西定理, 得到

$$0 = \frac{1}{2\pi} \int_0^{2\pi} \frac{f(\zeta)\zeta}{\zeta - \frac{R^2}{\bar{z}}} dt, \tag{2}$$

并从 (1) 中减去 (2). 如果考虑到

$$\frac{\zeta}{\zeta - z} - \frac{\zeta\bar{z}}{\zeta\bar{z} - R^2} = \frac{\zeta}{\zeta - z} + \frac{z}{\bar{\zeta} - \bar{z}} = \frac{R^2 - |z|^2}{|\zeta - z|^2},$$

我们则有

$$f(z) = \frac{1}{2\pi} \int_0^{2\pi} f(\zeta) \frac{R^2 - |z|^2}{|\zeta - z|^2} dt.$$

我们已达到了所设定的目标: 在此分离出实部, 我们便得到了被称做的泊松公式[②]

$$u(z) = \frac{1}{2\pi} \int_0^{2\pi} u(\zeta) \frac{R^2 - |z|^2}{|\zeta - z|^2} dt. \tag{3}$$

现在转向严格的解.

如果给出了 u 在 ∂U 的值, 便知道了泊松公式的右端; 我们要证明按这个公式定义在 U 上的函数 u 是狄利克雷问题的解.

[①] 因为 $\operatorname{Re} f$ 是狄利克雷问题的解, 从而在 $\overline{U}$ 上连续, 故这个假定涉及的是 $\operatorname{Im} f$.

[②] S. Poisson (1781—1840), 法国数学家.

首先我们注意到, 泊松积分的核可由以下的形式表示:

$$\frac{1}{2\pi}\frac{R^2-|z|^2}{|\zeta-z|^2}=\frac{1}{2\pi}\operatorname{Re}\frac{\zeta+z}{\zeta-z}=P(\zeta,z). \tag{4}$$

因此由泊松积分定义的 U 上的函数 u 是函数

$$f(z)=\frac{1}{2\pi}\int_0^{2\pi}u(\zeta)\frac{\zeta+z}{\zeta-z}dt \tag{5}$$

的实部, 而 (5) 是 U 上的全纯函数[①], 因此, 这个实部为 U 上的调和函数. 还要证明当 z 作为 U 中点趋向于任意点 $\zeta_0\in\partial U$ 时, $u(z)$ 趋向于 $u(\zeta_0)$.

为证此, 我们注意到, 对于任意 $z\in U$ 有

$$\int_0^{2\pi}P(\zeta,z)dt=1. \tag{6}$$

这可由上面的证明过程得出: 函数 $u\equiv 1$ 是狄利克雷问题在边界上给出 $u=1$ 时的唯一解, 它满足使泊松公式成立的条件. 另外, 当 $\zeta\neq\zeta_0$, $z\in U$ 时, 有

$$\lim_{z\to\zeta_0}P(\zeta,z)=0, \tag{7}$$

并且这个收敛性对于 ζ 在任意不包含 ζ_0 的一个邻域的弧 $\gamma\subset\partial U$ 上是一致的, 这从公式 (4) 可看出.

根据 (6), u 的值与它在 $z\to\zeta_0=Re^{it_0}$ 时所推测的极限之间的差等于

$$\Delta=\int_0^{2\pi}u(\zeta)P(\zeta,z)dt-u(\zeta_0)=\int_0^{2\pi}\{u(\zeta)-u(\zeta_0)\}P(\zeta,z)dt. \tag{8}$$

固定 $\varepsilon>0$, 并利用 $u(\zeta)$ 在点 ζ_0 的连续性, 我们选取 $\delta>0$ 使得当 $|t-t_0|\leqslant 2\delta$ 时有

$$|u(\zeta)-u(\zeta_0)|<\varepsilon; \tag{9}$$

记 $\gamma_1=\{\zeta\in\partial U:|t-t_0|\leqslant 2\delta\}$ 以及 $\gamma_2=\partial U\setminus\gamma_1$, 并将 (8) 中的积分分成沿弧 γ_1 和 γ_2 的积分. 对于它们中的第一个, 由于 (9), 对于任意 $z\in U$ 我们有

$$\left|\int_{\gamma_1}\{u(\zeta)-u(\zeta_0)\}P(\zeta,z)dt\right|<\varepsilon\int_{\gamma_1}P(\zeta,z)dt<\varepsilon\int_0^{2\pi}P(\zeta,z)dt=\varepsilon \tag{10}$$

(我们利用了 P 的核为正的性质及等式 (6)).

现在令 $z=re^{i\varphi}$ 并假定 $|\varphi-t_0|<\delta$; 由 (7), 可以找到 ρ, $0<\rho<R$, 使得对于所有 $\zeta\in\gamma_2$ 以及所有的使 $|\varphi-t_0|<\delta$, $R-\rho<r<R$ 的 z 有

$$P(\zeta,z)<\varepsilon$$

(我们用到了极限过程 (7) 的一致性). 因此对于所有在图 87 的阴影部分标出的区域 G 的 z 有

$$\left|\int_{\gamma_2}\{u(\zeta)-u(\zeta_0)\}P(\zeta,z)dt\right|<2M\int_{\gamma_2}P(\zeta,z)dt\leqslant 2M\varepsilon\cdot 2\pi, \tag{11}$$

[①] 函数 (5) 的全纯性可由在积分号下取微分证明: 对于任意的 $z\in U$ 我们有

$$\frac{f(z+\Delta z)-f(z)}{\Delta z}-\frac{1}{\pi}\int_0^{2\pi}u(\zeta)\frac{\zeta dt}{(\zeta-z)^2}=\frac{\Delta z}{\pi}\int_0^{2\pi}\frac{\zeta u(\zeta)dt}{(\zeta-z)^2(\zeta-z-\Delta z)},$$

由此看出, 当 $\Delta z\to 0$ 时, 左端趋向于 0, 即存在 $f'(z)$.

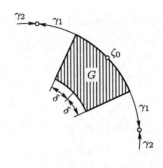

图 87

其中 $M = \max_{\zeta \in \partial U} |u(\zeta)|$. 结合 (10) 和 (11) 我们得到, 对于所有 $z \in G$ 成立不等式 $|\Delta| < (1 + 4\pi M)\varepsilon$, 这便是我们所要的.

这证明了

定理 1. 任意在具若尔当边界 ∂D 的单连通区域 D 上的连续函数, 可以以唯一的方式调和地延拓到 D. 特别, 对于圆盘 $U = \{|z| < R\}$, 泊松积分 (3) 给出了这个问题的解.

作为调和延拓的应用例子, 我们来证明在上一小节叙述的定理 3. 设在区域 D 上有限的[①]函数 u 在每一点 $Z \in D$ 是自己在半径为 $r < r_{0(z)}$ 的圆盘上的均值:

$$u(z) = \frac{1}{\pi r^2} \iint_{\{|\zeta - z| < r\}} u(\zeta) d\sigma \tag{12}$$

(仍然以 $r_0(z)$ 表示 z 到 ∂D 的距离). 由此首先得出, u 在每个点 $z_0 \in D$ 连续, 这是因为对于无穷小的 $z - z_0$, 差 $u(z) - u(z_0)$ 由在具无穷小面积的区域上的 (对于可积函数的) 积分表示, 从而这个差为无穷小.

固定任一点 $z_0 \in D$ 以及圆盘 $U = \{|z - z_0| < R\} \Subset D$; 根据定理 1 我们构建函数 h, 它在区域 U 上调和, 在 $\overline{U}$ 上连续, 并在 ∂U 上等于 u. 我们只要证明在 U 上有 $u \equiv h$ 就可以了. 根据均值定理, h 对任意 $z \in U$ 和 $\{|\zeta - z| < r\} \subset \overline{U}$ 也满足关系 (12), 故函数 $v = u - h$ 也就满足它. 由此可以推出, 如果 v 在某点 $z_1 \in U$ 达到局部极大或局部极小, 则它必在 z_1 的某邻域中为常数. 我们对于极大值的情形来证此断言 (极小值的情形的证明类似). 设若相反, 即在圆盘 $V = \{|z - z_1| < r\}$, $V \subset U$ 中有 $v(z) \leqslant v(z_1)$, 并且存在点 $z_2 \in V$, 使 $v(z_2) < v(z_1)$. 由于 (12), 有

$$v(z_1) = \frac{1}{\pi r^2} \iint_V v(\zeta) d\sigma,$$

然而由于 v 的连续性存在点 z_2 的邻域, 因为 $v \leqslant v(z_1)$, 在其中对于充分小的正的 ε 在 V 处有 $v < v(z_1) - \varepsilon$, 于是最后面那个等式的右端严格地小于

$$\frac{v(z_1)}{\pi r^2} \iint_V d\sigma = v(z_1);$$

[①]无疑, 可认为函数 u 局部对面积元可积.

所得矛盾证明了断言.

连续函数 v 在 $\overline{U}$ 达到其极大值 M 和极小值 m. 如果两个极值都在 ∂D 上达到, 而在此 $v \equiv 0$, 故 $M = m = 0$, 从而在 U 上 $v \equiv 0$, 定理得证. 极值中有一个, 譬如极大在 U 中达到; 于是集合 $E = \{z \in U : v(z) = M\}$ 非空. 按前所证其为开, 而因为 v 在 U 上连续故它同时为闭 (在 U 的拓扑下). 由此得到 $E = U$, 即在 U 中 $v \equiv M$; 由连续性推得在 $\overline{U}$ 中 $v \equiv M$, 而因为在 ∂U 上 $v = 0$, 故在 U 上又有 $v \equiv 0$, 从而定理得证.

称 (5) 右端的积分为施瓦茨积分. 由定理 1 得到, 可解下面的问题: 求在单位圆盘 U 中全纯的函数 f, 它的实部在 $\overline{U}$ 上连续, 并在 ∂U 上已给值 $u(\zeta)$. 这个问题显然可以解到差一个纯虚常数项, 它的通解具有形式

$$f(z) = \frac{1}{2\pi} \int_0^{2\pi} u(\zeta) \frac{\zeta + z}{\zeta - z} dt + iC, \tag{13}$$

其中 C 为任意实常数 (等于 $\operatorname{Im} f(0)$, 这是由于当 $z = 0$ 时右端第一项按照均值定理等于 $u(0) = \operatorname{Re} f(0))$.

作为应用施瓦茨积分的例子我们得到曾在第 48 小节用过的修改过的柯西不等式. 设函数 $f = u + iv$ 在圆盘 $\{|z| < R'\}$ 全纯, 并在圆 $\{|z| = R\}$, $R < R'$ 上它的实部 $u \leqslant A$. 根据公式 (13), 对于 $|z| < R$ 和 $|\zeta| = R$ 有

$$f(z) = \frac{1}{2\pi} \int_0^{2\pi} u(\zeta) \frac{1 + \frac{z}{\zeta}}{1 - \frac{z}{\zeta}} dt + iv(0) = \sum_{n=0}^{\infty} c_n z^n,$$

而因为当 $z| < |\zeta|$ 时有

$$\left(1 + \frac{z}{\zeta}\right)\left(1 - \frac{z}{\zeta}\right)^{-1} = \left(1 + \frac{z}{\zeta}\right)\left(1 + \frac{z}{\zeta} + \cdots + \frac{z^{n-1}}{\zeta^{n-1}} + \frac{z^n}{\zeta^n} + \cdots\right)$$

$$= 1 + \sum_{n=1}^{\infty} \frac{2}{\zeta^n} z^n,$$

于是, 将此代入上面的公式并逐项积分, 我们得到

$$c_n = \frac{1}{\pi} \int_0^{2\pi} \frac{u(\zeta)}{\zeta^n} dt \quad (n \geqslant 1).$$

但显然当整数 $n \geqslant 1$ 时有

$$0 = \frac{1}{\pi} \int_0^{2\pi} \frac{A}{\zeta^n} dt,$$

并由此减去上一个等式, 得到

$$-c_n = \frac{1}{\pi} \int_0^{2\pi} \frac{A - u(\zeta)}{\zeta^n} dt.$$

考虑到根据条件, 对于所有 ζ, $|\zeta| = R$ 有 $A - u(\zeta) \geqslant 0$, 并取模; 我们便得到所要的不等式

$$|c_n| \leqslant \frac{1}{\pi R^n} \int_0^{2\pi} \{A - u(\zeta)\} dt = \frac{2A}{R^n} - \frac{2u(0)}{R^n}, \quad n \geqslant 1 \tag{14}$$

(我们仍然利用了对于调和函数 u 的均值定理).

最后, 我们注意到, 狄利克雷问题在对区域边界加上某些条件后的空间区域也有解[1]. 特别, 对于 n-维球 $B = \{x \in \mathbb{R}^n : |x| < R\}$ 可借助于泊松积分求解

$$u(x) = \frac{1}{\sigma_n} \int_{\partial B} u(y) \frac{R^{n-2}(R^2 - |x|^2)}{|y - x|^2} d\sigma, \tag{15}$$

其中 $\sigma_n = \frac{n\pi^{n/2}}{\Gamma(\frac{n}{2}+1)} R^{n-1}$ 为 n 维球面 ∂B 的面积, 而 $d\sigma$ 为 ∂B 在点 y 的面积元 (Γ 表示欧拉的 Γ 函数; $\Gamma(2) = 1$, 故 $\sigma_2 = 2\pi R$, 并且当 $n = 2$ 时, 如果注意到 $d\sigma = R dt$, 则这个公式与 (3) 相同). 公式 (15) 可由格林公式得到[2].

3. 次调和函数

全纯函数 f 的模的对数只在那些使得 $f \neq 0$ 的点的邻域中是调和函数, 而在零点 $\ln|f|$ 化为 $-\infty$, 即失去了调和性. 现在我们引进更加广的函数类: 次调和函数. 它特别地包含了全纯函数模的对数.

线性函数 $h(x) = kx + b$ 是调和函数的一维类比, 这时 $\frac{d^2 h}{dx^2} = 0$. 借助于线性函数可以按以下方式定义凸函数: 称函数 $u(x)$ 为 (下) 凸的是说, 如果对于它的定义区域中的任意区间 $[\alpha, \beta]$ 及任意线性函数 $h(x)$, 从不等式 $h(\alpha) \geqslant u(x)$, $h(\beta) \geqslant u(\beta)$ 得到对所有 $x \in [\alpha, \beta]$ 有不等式 $h(x) \geqslant u(x)$.

次调和函数是凸函数的二维类比. 它们不必处处连续仅仅限于要求半连续性.

定义 1. 称在点 z_0 的邻域中定义的实函数 u, $-\infty \leqslant u < \infty$ 为在该点为上半连续是说, 如果对于任意 $\varepsilon > 0$, 可以找到 $\delta > 0$ 使得

$$|z - z_0| < \delta \Rightarrow \begin{cases} u(z) - u(z_0) < \varepsilon, & \text{如果} \quad u(z_0) \neq -\infty, \\ u(z) < -\dfrac{1}{\varepsilon}, & \text{如果} \quad u(z_0) = \infty, \end{cases} \tag{1}$$

或者等价地,

$$\varlimsup_{z \to z_0} u(z) \leqslant u(z_0). \tag{2}$$

设 D 为区域, 如果函数 $u : D \to [-\infty, \infty)$ 在每点 $z \in D$ 上半连续, 则称其为在此区域上半连续. 不难看出, 对于函数在 D 上的上半连续性的充分必要条件是对于任意 $\alpha \in (-\infty,, \infty)$, 小于它的值的集合 $\{z \in D : u(z) < \alpha\}$ 为开.

可按通常的方式定义在一个集合上的半连续函数, 并可证明在紧集 K 上的上半连续函数有上界, 而且在 K 上达到它的最大值.

定义 2. 称函数 $u : D \to [-\infty, \infty)$ 为在区域 D 上的次调和函数是说, 如果 (1) 它在 D 上上半连续, 并且 (2) 对于任意充分小的圆盘 U 以及任意在 U 上调和而在

---

[1]对此可参考克尔德什 (Келдыш М. В.) 的 "论狄利克雷问题的结构和可解性", Успехи матем. наук, 1941, вып. 8, 171–292.

[2]参看普里瓦洛夫的书《次调和函数》(М.: ОНТИ, 1937) 以及弗拉季米洛夫的《多复变函数论的方法》(М.: Hayka, 1964).

$\overline{U}$ 上连续的函数 h 有

$$在 \partial U 上, \quad h \geqslant u \Rightarrow 在 U 上, \quad h \geqslant u. \tag{3}$$

称这些函数 h 为函数 u 对于圆盘 U 的调和优函数.

我们挑出次调和函数[①] 的几个性质, 特别着重于与凸函数类似的那些.

定理 1. 如果区域 D 中的次调和函数 u 在某个点 $z_0 \in D$ 达到局部极大值, 则它在 z_0 的某个邻域中为常数.

证明. 设 u 不在 z_0 任何一个邻域中为常数. 于是可以找到充分小的圆盘 $\overline{U} \subset D$ 使得对于所有 $z \in \overline{U}$ 有 $u(z) \leqslant u(z_0)$, 而在圆 $\partial U = \gamma$ 上的某个点 ζ_1 成立严格的不等式 $u(\zeta_1) < u(z_0)$. 由于函数 u 的上半连续性, 对于充分小的 $\varepsilon > 0$ 可以找到弧 $\gamma' \subset \gamma$, 使在它上面有 $u(\zeta) < u(z_0) - \varepsilon$.

取弧 $\gamma'' \Subset \gamma'$ 并构建在 γ 上连续的函数 $h(\zeta)$, 令它在 γ'' 上等于 $u(z_0) - \varepsilon$, 在 $\gamma \setminus \gamma'$ 等于 $u(z_0)$, 而在弧 $\gamma' \setminus \gamma''$ 上设它线性地依赖于 $\arg(\zeta - z_0) = t$. 于是在 γ 上有 $u \leqslant h$, 并且按照次调和性的定义有

$$u(z_0) \leqslant h(z_0) = \frac{1}{2\pi} \int_\gamma h(\zeta) dt, \tag{4}$$

其中 $h(z)$ 为 $h(\zeta)$ 在 U 上的调和延拓 (参看前一小节). 然而 (4) 的右端严格地小于 $u(z_0)$, 矛盾证明了定理. $\square$

下面的定理表明, 定义 2 所表达的次调和函数的局部性质蕴含了相应的整体性质.

定理 2. 如果函数 u 在 D 中次调和, 又设区域 $G \Subset D$, 则对于任意在 G 上调和并在 $\overline{G}$ 上连续的调和函数 h 有

$$在 \partial G 上, \quad h \geqslant u \Rightarrow 在 G 中, \quad h \geqslant u. \tag{5}$$

证明. 令 $v = u - h$; 因为这个函数在 $\overline{G}$ 上上半连续, 故它在 $\overline{G}$ 中达到它的极大值 M; 我们要证明 $M \leqslant 0$. 记 $E = \{z \in G : v(z) = M\}$; 根据定理 1, 这个集合为开, 又由于 v 的半连续性它也在 G 中为闭. 如果它为空集, 则 M 在 ∂G 上被达到, 而在那里 $v \leqslant 0$, 因此 $M \leqslant 0$. 如果 E 非空, 则 $E = G$, 于是在 G 上有 $v \equiv M$, 但由半连续性知, 在 $\overline{G}$ 上 $v \equiv M$; 因为在 ∂G 上 $v \leqslant 0$, 故又有 $M \leqslant 0$. $\square$

称满足条件 (5) 的函数 h 为函数 u 对于区域 G 的调和优函数.

定理 3. 如果在区域 D 的次调和函数在区域 $G \Subset D$ 中某点 z_0 与它的对于区域 G 的调和优函数 h 相等, 则在 G 中 $u \equiv h$.

证明. 函数 $v = u - h$ 在 G 次调和且非正; 因此在每个满足 $v = 0$ 的点 $z \in G$ 上它达到局部极大. 集合 $E = \{z \in G : v(z) = 0\}$ 非空 (包含了 z_0), 根据定理 1 它为

---

①详细情形可看前面脚注所引的普里瓦洛夫的书.

开, 而又由于 v 的半连续性它同时在 G 中为闭. 因此 $E = G$. □

定理 4. 设 u_α 为区域 D 中的次调和函数族, 其中 α 遍历某个集合 A. 如果族的上确界 $\tilde{u}(z) = \sup_{\alpha \in A} u_\alpha(z)$ 上半连续,[①] 则它在 D 中为次调和.

证明. 只需验证次调和函数定义中的条件 (2). 设有圆盘 $U \Subset D$, 并在 U 中调和且在 $\overline{U}$ 连续的函数 h 在 ∂U 上有 $h \geqslant \tilde{u}$. 于是对于所有 $\alpha \in A$, 在 ∂U 上有 $h \geqslant u_\alpha$, 而由于 u_x 次调和, 则对于所有 $\alpha \in A$ 在 U 上 $h \geqslant u_\alpha$. 由此得到在 U 上有 $h \geqslant \tilde{u}$. □

在前一小节中我们证明了调和函数由它在每个点的值等于它在以该点为中心的圆或圆盘上的均值所刻画. 对于次调和函数我们将引进类似的性质, 当然要将等式换作相应的不等式.

定理 5 (次调和性判别法). 为了使在区域 D 中上半连续的函数 u 在 D 中为次调和的充分必要条件是, 对于每个点 $z \in D$ 有数 $r_0(z) > 0$, 使得对所有的 $r < r_0$ 有

$$u(z) \leqslant \frac{1}{2\pi} \int_0^{2\pi} u(z + re^{it}) dt. \tag{6}$$

证明.

(a) **必要性.** 设 u 为在 D 中的次调和函数, z 为 D 中任一点, 而 r_0 为 z 到 ∂D 的距离. 因为 u 为上半连续, 故对于任意的 $r < r_0$ 存在在圆 $\gamma = \{\zeta : |\zeta - z| = r\}$ 上连续函数 u_k 的递降序列在 γ 上收敛于 u[②]. 以 h_k 记 u_k 到圆盘 $U = \{\zeta : |\zeta - z| < r\}$ 上的调和延拓. 因为在 $\partial U = \gamma$ 上我们有 $u_{k+1}(\zeta) \leqslant u_k(\zeta)$, 故由极大值原理, 这样的不等式对于在 U 上的调和函数 h_k 也成立, 即序列 h_k 在 U 上递降. 因此在 U 上定义了函数

$$\hat{h}(z) = \lim_{k \to \infty} h_k(z), \tag{7}$$

根据哈纳克定理 (附录的第 1 小节), 它或者在 U 调和, 或者恒等于 $-\infty$.

根据对调和函数的均值定理, 有

$$h_k(z) = \frac{1}{2\pi} \int_0^{2\pi} u_k(z + re^{it}) dt;$$

取积分下的极限 (由单调性, 这是可行的), 我们得到

$$\hat{h}(z) = \frac{1}{2\pi} \int_0^{2\pi} u(z + re^{it}) dt.$$

[①] 如果集合 A 为有限, 则这个条件自动满足.

[②] 作为这样的函数, 譬如, 可以取为

$$u_k(\zeta) = \max_{\zeta' \in \gamma} \{u(\zeta') - k|\zeta - \zeta'|\}, \quad k = 1, 2, \cdots,$$

请读者证明, u_k 在 γ 上连续并递降地 $u_k \to u$.

如果在 U 中 $\hat{h} \equiv -\infty$, 则在此 $u = -\infty$, 就是说 (6) 平凡地成立. 由 u 的次调和性的另一种情形和在 ∂U 上的不等式 $u \leqslant h_k$, 我们最后得到, 对于所有 $k = 1, 2, \cdots$ 有 $u(z) \leqslant h_k(z)$, 并且在 $k \to \infty$ 时的极限中得到 $u(z) \leqslant \hat{h}(z) = \frac{1}{2\pi} \int_0^{2\pi} u(z + re^{it})dt$. 从而此判别法的必要性得证.

(b) **充分性**. 设 u 在 D 为上半连续并满足条件 (6). 我们记 h 为在圆盘 $U \Subset D$ 调和, 在 $\overline{U}$ 连续的函数, 使得在 ∂U 上 $h \geqslant u$. 函数 $v = u - h$ 在 $\overline{U}$ 中上半连续, 并且根据条件 (6) 和对调和函数在任一点 $z \in U$ 的均值定理, 以及充分小的 r, 得到

$$u(z) - h(z) \leqslant \frac{1}{2\pi} \int_0^{2\pi} \{u(z + re^{it}) - h(z + re^{it})\}dt,$$

或者

$$v(z) \leqslant \frac{1}{2\pi} \int_0^{2\pi} v(z + re^{it})dt.$$

半连续性以及上面这个性质对于 v 在圆盘 U 上使得定理 1 的断言成立已足够. 因此如果 M 是 v 在 $\overline{U}$ 上的极大值, 则集合 $E = \{z \in U : v(z) = M\}$ 为开; 根据半连续性, 它闭于 U. 进一步的证明像定理 2 中那样进行: 如果 E 为空, 则 M 在 ∂U 上达到从而 $M \leqslant 0$; 如果 E 非空则 $E \equiv U$, 仍有 $M \leqslant 0$. □

称由公式 (7) 在圆盘 U 上定义的函数 $\hat{h}$ 为 u 对于这个圆盘的最佳调和优函数. 现在容易证明在本小节一开始所做的断言了.

推论. 如果函数 f 在区域 D 上全纯, 则函数 $u = \ln|f|$ 在此区域次调和.

证明. 函数 u 的半连续性显然. 如果 $z_0 \in D$ 不是 f 的零点, 则 $\mathrm{Ln}\, f$ 在 z_0 的某个邻域上可以分离出一个全纯分支; 函数 $u = \ln|f|$ 是这个分支的实部, 因而在这个邻域中为调和. 于是根据均值定理, 在点 z_0 判别法的 (6) 得到满足 (等号成立). 如果 $f(z_0) = 0$, 于是 $u(z_0) = -\infty$, 那么判别法的 (6) 在 z_0 得到满足则是平凡的. □

在本书第二卷我们需要

定理 6. 如果函数 u 在区域 D 为次调和并且不恒等于 $-\infty$, 则集合 $E = \{z \in D : u(z) = -\infty\}$ 没有内点.

证明. 设集合 E 具有内点, 于是开核 $\mathring{E} \neq \varnothing$. 设 $a \in D$ 为 $\mathring{E}$ 的极限点; 于是存在圆盘 $\overline{U} = \{|z - a| \leqslant r\}$ 使得在 $\gamma = \partial U$ 为属于 $\mathring{E}$ 的弧. 像在上一个定理的证明中那样, 我们构建在 $\overline{U}$ 上连续而在 U 中调和的函数 h_k 的序列, 它们在 γ 上递降地趋向于 u. 对于所有 $z \in \overline{U}$ 我们有 $u(z) \leqslant h_k(z)$, 而 $\lim_{k\to\infty} h_k(a) = -\infty$, 这是因为在整个弧 γ 上 $u = -\infty$. 根据哈纳克定理 (附录第 1 小节) 对于所有 $z \in U$, $\lim_{k\to\infty} h_k(z) = -\infty$, 这意味着在 U 中 $u(z) \equiv -\infty$, 即 $a \in \mathring{E}$. 就是说, $\mathring{E}$ 是 D 的一个非空的即开又闭的子集, 于是 $\mathring{E} = D$, 从而在 D 中 $u(z) \equiv -\infty$. □

借助于这个定理可以证明下面的关于连续次调和函数的奇性消解定理.

定理 7. 设在 D 的次调和函数 $v \not\equiv \infty$ 在集合 $E \subset D$ 上为 $-\infty$. 如果函数 u 在区域 D 上连续并在 $D \setminus E$ 上为次调和, 则它在 D 中为次调和.

证明. 只要证明 u 在任意圆盘 $\overline{U} = \{|z - a| \leqslant r\} \subset D$ 中为次调和即可. 因为 v 在 D 的紧子集上有上界, 于是将它替换为 $v - c$, 则可认为在 $\overline{U}$ 上 $v \leqslant 0$.

设 h 为 u 在 U 的任一调和优函数. 对于任意 $\varepsilon > 0$, 在 $\gamma = \partial U$ 有 $u + \varepsilon v \leqslant h$, 而由于 $u + \varepsilon v$ 在 U 次调和 (在 $U \setminus \{E\}$ 的点, 按条件得知, 而在 $U \cap E$ 则由于在那里它等于 $-\infty$, 则由判别式 (6) 得知), 故在 U 处处有 $u + \varepsilon v \leqslant h$. 对于点 $z \in U \setminus E$, 当 ε 趋向于 0, 我们发现处处有 $u(z) \leqslant h(z)$. 但由于根据定理 6 知集合 $U \setminus E$ 稠密于 U, 而且两个函数 u 和 h 都在 U 连续, 故而不等式 $u \leqslant h$ 在 U 上处处成立. □

推论. 如果集合 E 如定理 7 中所示, 而 h 为在 D 中连续并在 $D \setminus E$ 调和的函数, 则 h 在 D 中调和.

证明. 只要将定理 7 用于函数 h 和 $-h$ 即可. □

最后我们证明一个关于次调和函数序列上极限的定理, 它也是我们要在本书第二卷中要用到的, 它表达了在函数序列的一致有界性的条件下极限过程的 **一致性** 的性质.

定理 8 (哈托格斯 (Hartogs)). 如果函数 u_k 在区域 D 中为次调和, 并在 D 的每个紧子集上一致有界, 而且在每个点 $z \in D$ 有

$$\overline{\lim_{k \to \infty}} u_k(z) \leqslant A, \tag{8}$$

则对于任意集合 $K \Subset D$ 及任意 $\varepsilon > 0$ 可以找到指标 k_0, 使得对于所有 $z \in K$ 和所有的 $k \geqslant k_0$ 有

$$u_k(z) \leqslant A + \varepsilon. \tag{9}$$

证明. 不失一般性可假定该函数在 D 上一致有界, 这是因为 K 可嵌入到区域 $D' \Subset D$ 中, 在其上按条件 u_k 一致有界. 也可以假定在 D 上 $u_k \leqslant 0$, 这是由于可将 u_k 换作函数 $u_k - M$, 其中 M 为在 D 上所有 u_k 的上界.

设 $K \Subset D$ 以及 K 到 ∂D 的距离等于 $3r$. 对于任意的点 $z_0 \in K$, 从 u_k 的次调和判别法我们有

$$\pi r^2 u_k(z_0) \leqslant \iint_{\{|\zeta - z_0| < r\}} u_k(\zeta) d\sigma^{①}. \tag{10}$$

现在应用 **法图 (Fatou) 引理**②; 根据该引理, 任意在集合 E 上可测的函数 u_k: $-\infty \leqslant u_k \leqslant c < \infty$ 的有界序列满足

$$\overline{\lim_{k \to \infty}} \iint_E u_k d\sigma \leqslant \iint_E \overline{\lim_{k \to \infty}} u_k d\sigma.$$

---

① 为了得到不等式 (10), 只要对 (6) 的两端乘以 $r dr$ 并对于 r 从 0 到 r_0 积分 (参看附录的第 1 小节).

② 参看弗拉季米洛夫的书《多复变函数论的方法》.

由于 (8), 这个引理给出了 $\overline{\lim}_{k\to\infty} \iint_{\{|\zeta-z_0|<r\}} u_k(\zeta)d\sigma \leqslant A\pi r^2$; 因此对任意 $\varepsilon > 0$ 可以找到 k_0 使得对所有 $k \geqslant k_0$ 有

$$\iint_{\{|\zeta-z_0|<r\}} u_k(\zeta)d\sigma \leqslant \left(A+\frac{\varepsilon}{2}\right)\pi r^2. \tag{11}$$

现在设 z 为圆盘 $\{|z-z_0| < \delta\}$ 中任一点, 其中 $\delta < r$. 因为圆盘 $\{|\zeta-z| < r+\delta\} \Subset D$, 故根据次调和函数的性质有

$$\pi(r+\delta)^2 u_k(z) \leqslant \iint_{\{|\zeta-z_0|<r+\delta\}} u_k(\zeta)d\sigma,$$

而因为这个圆盘包含了 $\{|\zeta-z| < r\}$, 并且有 $u_k \leqslant 0$, 由 (11) 则得到

$$\pi(r+\delta)^2 u_k(z) \leqslant \iint_{\{|\zeta-z_0|<r\}} u_k(\zeta)d\sigma \leqslant \pi r^2 \left(A+\frac{\varepsilon}{2}\right).$$

选取 δ (在固定的 A, r 和 ε 下) 充分小, 我们得到, 对于所有的 $z \in \{|z-z_0| < \delta\}$ 及所有的 $k \geqslant k_0$ 有 $u_k(z) \leqslant A+\varepsilon$. 应用海涅–博雷尔 (Heine–Borel) 引理便得到定理的断言.　　□

最后, 我们注意到, 与次调和性平行的也可以考虑上调和函数: 这是上凸函数的二维类比. 这是个在区域 D 中下半连续的函数 $u^{①}: D \to (-\infty, \infty]$, 使得对于任意的圆盘 $U \Subset D$ 和任意在 U 调和并在 $\overline{U}$ 连续的函数 h, 在 ∂U 上的不等式 $u \geqslant h$ 蕴含了在 U 上成立同样的不等式. 对这种函数的研究化成了对于次调和函数的研究, 这是因为函数 u 为上调和的充分必要条件是函数 $-u$ 为次调和.

如果将两个 (实) 变量的调和函数换成 n 个变量的这样的函数, 则就可以考虑在空间 $\mathbb{R}^n$ 中的区域上的上调和与次调和函数.

习题

1. 举出函数 φ 为例, 使其在圆盘 $U = \{x^2 + y^2 < x\}$ 调和, 在 $\overline{U} \setminus \{0\}$ 连续, 而在 $\partial U \setminus \{0\}$ 处处等于零但不恒等于零. (这个例子表明只要有一个边界点背离了条件就会导致了狄利克雷问题阶的非唯一性.)

(**答案**: $\varphi = 1 - \operatorname{Re} 1/z$.)

2. 如果 γ 为光滑曲线, 而函数 μ 在 γ 上连续, 则称实函数

$$\varphi(z) = \int_\gamma \mu(\zeta) \ln|\zeta - z| d\zeta$$

为具密度 μ 的对数位势. 证明, (a) φ 在 γ 外为调和; (b) 如果 γ 为圆 $\{|z| = r\}$, 且 $\mu \equiv 1$, 则 φ 在圆盘 $\{|z| < r\}$ 中为常数.

3. 设 φ 在上半平面 $\{\operatorname{Im} z > r\}$ 调和, 并在 x 轴上处处等于零. 证明 $\varphi = \alpha y$, 其中 α 为非负常数 (参照第四章的习题 12).

4. 设函数 u 在区域 D 调和, 而 D 相对于实轴 $\mathbb{R}$ 对称. 证明如果在 $D \cap \mathbb{R}$ 上 $u = 0$, 则 $u(z) \equiv -u(\bar{z})$.

---

①称函数 u 在点 z_0 下半连续是说, 如果函数 $-u$ 在该点上连续.

5. 设 $f(z)$ 和 $zf(z)$ 为复调和函数 (即满足拉普拉斯方程复值函数). 证明 f 为全纯函数.

6. 如果调和函数 φ_ν 在区域 D 为正, 且级数 $\sum \varphi_\nu$ 至少在一个点 $a \in D$ 收敛, 则它在 D 中的紧集上一致收敛.

7. 设 φ 为实函数, 它在闭区域 $\overline{D}$ 上除去有限个 D 中点外为调和, 而在这些点它等于 $-\infty$. 证明 $\sup_D \varphi = \sup_{\partial D} \varphi$.

8. 证明函数 $\varphi \in C^2$ 为次调和的充分必要条件是它满足不等式

$$\Delta \varphi = \frac{\partial^2 \varphi}{\partial x^2} + \frac{\partial^2 \varphi}{\partial y^2} \geqslant 0.$$

9. 如果函数 φ 为次调和, 而函数 u 为在 $\mathbb{R}^1$ 的凸函数, 则它们复合 $u \circ \varphi$ 为次调和函数.

10. 证明次调和函数的递降序列的极限是次调和函数.

11. 设函数 f 区域 D 中的复调和函数. 证明, 如果在 D 上 $|f| =$ 常数, 则 $f =$ 常数.

索 引

相关图书清单

序号	书号	书名	作者
1	9787040183030	微积分学教程（第一卷）（第 8 版）	[俄] Г. М. 菲赫金哥尔茨
2	9787040183047	微积分学教程（第二卷）（第 8 版）	[俄] Г. М. 菲赫金哥尔茨
3	9787040183054	微积分学教程（第三卷）（第 8 版）	[俄] Г. М. 菲赫金哥尔茨
4	9787040345261	数学分析原理（第一卷）（第 9 版）	[俄] Г. М. 菲赫金哥尔茨
5	9787040351859	数学分析原理（第二卷）（第 9 版）	[俄] Г. М. 菲赫金哥尔茨
6	9787040287554	数学分析（第一卷）（第 7 版）	[俄] В. А. 卓里奇
7	9787040287561	数学分析（第二卷）（第 7 版）	[俄] В. А. 卓里奇
8	9787040183023	数学分析（第一卷）（第 4 版）	[俄] В. А. 卓里奇
9	9787040202571	数学分析（第二卷）（第 4 版）	[俄] В. А. 卓里奇
10	9787040345247	自然科学问题的数学分析	[俄] В. А. 卓里奇
11	9787040183061	数学分析讲义（第 3 版）	[俄] Г. И. 阿黑波夫 等
12	9787040254396	数学分析习题集（根据 2010 年俄文版翻译）	[俄] Б. П. 吉米多维奇
13	9787040310047	工科数学分析习题集（根据 2006 年俄文版翻译）	[俄] Б. П. 吉米多维奇
14	9787040295313	吉米多维奇数学分析习题集学习指引（第一册）	沐定夷、谢惠民 编著
15	9787040323566	吉米多维奇数学分析习题集学习指引（第二册）	谢惠民、沐定夷 编著
16	9787040322934	吉米多维奇数学分析习题集学习指引（第三册）	谢惠民、沐定夷 编著
17	9787040305784	复分析导论（第一卷）（第 4 版）	[俄] Б. В. 沙巴特
18	9787040223606	复分析导论（第二卷）（第 4 版）	[俄] Б. В. 沙巴特
19	9787040184075	函数论与泛函分析初步（第 7 版）	[俄] А. Н. 柯尔莫戈洛夫 等
20	9787040292213	实变函数论（第 5 版）	[俄] И. П. 那汤松
21	9787040183986	复变函数论方法（第 6 版）	[俄] М. А. 拉夫连季耶夫 等
22	9787040183993	常微分方程（第 6 版）	[俄] Л. С. 庞特里亚金
23	9787040225211	偏微分方程讲义（第 2 版）	[俄] О. А. 奥列尼克
24	9787040257663	偏微分方程习题集（第 2 版）	[俄] А. С. 沙玛耶夫
25	9787040230635	奇异摄动方程解的渐近展开	[俄] А. Б. 瓦西里亚娃 等
26	9787040272499	数值方法（第 5 版）	[俄] Н. С. 巴赫瓦洛夫 等
27	9787040373417	线性空间引论（第 2 版）	[俄] Г. Е. 希洛夫
28	9787040205251	代数学引论（第一卷）基础代数（第 2 版）	[俄] А. И. 柯斯特利金
29	9787040214918	代数学引论（第二卷）线性代数（第 3 版）	[俄] А. И. 柯斯特利金
30	9787040225068	代数学引论（第三卷）基本结构（第 2 版）	[俄] А. И. 柯斯特利金
31	9787040502343	代数学习题集（第 4 版）	[俄] А. И. 柯斯特利金
32	9787040189469	现代几何学（第一卷）曲面几何、变换群与场（第 5 版）	[俄] Б. А. 杜布洛文 等

序号	书号	书名	作者
33	9787040214925	现代几何学（第二卷）流形上的几何与拓扑（第5版）	[俄] Б.А.杜布洛文 等
34	9787040214345	现代几何学（第三卷）同调论引论（第2版）	[俄] Б.А.杜布洛文 等
35	9787040184051	微分几何与拓扑学简明教程	[俄] А.С.米先柯 等
36	9787040288889	微分几何与拓扑学习题集（第2版）	[俄] А.С.米先柯 等
37	9787040220599	概率（第一卷）（第3版）	[俄] А.Н.施利亚耶夫
38	9787040225556	概率（第二卷）（第3版）	[俄] А.Н.施利亚耶夫
39	9787040225549	概率论习题集	[俄] А.Н.施利亚耶夫
40	9787040223590	随机过程论	[俄] А.В.布林斯基 等
41	9787040370980	随机金融数学基础（第一卷）事实·模型	[俄] А.Н.施利亚耶夫
42	9787040370973	随机金融数学基础（第二卷）理论	[俄] А.Н.施利亚耶夫
43	9787040184037	经典力学的数学方法（第4版）	[俄] В.Н.阿诺尔德
44	9787040185300	理论力学（第3版）	[俄] А.П.马尔契夫
45	9787040348200	理论力学习题集（第50版）	[俄] И.В.密歇尔斯基
46	9787040221558	连续介质力学（第一卷）（第6版）	[俄] Л.И.谢多夫
47	9787040226331	连续介质力学（第二卷）（第6版）	[俄] Л.И.谢多夫
48	9787040292237	非线性动力学定性理论方法（第一卷）	[俄] L.P.Shilnikov 等
49	9787040294644	非线性动力学定性理论方法（第二卷）	[俄] L.P.Shilnikov 等
50	9787040355338	苏联中学生数学奥林匹克试题汇编(1961—1992)	苏淳 编著
51	9787040533705	苏联中学生数学奥林匹克集训队试题及其解答(1984—1992)	姚博文、苏淳 编著
52	9787040498707	图说几何（第二版）	[俄] Arseniy Akopyan

购书网站： 高教书城（www.hepmall.com.cn），高教天猫（gdjycbs.tmall.com），京东，当当，微店

其他订购办法：
各使用单位可向高等教育出版社电子商务部汇款订购。书款通过银行转账，支付成功后请将购买信息发邮件或传真，以便及时发货。购书免邮费，发票随书寄出（大批量订购图书，发票随后寄出）。

单位地址：北京西城区德外大街4号
电　话：010-58581118
传　真：010-58581113
电子邮箱：gjdzfwb@pub.hep.cn

通过银行转账：
户　　名：高等教育出版社有限公司
开户行：交通银行北京马甸支行
银行账号：110060437018010037603